Liebe Leserin, lieber Leser,

wir freuen uns, dass Sie sich für ein Buch der Reihe Galileo Computing entschieden haben.

Galileo Computing bietet Titel zu allen wichtigen Sprachen, Tools und Techniken der Programmierung. Die Bücher der Reihe zeigen, wie es wirklich geht und warum – immer mit Blick auf die praktische Anwendung. Galileo Computing ist Fachliteratur für Experten von Experten. Kompakt in der Darstellung und benutzerfreundlich gestaltet.

Jedes unserer Bücher will Sie überzeugen. Damit uns das immer wieder neu gelingt, sind wir auf Ihre Rückmeldung angewiesen. Bitte teilen Sie uns Ihre Meinung zu diesem Buch mit. Ihre kritischen und freundlichen Anregungen, Ihre Wünsche und Ideen werden uns weiterhelfen.

Wir freuen uns auf den Dialog mit Ihnen.

Ihr Galileo-Team

Galileo Press
Rheinaustraße 134
53225 Bonn

lektorat@galileo-press.de

Dave Baum

Dave Baums LEGO MINDSTORMS Roboter

Abbildungen von Rodd Zurcher
und Dave Baum

Galileo Press

Die Deutsche Bibliothek – CIP-Einheitsaufnahme
Ein Titeldatensatz für diese Publikation ist bei
der Deutschen Bibliothek erhältlich

ISBN 3-934358-39-X

1. Auflage 2000

Die amerikanische Originalausgabe trägt den Titel: Dave Baum's Definite Guide to Lego® Mindstorms™ (ISBN 1-893115-09-7, Apress™)

Der Name Galileo Press geht auf den italienischen Mathematiker und Philosophen Galileo Galilei (1564–1642) zurück. Er gilt als Gründungsfigur der neuzeitlichen Wissenschaft und wurde berühmt als Verfechter des modernen, heliozentrischen Weltbilds. Legendär ist sein Ausspruch **Eppur se muove** (Und sie bewegt sich doch). Das Emblem von Galileo Press ist der Jupiter, umkreist von den vier Galileischen Monden. Galilei entdeckte die nach ihm benannten Monde 1610.

Übersetzung Locasoft GmbH, Bonn
Lektorat Judith Stevens, Bonn
Korrektorat Bettina Marquardt, Bonn
Einbandgestaltung Barbara Thoben, Köln
Herstellung Claudia Lucht, Bonn
Satz reemers publishing services gmbh, Krefeld
Druck und Bindung Bercker Graphischer Betrieb, Kevelaer

Für Jessica und Jason

Inhalt

Geleitwort

Liebe Leserin, lieber Leser,

seit Herbst letzten Jahres gibt es LEGO MINDSTORMS nun auch in Europa. Nachdem das LEGO MINDSTORMS Robotics Invention System viele begeisterte Anhänger in den USA gefunden hat, setzt sich sein Siegeszug auch hier fort.

»Wissen ist nur ein Teil des Verstehens. Wirkliches Verstehen kommt erst mit der praktischen Erfahrung« – dieser Ausspruch Seymour Paperts, Professor für Lernprozessforschung am Massachusetts Institute of Technology, beschreibt sehr treffend die Idee der MINDSTORMS-Philosophie – vielleicht sogar all unserer LEGO-Produkte.

Nicht theoretisches Wissen führt auf diesem Feld zum Erfolg, sondern Experimentieren, intuitives Konstruieren, suchen und finden – kurz: Spielen.

Und dazu möchte ich Sie einladen. Nicht nur Kinder und Jugendliche, sondern auch Erwachsene sollten sich dem LEGO MINDSTORMS-Konzept spielend nähern. Mit Fantasie und Spielwitz werden Sie erfolgreich konstruieren und programmieren lernen. Sie werden nicht merken, wie die Zeit vergeht, denn spielerisches Lernen ist fesselnd und effektiv zugleich.

Das Buch, das Sie in den Händen halten, ist von Dave Baum, einem Kenner des LEGO MINDSTORMS-Konzeptes, geschrieben worden. Es ist kein Fachbuch in dem Sinne, dass es Ihnen Wissen in ernster Form vermitteln will. Dieses Buch fordert zum Mitmachen auf, zeigt die Konstruktion verschiedenster Roboter auf sehr anschauliche Weise und verlangt Ihre volle Aufmerksamkeit, wenn es um die Programmierung Ihrer kleinen Helfer geht. Wenn Sie bereits Programmierkenntnisse haben – um so besser.

Nun möchte ich Sie nicht länger vom Spielen fernhalten. Beginnen Sie einfach und machen Sie das Unmögliche möglich! Just imagine ...

Peter Dalm, im Januar 2000

LEGO GmbH
Geschäftsführer Central Europe

Vorwort

Das MINDSTORMS Robotics Invention System von LEGO ist eine ganz neue Art von Spielzeug. Seiner Produktherkunft entsprechend, enthält es ein reichhaltiges Sortiment von LEGO-Teilen, die nicht nur zusammensteckbar sind, sondern auch mit verblüffender Einfachheit durch Einschnappen, Gleiten und Einrasten miteinander verbunden werden können. Nahezu jedes Teil kann miteinander verbunden werden, manchmal auf ziemlich ungewöhnliche Weise. Was MINDSTORMS jedoch einzigartig macht, ist LEGOs programmierbarer Baustein, **RCX** genannt. An den RCX können Sensoren und Motoren angeschlossen werden (ebenfalls so verblüffend einfach, wie man es von LEGO gewohnt ist), und plötzlich erweckt der RCX ein LEGO-Modell zum Leben. Es bewegt sich nicht nur, sondern fühlt und reagiert auch auf seine Umgebung.

Robotik selbst ist nichts Neues. Industrieroboter sind schon seit Jahren im Einsatz und werden fortlaufend weiterentwickelt. Auch der Hobbykonstrukteur hat schon seit längerem die Möglichkeit, eigene Roboter zu bauen. Trotzdem war das Konstruieren von Robotern (selbst einfacher) für viele Interessierte bisher ein Vorhaben, das sich nicht einfach realisieren ließ. Das Problem bestand darin, dass der Bau von Robotern typischerweise Arbeitstechniken wie Löten, Metallbearbeitung und ähnliche spezielle Fertigkeiten sowie Kenntnisse in der Computerprogrammierung erforderte. MINDSTORMS brachte die Wende. Löten, Schweißen, Sägen oder Kleben entfällt. Selbst Programmieren ist jetzt einfacher; eine grafische Oberfläche ermöglicht das »Stapeln« von Befehlen fast so einfach wie das Stapeln der LEGO-Steine selbst. MINDSTORMS ist ein packendes Spielzeug. Kinder können damit spielerisch mechanisches Konstruieren, erste Grundlagen des Maschinenbaus und Computerprogrammierung lernen. MINDSTORMS ist auch für Erwachsene attraktiv. Daher tauchen MINDSTORMS-Roboter überall auf – nicht nur in Klassenzimmern und Spielzeugläden, sondern auch auf Tagungen und Messen oder sogar im Büro. Das ist gut so. Denn viele Erwachsene vergessen leicht, wie wichtig Spielen für den Menschen ist. MINDSTORMS will dafür eine freundliche Ermahnung sein! Natürlich erleichtert MINDSTORMS nur das Bauen eines Roboters; das Entwerfen von Robotern ist weiterhin eine anspruchsvolle Mischung aus mechanischer Konstruktion und Computerprogrammierung. Das kann einige Leute vielleicht ein wenig überfordern, sodass sie sich fragen, was jetzt zu tun ist. Hier betritt das Buch die Szene. Vielleicht sind Sie ein erfahrener LEGO-Konstrukteur, haben aber noch nie einen Computer programmiert. Oder Sie haben gerade das komplizierteste Computerprogramm der Welt geschrieben, wissen aber auch nicht das Geringste über Übersetzungsverhältnisse. Egal zu welcher Personengruppe Sie gehören: Sie finden in diesem Buch Material, das Sie beim Bau von MINDSTORMS-Robotern anleitet. Der erste Teil behandelt alle zum Bau von MINDSTORMS-Robotern erforderlichen Grundlagen. Kapitel 4 ist besonders wertvoll, da es eine Reihe wesentlicher Konstruktionstechniken beschreibt. Da praktische Erfahrung die wirksamste Form von Lernen ist, bildet der zweite Teil über das Konstruieren von Robotern den Hauptteil des Buches. Darin finden Sie schrittweise Anleitungen zum Bau der verschiedensten Typen von Robotern. Mit jedem Roboter werden einige interessante Konstruktions- und/oder Programmiertechniken vorgestellt. Zusammengenommen lassen sich die Kapitel in diesem Teil fast als Kurs in MINDSTORMS-Robotik betrachten. Viele Roboter benötigen zum Bau nur die im MINDSTORMS Robotics Invention System enthaltenen Teile. In einigen Fällen sind jedoch zusätzliche Teile erforderlich. Oftmals soll der Roboter eine Funktion demonstrieren, die sich nur mit solchen zusätzlichen Teilen erreichen lässt. Eine vollständige Liste der erforderlichen Zusatzteile mit Angaben, von welchen Robotern sie verwendet werden und wo sie erhältlich sind, finden Sie in Anhang B. Des Weiteren werden die Voraussetzungen zum Programmieren der Roboter bereitgestellt. Im Buch werden zwei unterschiedliche Optionen vorgestellt: RCX-Code und NQC. RCX-Code ist die Programmiersprache, die von der offiziellen, im MINDSTORMS Robotics Invention System enthaltenen Software unterstützt wird. NQC ist ein kostenloses, alternatives Entwicklungssystem. Es ist für diejenigen interessant, denen eine traditionelle Programmiermethode mehr zusagt, die weitere, über den RCX-Code hinausgehende Möglichkeiten ausschöpfen möchten oder die ihre Roboter nicht auf einem Computer programmieren möchten, der unter Windows ausgeführt wird. (NQC läuft unter einer Vielzahl von Betriebssystemen, einschließlich Windows, MacOS und Linux.) Die wichtigste Sache bleibt aber der Spaß. MINDSTORMS lässt auch das Spielen nicht zu kurz kommen. Das Lernen erfolgt oft spielerisch, jedoch bleibt Spielen das Wichtigste. Experimentieren Sie mit den verschiedenen Robotern, und nehmen Sie Änderungen daran vor. Nehmen Sie Teile weg, und versuchen Sie, sie anders zu bauen. Ändern Sie das Programm etwas, und achten Sie darauf, was passiert. Gestalten Sie Ihren Roboter in Ihrem eigenen persönlichen Stil. Und vor allem: Haben Sie viel Spaß dabei.

Dave Baum, im Dezember 1999

Danksagung

Die Anweisungen zur Montage der Roboter sind ein entscheidender Bestandteil des Buches. Es wurde eine Reihe von Optionen untersucht, bis wir uns entschlossen, 3-D-Rendering zu verwenden. Anfangs dachte ich, dass die Erstellung eines genauen 3-D-Modells für 3-D-Rendering eine schwierige und Zeit raubende Angelegenheit wäre. In der Tat war die Modellierung der einzelnen Teile eine der anspruchvollsten Aufgaben. Sobald aber die Teile selbst erzeugt waren, war es recht einfach, daraus einen ganzen Roboter zusammenzusetzen. Ich möchte hiermit Rodd Zurcher für die Erstellung der 3-D-Teile, für die Betreuung des gesamten 3-D-Rendering-Prozesses sowie für sein Feedback auf meine Ideen danken. Rodds Liebe zum Detail ist es, was die Renderings so lebendig macht, und ich muss ehrlich sagen, dass dieses Buch ohne seinen enormen Beitrag nicht zu Stande gekommen wäre.

Ich möchte auch meiner Frau Cheryl danken, dass sie im Verlauf dieses Projekts so viel Unterstützung gegeben und Verständnis gezeigt hat. Wie bei den meisten Dingen stellte sich heraus, dass das Schreiben eines Buches eine Menge mehr Arbeit bedeutet, als anfangs angenommen, doch Cheryl beklagte sich nie über die beträchtliche Zeit, die ich damit verbrachte. Auch Rodds Frau Amy leistete viel Unterstützung. Danke, dass ihr die Anrufe und Besuche zu später Stunde ertragen habt, als Rodd und ich die Einzelheiten des Buches besprachen.

Ich möchte auch den Apress-Gründern Gary Cornell und Dan Appleman dafür danken, dass sie mir die Gelegenheit zum Schreiben dieses Buches gegeben haben. Danke für eure Ermutigungen und Geduld. Dans Feedback in den Anfangsphasen half mir, den Stil für das ganze Buch zu definieren. Dan leitete auch das Fachlektorenteam, zu dem Idan Beck und Eddie Herman gehörten. Ihre Bemühungen stellten sicher, dass ich Sachverhalte für Einsteiger und Experten gleichermaßen präsentiere.

Dank also auch an Dan Appleman, Idan Beck und Eddie Herman, meine Fachlektoren.

Und nicht zuletzt möchte ich meinen Eltern dafür danken, dass sie mir LEGO-Baukästen gekauft haben.

Teil 1

Grundlagen

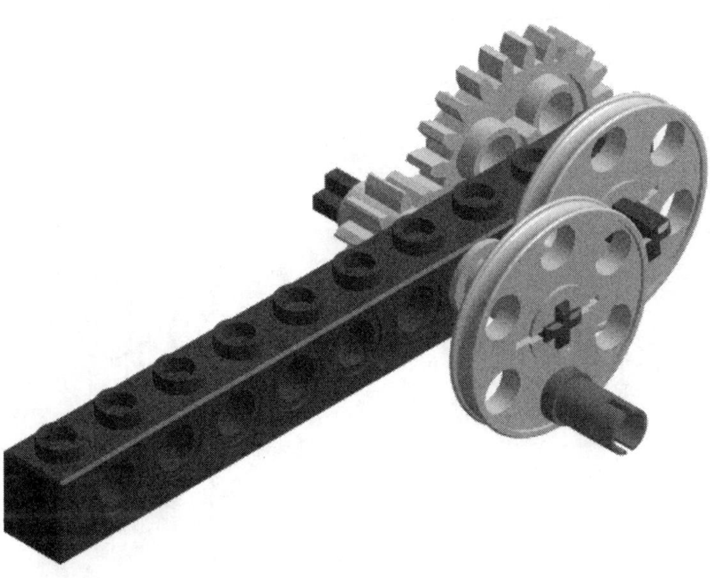

1 Erste Schritte

Willkommen bei **Dave Baums LEGO MINDSTORMS Roboter**. Dieses Buch ist eine Reise durch die aufregende Welt von LEGO MINDSTORMS. Zu Beginn werden grundlegende Konzepte und Techniken vorgestellt. Danach folgen Anleitungen zur Konstruktion und Programmierung einer Reihe verschiedener Roboter. Am Ende des Buches werden Sie in der Lage sein, Ihre eigenen Robotergeschöpfe zu bauen.

Wenn Sie bisher noch nicht mit Ihrem LEGO MINDSTORMS Robotics Invention System gespielt haben, sollten Sie sich jetzt etwas Zeit nehmen, um es auszupakken, die Schnelleinstiegskarte zu lesen und Standardaufgaben wie das Einlegen von Batterien und den Anschluss eines seriellen Kabels zu erledigen. Ausführlichere Informationen über diese Aufgaben finden Sie in den ersten Kapiteln des Benutzerhandbuchs, das mit dem Kit geliefert wurde.

Dieses Kapitel führt in den RCX (die Gehirne in einem MINDSTORMS-Roboter) und die in diesem Buch vorgestellten Programmierumgebungen ein. Es wird ein einfaches Testprogramm erstellt, das dann in den RCX geladen und ausgeführt wird. Dieses Testprogramm bietet die bequeme Möglichkeit, einen Motor in einigen der Beispiele in nachfolgenden Kapiteln zu steuern.

Dieses Kapitel setzt voraus, dass der im LEGO MINDSTORMS-Kit enthaltene Infrarot (IR)-Transmitter bereits mit Ihrem Computer verbunden ist und sowohl im IR-Transmitter als auch im RCX selbst Batterien eingelegt sind. Während der Datenübertragung sollten sich der IR-Transmitter und der RCX etwa 15 cm voneinander entfernt gegenüberstehen. Die Datenübertragung kann durch direktes Sonnenlicht oder andere helle Lichtquellen negativ beeinflusst werden. Wenn die Datenübertragung zwischen dem IR-Transmitter und dem RCX nicht zuverlässig funktioniert, versuchen Sie, die Position des RCX zu ändern und ihn von unerwünschten Lichtquellen abzuschirmen.

1.1 Programmierumgebungen

Programme für den RCX werden auf einem PC (**Hostcomputer** genannt) erstellt und dann auf den RCX übertragen. Der RCX kann dann diese Programme ohne weiteren Eingriff vom Hostcomputer selbstständig ausführen. Es gibt eine Reihe unterschiedlicher Programmierumgebungen, die sich zum Erstellen von RCX-Programmen verwenden lassen.

Die im Robotics Invention System enthaltene Software lässt sich zum Schreiben von Programmen in **RCX-Code**, einer bedienerfreundlichen grafischen Programmierumgebung, verwenden. Zwar ist RCX-Code in seiner Funktionalität beschränkt, doch bietet er eine benutzerfreundliche, intuitive Möglichkeit für Anfänger, mit dem Programmieren des RCX zu beginnen.

Not Quite C (NQC) ist eine eher traditionelle, textbasierte Computersprache, die ebenfalls zum Programmieren des RCX verwendet werden kann. Auf der beiliegenden CD-ROM finden Sie Versionen von NQC für Windows, MacOS und Linux. Das Erlernen von NQC dauert etwas länger, doch bietet es mehr Leistung als RCX-Code.

RCX-Code und NQC sind die zwei in diesem Buch vorgestellten Sprachen. Normalerweise wird Beispielcode für beide Sprachen angegeben, wobei in einigen komplexeren Fällen nur ein NQC-Beispiel möglich ist. Beschreibungen der anderen Programmierumgebungen finden Sie in Anhang C.

Die Originalversion des Robotics Invention Systems hatte die Nummer 9719. Vor kurzem wurde eine aktuelle Version, Robotics Invention System 1.5, veröffentlicht (Nr. 9747). Es gibt mehrere Unterschiede zwischen diesen beiden Versionen. Version 1.5 enthält aktualisierte Software, neue Anweisungen und eine etwas andere Zusammenstellung von LEGO-Teilen. Besitzer der Originalversion können auf Version 1.5 aktualisieren. Weitere Informationen hierzu finden Sie in Anhang A.

Die Angaben in diesem Buch gelten in weiten Teilen sowohl für das Original als auch für die Version 1.5 des Robotics Invention System. Es gibt jedoch einige Ausnahmen.

- Zwei Projekte benötigen Teile aus dem Originalkit, die im 1.5-Kit nicht vorhanden sind. Informationen darüber, wie Sie diese Teile erhalten, finden Sie in Anhang B.
- Das Aussehen einiger RCX-Code-Blocks hat sich in Version 1.5 geändert. Dieses Buch verwendet Blöcke in 1.0-Form zur Verdeutlichung von RCX-Code-Programmen, sodass Programme, die mit 1.5-Software geschrieben werden, etwas anders aussehen (obwohl sie sich gleich verhalten). Die wichtigsten Änderungen treten in **My Commands** auf, die in Kapitel 7 erläutert werden.
- Einige Einschränkungen für RCX-Code-Programme wurden in Version 1.5 beseitigt. Insbesondere können **Stack Controller** verschachtelt sein, und **My Commands** können sich gegenseitig aufrufen. Dies wird in Kapitel 7 näher erläutert.
- Der RCX im 1.5-Kit kann nicht mit einem externen Netzadapter betrieben werden.

Die nächsten Abschnitte führen Sie durch die Installation und Verwendung von NQC. Wenn Sie statt dessen RCX-Code verwenden möchten, können Sie zum Abschnitt **RCX-Code-Schnellstart** weiter unten in diesem Kapitel übergehen.

Wenn der RCX zum ersten Mal eingeschaltet wird, muss ein kleines Softwareprogramm namens **Firmware** in den RCX geladen werden. Diese Firmware stellt eine Art von Betriebssystem zum Ausführen Ihrer eigenen Programme bereit. Wenn Sie Programme in RCX-Code schreiben, wird die Firmware automatisch geladen, sobald dies erforderlich ist. Wenn Sie NQC verwenden, müssen Sie die Firmware manuell laden. Wenn die RCX-Anzeige wie in der unten stehenden Abbildung aussieht, ist die Firmware noch nicht geladen. Sobald sie einmal geladen wurde, merkt sich der RCX die Firmware auch nach dem Ausschalten.

Abbildung 1.1 Anzeige, wenn Firmware erforderlich

Die Firmware selbst befindet sich auf der Robotics Invention System-CD-ROM (nicht auf der CD-ROM in diesem Buch) in einem Ordner namens **FIRM**. Der Name der Datei hängt von ihrer Versionsnummer ab. Zurzeit lautet der Name der Firmwaredatei **FIRM0309.LGO**; es ist jedoch wahrscheinlich, dass sich auf künftigen CDs eine neuere Version befinden wird. Prüfen Sie Ihre eigene CD, oder verwenden Sie die neueste Datei im Verzeichnis **FIRM**. Es gibt genau genommen mehrere verschiedene NQC-Programmierwerkzeuge, und jedes davon hat eigene Methoden zum Laden von Firmware. Einzelheiten finden Sie in den Abschnitten **Verwenden von RcxCC**, **Verwenden von MacNQC** und **Verwenden von NQC für Windows** weiter unten.

1.2 NQC-Schnellstart

NQC ist eine Computersprache in Textform. Programme werden in einem Editor geschrieben, dann kompiliert und in den RCX geladen. Der NQC-Compiler ist primär ein befehlszeilenorientiertes Programm. Das heißt, er muss durch Eingabe der entsprechenden Befehle in eine **Befehlsshell** (wie z. B. die MS-DOS-Eingabeaufforderung von Windows 95/98) aufgerufen werden. Auf einigen Plattformen existieren integrierte Entwicklungsumgebungen (Integrated Development Environment, IDE), die für den NQC-Compiler einen Programmeditor und eine grafische Benutzerschnittstelle zur Verfügung stellen. RcxCC ist eine solche IDE, die unter Microsoft Windows läuft, während MacNQC eine Macintosh-basierte IDE ist (beide sind auf der beiliegenden CD-ROM enthalten). IDEs machen die Verwendung von NQC einfacher und benutzerfreundlicher; sie sind daher im Allgemeinen die bessere Lösung (sofern verfügbar). Entscheidend ist, dass alle diese

Lösungen genau dieselbe Sprache zur Ausgabe eines NQC-Programms verwenden. So kann z.B. ein in RcxCC geschriebenes Programm auch mit der Linux-Version des NQC-Compilers verwendet werden. Schnellstartinformationen finden Sie für drei unterschiedliche Versionen von NQC: RcxCC, MacNQC und NQC für Windows.

1.2.1 Verwenden von RcxCC

RcxCC stützt sich auf eine der Softwarekomponenten, die normalerweise von der RCX-Code-Software installiert wird. Aus diesem Grund empfiehlt es sich, die RCX-Code-Software vor der Verwendung von RcxCC zu installieren. Weitere Informationen zur Installation dieser Software finden Sie im **Robotics Invention System-Benutzerhandbuch**.

RcxCC verfügt innerhalb des Ordners **Tools** der CD-ROM über einen eigenen Ordner. Führen Sie zur Installation von RcxCC das Programm **Setup.exe** aus. Sie finden es im Ordner **RcxCC**. Nach der Installation befindet sich im Ordner **Programme** des Startmenüs ein Ordner namens **RCX Command Center**.

Wenn Sie RcxCC starten, zeigt es ein Dialogfeld an, in dem Sie angeben können, mit welchem seriellen Anschluss der IR-Transmitter verbunden ist. Sie können den entsprechenden COM-Port auswählen oder RcxCC automatisch jeden Anschluss prüfen und dann entscheiden lassen. In dem Dialogfeld können Sie auch zwischen **Mindstorms** und **CyberMaster** wählen. Unter der Voraussetzung, dass Sie einen RCX verwenden, können Sie diese Option auf **Mindstorms** lassen. Stellen Sie sicher, dass der RCX eingeschaltet ist und sich gegenüber dem IR-Transmitter befindet. Klicken Sie dann auf die Schaltfläche **OK**.

Wenn RcxCC ein Problem bei der Kommunikation mit dem RCX hat, zeigt es einen Fehler an und gestattet Ihnen einen neuen Versuch. Wenn Sie auf **Abbrechen** klicken, startet RcxCC trotzdem, doch sind Funktionen, die eine Kommunikation mit dem RCX erfordern (wie z.B. das Laden eines Programms), deaktiviert.

Nach dem Start zeigt Paris zwei Fenster an: das Hauptfenster und ein verschiebbares **Templates**-Fenster. Das **Templates**-Fenster ist eine Gedächtnisstütze, um sich die verschiedenen NQC-Befehle leichter merken zu können. Im vorliegenden Beispiel können Sie es ignorieren.

Wenn in den RCX noch keine Firmware geladen wurde, sollte dies jetzt erfolgen. Wählen Sie den Menübefehl **Tools • Download Firmware** aus, und wählen Sie die zu ladende Datei (sie sollte sich auf der MINDSTORMS-CD-ROM befinden). Während des Ladevorgangs (dieser benötigt einige Minuten) wird ein Fortschrittsbalken angezeigt. Nachdem er abgeschlossen ist, ist der RCX bereit zur Verwendung.

Wählen Sie im Hauptfenster **Datei • Neu**, um ein neues Programm zu erstellen. Geben Sie in das Programmfenster den folgenden Text ein:

```
task main()
{
}
```

Dies ist ein äußerst einfaches Programm, es tut nichts. Das sollte Sie jedoch nicht davon abhalten, es zu kompilieren und in den RCX zu laden. Wählen Sie den Menübefehl **Compile • Download** aus, der das Programm kompiliert und in den RCX lädt. (Wenn RcxCC beim Starten mit dem RCX nicht kommunizieren konnte, ist **Download** deaktiviert.) Wenn beim Kompilieren Fehler auftraten, können Sie auf die Fehlermeldungen klicken, um die fehlerhaften Programmzeilen anzuzeigen. Wenn keine Fehler auftraten, bestätigt der RCX mit einem Signal, dass das Programm ordnungsgemäß geladen wurde.

Das ist bereits alles, was es über das Bearbeiten, Kompilieren und Laden von NQC-Programmen mit RcxCC zu sagen gibt. Sie können jetzt mit dem Abschnitt **Das Programm Start** fortfahren.

1.2.2 Verwenden von MacNQC

Eine Kopie von MacNQC finden Sie im Ordner **MacNQC** innerhalb des Ordners **Tools** auf der CD-ROM. Zur Installation von MacNQC ziehen Sie einfach die Anwendung MacNQC aus diesem Ordner auf Ihre Festplatte.

Wenn Sie Firmware in den RCX laden müssen, wählen Sie **Download Firmware** aus dem Menü **RCX**. Sie werden gebeten, eine Firmware-Datei zu wählen, die dann in den RCX übertragen wird.

Wenn Sie MacNQC starten, erstellt es ein Fenster ohne Titel, in das Sie ein neues Programm eingeben können. Geben Sie in dieses Fenster den folgenden Text ein:

```
task main()
{
}
```

Dies ist kein aufwendiges Programm, doch macht es Sie zumindest damit vertraut, wie Sie ein NQC-Programm erstellen. Um dieses Programm zu kompilieren und in den RCX zu laden, wählen Sie **Download** aus dem Menü **RCX**. Wenn Ihnen bei der Eingabe des Programms Fehler unterlaufen sind, werden diese angezeigt. Andernfalls versucht MacNQC, das kompilierte Programm in den RCX zu laden. Der RCX lässt ein Signal ertönen, um zu bestätigen, dass das Programm erfolgreich geladen wurde. MacNQC geht davon aus, dass der IR-Tower mit dem

Modemanschluss verbunden ist. Wenn Sie einen anderen seriellen Anschluss verwenden, wählen Sie **Preferences** aus dem Menü **Edit**, und wählen Sie in dem Popup-Menü den entsprechenden seriellen Anschluss.

Das ist bereits alles, was es über das Bearbeiten, Kompilieren und Laden von NQC-Programmen mit MacNQC zu sagen gibt. Sie können jetzt mit dem Abschnitt **Das Programm Start** fortfahren.

1.2.3 Verwenden von NQC für Windows

Um NQC unter Windows verwenden zu können, muss sich der Befehl **NQC** (nqc.exe) in einem Pfad befinden, auf dem ihn die Befehlsshell finden kann. Eine Lösung besteht darin, einen einzigen Ordner zu erstellen, der den Befehl **NQC** und die von Ihnen erstellten Programme enthält. Kopieren Sie die Datei **nqc.exe** von der CD-ROM in einen solchen Ordner auf Ihre Festplatte. Die weiteren Anweisungen gehen davon aus, dass Sie die Datei in einen Ordner namens **NQC** auf Festplatte C: kopiert haben. Sie können jedoch jeden beliebigen Ordner und jedes beliebige Laufwerk verwenden.

Starten Sie unter Windows 95/98 eine Befehlsshell, indem Sie im Startmenü **Programme • MS-DOS-Eingabeaufforderung** auswählen. Dadurch wird ein Fenster erzeugt, in das Sie Befehle eingeben können. Zunächst müssen Sie der Befehlsshell mitteilen, dass sie im NQC-Ordner arbeiten soll. Der Ordner, in dem die Befehlsshell arbeitet, wird **Aktuelles Verzeichnis** genannt. Geben Sie den folgenden Befehl ein, und drücken Sie dann die [↵], um die Befehlsshell anzuweisen, den Ordner **NQC** als aktuelles Verzeichnis zu verwenden:

```
cd c:\NQC
```

Wenn eine Fehlermeldung angezeigt wird, überprüfen Sie Schreibweise und Speicherort des Ordners **NQC**, der auf Ihrer Festplatte erstellt wurde. Wenn in den RCX noch keine Firmware geladen wurde, müssen Sie das jetzt tun. Der NQC-Befehl hat dazu eine spezielle Option, doch müssen Sie ihm sagen, wo er die Firmware-Datei finden kann. Die Firmware befindet sich im Verzeichnis **FIRM** auf Ihrer Robotics Invention System-CD-ROM. Angenommen, der IR-Transmitter ist mit dem ersten seriellen Anschluss (COM1) verbunden. Schalten Sie den RCX ein, und geben Sie den folgenden Befehl ein (ersetzen Sie gegebenenfalls das E: durch den Laufwerkbuchstaben Ihres CD-ROM-Laufwerks, und geben Sie einen eventuell abweichenden Firmware-Namen an):

```
nqc -firmware E:\FIRM\FIRM0309.LGO
```

Der Ladevorgang benötigt mehrere Minuten. Danach ist der RCX bereit zur Verwendung.

Standardmäßig geht der NQC-Befehl davon aus, dass der IR-Transmitter mit dem ersten seriellen Anschluss verbunden ist. Wird ein anderer serieller Anschluss verwendet, müssen alle NQC-Befehle mit einer Option im Format »-SAnschluss« beginnen, wobei Anschluss der Name des seriellen Anschlusses ist. Wenn Sie z. B. die Firmware über die zweite serielle Schnittstelle (COM 2) übertragen, lautet der Befehl wie folgt:

```
nqc -SCOM2 -firmware E:\FIRM\FIRM0309.LGO
```

Zum Erstellen eines NQC-Programms müssen Sie ein Textverarbeitungsprogramm verwenden. Zu Windows gehört ein sehr einfacher Editor namens **Notepad**. Verwenden Sie den folgenden Befehl, um ein Programm namens **trivial.nqc** zu erstellen.

```
notepad trivial.nqc
```

Da **trivial.nqc** noch nicht vorhanden ist, fragt Notepad, ob Sie die Datei erstellen wollen. Klicken Sie im Dialogfeld auf **Ja**. Geben Sie im Notepad-Fenster den folgenden Text ein:

```
task main()
{
}
```

Wenn Sie den Text eingegeben haben, wählen Sie in Notepad **Datei • Speichern**. Klicken Sie dann auf das Befehlsshellfenster, und geben Sie den folgenden Befehl ein:

```
nqc -d trivial.nqc
```

Dadurch wird der NQC-Compiler aufgerufen und angewiesen, das soeben erstellte Programm zu kompilieren und in den RCX zu laden. Wenn NQC einen Fehler meldet, überprüfen Sie das Programm **trivial.nqc**, und stellen Sie sicher, dass es genau wie im oben gezeigten Listing aussieht. Wenn Sie das Programm ändern müssen, bearbeiten Sie es einfach im Notepad-Fenster, speichern die Änderungen und kompilieren erneut. Um ein anderes Programm zu kompilieren und zu übertragen, ersetzen Sie **trivial.nqc** durch den Namen des anderen Programms.

Wie bereits erwähnt, muss sich **nqc.exe** an einer Stelle befinden, wo es von der Befehlsshell gefunden werden kann. Zurzeit wird das Problem so gelöst, dass sich **nqc.exe** im selben Ordner wie die Programme, die geschrieben werden, befindet (wie bei **trivial.nqc**). Ein andere Möglichkeit besteht darin, **nqc.exe** in einen Ordner zu kopieren, der sich bereits im **Befehlspfad** befindet. Der Befehlspfad ist eine Liste von Verzeichnissen, die die Befehlsshell durchsucht, wenn sie nach Befehlen sucht. Sie können den Befehlspfad anzeigen, indem Sie den folgenden Befehl eingeben:

```
PATH
```

Dadurch wird eine Liste von Verzeichnissen durch Semikolons getrennt ausgegeben. Auf dem Computer erscheint z. B. die folgende Ausgabe:

```
C:\WINDOWS;C:\WINDOWS\COMMAND
```

Dies bedeutet, dass zwei Verzeichnisse durchsucht werden: C:\WINDOWS und C:\WINDOWS\COMMAND. Wenn **nqc.exe** in eines dieser beiden Verzeichnisse kopiert wird, kann die Befehlsshell es unabhängig davon finden, welches Verzeichnis gerade aktuell ist. Eine andere Möglichkeit besteht darin, **C:\NQC** zum Suchpfad hinzuzufügen.

1.3 RCX-Code-Schnellstart

Wenn Sie beabsichtigen, RCX-Code zu verwenden, sollten Sie den Anweisungen im **Robotics Invention System-Benutzerhandbuch** folgen, um die erforderliche Software zu installieren und auszuführen. Die Installation ist sehr einfach durchzuführen und die Anweisungen sind eindeutig, sodass sie hier nicht wiederholt zu werden brauchen.

1.4 Das Programm Start

Das erstellte Programm wird ein recht einfaches sein. Ziel ist es, einen Motor zu starten und dann die Drehrichtung des Motors jedes Mal zu wechseln, wenn ein Berührungssensor gedrückt wird. Bevor Sie das Programm schreiben, müssen Sie jedoch zunächst den Berührungssensor und den Motor mit dem RCX verbinden (siehe Abbildung 1.2).

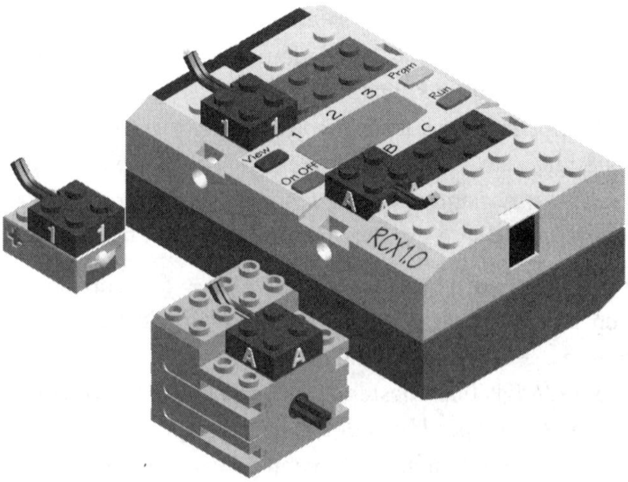

Abbildung 1.2 Verbinden des RCX

An diesem Bild stimmt etwas nicht: Alle Kabel sind abgeschnitten! Für eine derart einfache Illustration wäre es möglich gewesen, die tatsächlichen Kabel zu zeigen. Bei steigender Anzahl von Motoren und Sensoren werden diese Kabel jedoch ein Rattennest, sodass es unmöglich ist, zu bestimmen, welches Kabel wohin führt. Um die Illustrationen übersichtlicher zu machen, ist jedes Ende des Kabels mit einer Zahl oder einem Buchstaben bezeichnet, die/der den RCX-Eingang oder -Ausgang angibt, mit dem das Kabel verbunden wird. So ist z. B. das am Motor befestigte Kabel mit »A« bezeichnet. Dies zeigt an, dass es mit Ausgang A verbunden werden muss. (Die Bezeichnungen an den Enden, die am RCX befestigt werden, sind in gewisser Weise überflüssig.)

Jetzt sind Sie bereit, das Programm zu schreiben. Keine Sorge, wenn Sie es nicht verstehen – Erläuterungen folgen später. Jetzt konzentrieren Sie sich darauf, wie der RCX selbst verwendet wird. Wenn Sie RCX-Code verwenden, erstellen und laden Sie das in Abbildung 1.3 gezeigte Programm.

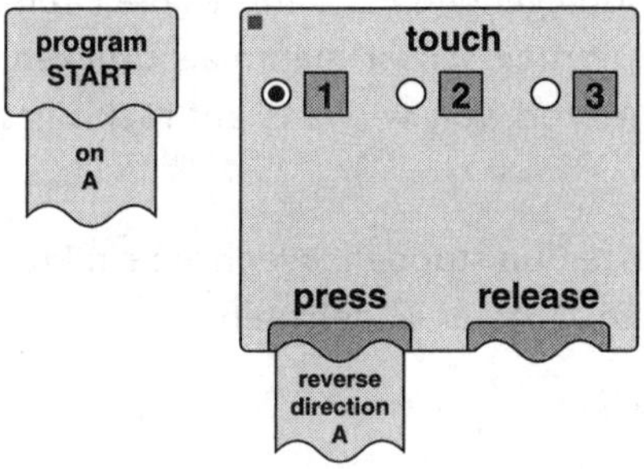

Abbildung 1.3 Einstiegsprogramm in RCX-Code

Wenn Sie NQC verwenden, kompilieren und laden Sie das folgende Programm:

```
// start.nqc - Ein sehr einfaches Programm für den RCX

task main()
{
   SetSensor(SENSOR_1, SENSOR_TOUCH);
   On(OUT_A);

   while(true)
   {
      until(SENSOR_1 == 1);
      Toggle(OUT_A);
      until(SENSOR_1 == 0);
   }
}
```

Wenn das Programm übertragen ist, können Sie es starten, indem Sie auf die Taste **Run** drücken. Die LCD-Anzeige sollte die animierte Darstellung einer laufenden Person zeigen und der Motor sollte anfangen, sich zu drehen. Ist dies nicht der Fall, überprüfen Sie das Programm und Ihre Verbindungen.

Wenn Sie genau hinschauen, sollten Sie außerdem ein kleines Dreieck in der LCD-Anzeige oberhalb des Ausgangs **A** sehen. Für jeden Anschluss gibt es zwei solcher Indikatoren: einen für die Vorwärtsrichtung und einen für die Rückwärtsrichtung. So können Sie problemlos feststellen, welche Motoren zurzeit laufen (und in welche Richtung).

Wenn Sie den Berührungssensor drücken, erscheint auf der LCD-Anzeige ein kleines Dreieck unmittelbar unterhalb des Sensoranschlusses. Dieses Dreieck zeigt an, dass der Sensor aktiviert wurde. Diese Indikatoren werden unabhängig vom Typ des verwendeten Sensors angezeigt. Sie sind jedoch in Verbindung mit einem Berührungssensor besonders sinnvoll. Das Drücken des Berührungssensors bewirkt auch, dass das Programm reagiert – im vorliegenden Fall kehrt es die Drehrichtung des Motors um. Sie können den Berührungssensor mehrmals drücken; jedes Mal schaltete er die Drehrichtung des Motors von vorwärts auf rückwärts oder von rückwärts auf vorwärts um.

Das Programm lässt sich durch Drücken der Taste **Run** stoppen. Wenn Sie ein Programm so stoppen, werden auch alle laufenden Motoren angehalten.

1.5 Die Taste View

Standardmäßig zeigt der RCX den Wert seiner internen **Uhr** an. Die Zeit wird in Stunden und Minuten angezeigt und wird bei jedem Einschalten des RCX auf 0000 zurückgesetzt. Der RCX kann auch den aktuellen Wert eines Sensors oder den Status eines Motors anzeigen. Die Taste **View** wird verwendet, um diese verschiedenen Anzeigemodi zu durchlaufen. Wenn ein Sensor oder Ausgangsanschluss betrachtet wird, erscheint ein kleiner Pfeil auf der LCD-Anzeige, der auf den überwachten Anschluss zeigt.

Wenn Sie die Taste **View** einmal drücken, wird von der Anzeige der Uhr zur Anzeige von Sensor 1 umgeschaltet. Unter der Voraussetzung, dass der Berührungssensor gerade nicht gedrückt wird, zeigt die Anzeige 0 an. Wenn der Berührungssensor gedrückt wird, ändert sich der angezeigte Wert in 1.

Wenn Sie **View** noch dreimal drücken, wird der Status von Ausgang **A** angezeigt. Unter der Voraussetzung, dass der Motor gerade nicht läuft, ist der Status 0. Wenn Sie das Programm ausführen (also den Motor starten), zeigt die Anzeige den Wert 8. Der RCX kann die Motoren auf acht unterschiedlichen Leistungsstufen laufen lassen. Die Zahl 8 gibt die volle Leistung an.

Die Taste **View** lässt sich auch in Verbindung mit den anderen Tasten verwenden, um einen Motor zu steuern. Wenn die Taste **View** gedrückt wird und die Anzeige gerade den Status eines Ausgangs anzeigt, schaltet die Taste **Run** den Ausgang in Vorwärtsrichtung und die Taste **Prgm** den Ausgang in Rückwärtsrichtung ein. Der Ausgang bleibt nur aktiviert, solange die Taste **Run** oder **Prgm** gedrückt wird.

Beginnen Sie im Standardanzeigemodus, indem Sie den RCX aus- und wieder einschalten. Die Anzeige sollte die Uhr (00.00) anzeigen, und der Motor sollte angehalten sein. Drücken Sie die Taste **View** viermal, lassen Sie sie jedoch beim vierten Drücken nicht los. Halten Sie die Taste **View** weiterhin gedrückt und versuchen Sie, die Taste **Run** oder **Prgm** zu drücken, um den Motor zu aktivieren.

1.6 Anschließen von Motoren

Kabel werden am RCX mit Hilfe eines speziellen quadratischen Steckers angeschlossen. Es gibt vier Möglichkeiten, ein Kabel mit einem solchen Stecker zu verbinden (das Kabel kann von vorne, rechts, hinten oder links kommen). Für Sensoren hat die Polung des Steckers keinerlei Bedeutung. Bei Motoren bestimmt er die Drehrichtung des Motors (im Uhrzeigersinn oder entgegen dem Uhrzeigersinn), wenn der RCX den Ausgang für die Vorwärtsrichtung aktiviert.

In dem Beispiel führt das Kabel nach unten aus dem RCX-Ausgangsanschluss und sitzt innerhalb der Kerbe entlang des Motoroberteils. Bei dieser Polung dreht sich der Motor im Uhrzeigersinn, wenn der Ausgang für die Vorwärtsrichtung aktiviert wird. Sie können dies überprüfen, indem Sie das Beispielprogramm erneut ausführen. Wenn Sie nicht deutlich sehen können, in welche Richtung sich der Motor dreht, befestigen Sie ein großes Rad daran. Versuchen Sie, die Polung der Stekker am RCX oder am Motor zu ändern, und beobachten Sie, wie es möglich ist, den Motor entgegen dem Uhrzeigersinn drehen zu lassen.

Beim Bauen eines Roboters ist es oft hilfreich, die Polung der Kabel zu ändern, sodass die Vorwärtsrichtung am Ausgang einer deutlichen Bewegung des Roboters selbst entspricht (Vorwärtsbewegen eines Fahrzeugs, Heben eines Armes usw.).

1.7 Fehlersuche

Manchmal verhält sich ein Roboter nicht wie erwartet. Das Finden der Ursache des Problems und seine Lösung wird **Fehlersuche** (Debugging) genannt. Bei der Fehlersuche sollten insbesondere die folgenden immer wieder zu Problemen führenden Punkte untersucht werden:

- Prüfen Sie, ob alle Motoren und Sensoren richtig mit dem RCX verkabelt sind. Bei Motoren muss das Kabel nicht nur mit dem richtigen Ausgangsanschluss verbunden sein, sondern es muss auch die Polung des Kabels an beiden Enden stimmen; andernfalls dreht sich der Motor eventuell in die falsche Richtung.

- Verwenden Sie die Taste **View**, um den Wert eines Sensors bei Ausführung des Programms zu überwachen. Prüfen Sie, ob der tatsächliche Sensorwert mit dem übereinstimmt, den das Programm erwartet. Wenn Sie z.B. einen Lichtsensor verwenden, müssen Sie sicherstellen, dass die abgelesenen Werte zu Schwellenwerten passen, die im Programm festgelegt sind. Wenn Sie Berührungssensoren verwenden, prüfen Sie, ob sie wie erwartet gedrückt und losgelassen werden. Manchmal werden Sensoren nicht tief genug gedrückt und liefern nicht den erwarteten Wert.
- Verwenden Sie die Tasten **View**, **Run** und **Prgm**, um jeden Motor des Roboters manuell zu aktivieren. Prüfen Sie, ob sich der Motor in die richtige Richtung dreht, und ob alle vom Motor angetriebenen Bauteile richtig funktionieren.
- Prüfen Sie bei RCX-Code-Programmen, ob innerhalb der diversen Programmblöcke die richtige Sensornummer ausgewählt ist. In einigen Fällen wählt die RCX-Code-Software automatisch den richtigen Sensor, manchmal wählt sie jedoch den falschen. Wenn Sie Berührungssensoren verwenden, müssen Sie auch unbedingt sicherstellen, dass in den Codeblöcken das richtige Symbol für Drücken oder Loslassen der Taste steht.

1.8 Wie geht es weiter?

Da Sie jetzt wissen, wie man ein Programm schreibt und in den RCX lädt, kann nun zu interessanteren Dingen übergegangen werden. Hier sind zuvor noch einige kleine Ratschläge.

Alle in diesem Buch gezeigten Programme befinden sich auch auf der beiliegenden CD-ROM (in einem Ordner namens **Examples**). In vielen Fällen kann es einfacher (und weniger fehleranfällig) sein, die Programme von der CD-ROM zu verwenden, anstatt sie manuell abzutippen.

Der RCX hat einen enormen Batterieverbrauch, sodass die Verwendung wieder aufladbarer Batterien zu empfehlen ist. Im Allgemeinen bringen wieder aufladbare Alkalinezellen eine viel höhere Leistung als selbst wieder aufladbare NiCad- oder NiMH-Akkus.

Eine weitere Maßnahme zur Schonung der Batterien besteht darin, die Roboter auf einer glatten Oberfläche, wie z.B. Holz oder Kacheln, anstatt auf Teppich laufen zu lassen. Motoren müssen erheblich mehr arbeiten, um ein Fahrzeug über einen Teppich zu bewegen, was zu langsamen Robotern führt, die schnell ihre Batterien verbrauchen.

Das MINDSTORMS Robotics Invention System enthält eine große Anzahl von Teilen, einschließlich sehr kleiner zu sehr speziellen Zwecken. Die Suche nach dem passenden Teil kann ziemlich lange dauern und von dem eigentlichen Zweck, nämlich einen Roboter zu bauen und damit zu experimentieren, ablenken. Es kann daher hilfreich sein, die Teile zu sortieren und in kleinen Plastikbehältern mit mehreren Fächern, wie z.B. solche für Schrauben oder Angelzubehör, aufzubewahren.

Jetzt geht es weiter mit dem nächsten Kapitel, in dem Sie erfahren, was der RCX ist und was er leisten kann.

2 Der RCX

Herzstück jedes LEGO MINDSTORMS-Roboters ist der programmierbare LEGO-Baustein – der RCX. An den RCX können diverse Sensoren und Motoren angeschlossen werden, sodass er die Umwelt wahrnehmen und mit ihr in Kontakt treten kann. Es gibt mehrere unterschiedliche Methoden, den RCX zu programmieren. Alle verwenden jedoch einen Satz gemeinsamer Funktionen, insbesondere die des RCX selbst. Dieses Kapitel beschreibt, wie der RCX funktioniert und was er tun kann.

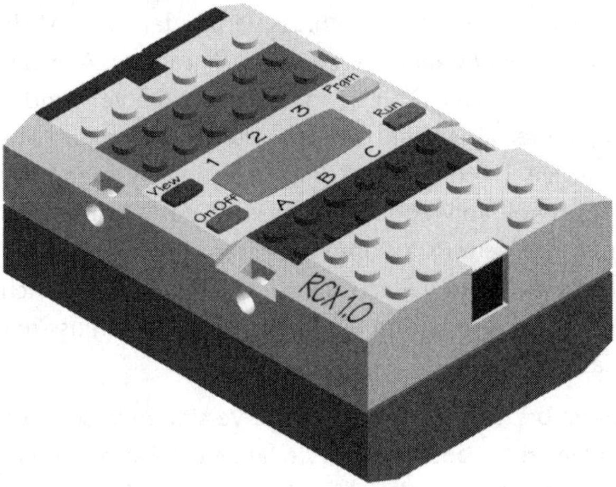

Abbildung 2.1 Der RCX

2.1 Die Hardware

Der RCX ist im Grunde genommen ein winziger Computer, der auf einem Mikroprozessor der Hitachi H8-Reihe basiert. Diese 8-Bit-CPU stellt den größten Teil der Steuerungslogik für den RCX zur Verfügung, einschließlich serieller Ein-/Ausgabe, Analog-zu-Digitalkonvertierung und integrierte Timer. Er enthält sogar 16 KB internen ROM-Speicher, der mit rudimentärer Betriebssystemsoftware vorprogrammiert ist.

Außerdem enthält der RCX 32 KB statischen RAM-Speicher. Der größte Teil dieses Speichers wird von Firmware (weiter oben behandelt) und diversen Systemparametern belegt. 6 KB sind jedoch für »Benutzerspeicher« reserviert, d. h., darin befinden sich die Programme, die Sie für den RCX schreiben. Im Vergleich zu einem Desktopcomputer scheinen 6 KB zu wenig, um irgendeinen praktischen Nutzen zu haben. Innerhalb des RCX sind Programme jedoch lediglich wenige 100 Byte lang (im Gegensatz zu den Millionen von Bytes für Desktopanwendungen); 6 KB sind daher mehr als angemessen.

Der RCX enthält außerdem spezielle Schaltkreise, um mit der realen Welt in Verbindung zu treten. Eine LCD und vier Tasten stehen zur Benutzerinteraktion zur Verfügung. Spezielle Treiberchips ermöglichen es dem RCX, Motoren oder andere elektrische Geräte, die mit den Ausgängen verbunden sind, zu steuern. Und der interne ADC (Analog-zu-Digital-Konverter) ermöglicht es dem RCX, seine drei Sensoranschlüsse abzulesen.

Der RCX verwendet IR (Infrarotlicht), um mit einem Desktopcomputer oder einem anderen RCX zu kommunizieren. Die IR-Kommunikation mit dem Desktopcomputer erfolgt über eine IR-Schnittstelle (im Robotics Invention System enthalten), die mit einem 9-poligen seriellen Standardanschluss verbunden wird. Viele Laptopcomputer (und Palmtops) haben bereits ihren eigenen Anschluss. Alle Geräte verwenden Infrarotlicht zur Kommunikation, jedoch können die verwendeten Protokolle erheblich voneinander abweichen. Die meisten Laptops und andere Computer verwenden das IrDA-Protokoll zur Kommunikation, während der RCX ein einfacheres eigenes Protokoll verwendet. Daher kann der IR-Anschluss eines Laptops nicht automatisch mit dem RCX kommunizieren. Natürlich ist mit dem entsprechenden Programmieraufwand nahezu alles möglich, doch kenne ich zurzeit keine allgemein verwendbare Lösung, um einen Laptop-IR-Anschluss mit dem RCX kommunizieren zu lassen.

Der RCX kann mit 6 AA-Batterien betrieben werden (einige Versionen lassen sich auch mit einem optionalen Netzadapter betreiben). Wie lange die Batterien halten, hängt stark davon ab, wie der RCX wendet wird. Den meisten Batteriesaft zapfen die Motoren ab, die der RCX antreiben muss. Laufende Motoren können in beträchtlichem Maße Strom verbrauchen, und dieser Stromverbrauch nimmt zu, wenn der Motor stark beansprucht wird. Ein häufiger Einsatz des RCX macht also viele Batterienwechsel nötig; verwenden Sie daher am besten wieder aufladbare Alkaline-Batterien. Die Firmware und geladenen Programme gehen auch dann nicht verloren, wenn der RCX ausgeschaltet wird. Wenn die Batterien jedoch für einen langen Zeitraum entnommen werden, wird auch dieser Speicher gelöscht. Wenn Sie Batterien wechseln müssen, stellen Sie sicher, dass der RCX ausgeschaltet ist. Entfernen Sie dann schnell die alten Batterien und legen Sie neue Batterien ein. Wenn Sie den Batterienwechsel einigermaßen schnell durchführen, bleibt der Speicher erhalten, und Sie müssen die Firmware nicht neu laden. Eine andere Möglichkeit besteht darin, beim Wechseln der Batterien den Netzadapter (falls vorhanden) anzuschließen.

2.2 Firmware

Der RCX verfügt über ein eigenes Betriebssystem, das aus zwei Teilen besteht. Der erste Teil wird im ROM gespeichert und ist immer vorhanden. Der zweite Teil ist im RAM gespeichert und muss in den RCX geladen werden, wenn dieser das erste

Mal eingeschaltet wird. Dieser zweite Teil wird häufig RCX-**Firmware** genannt, obwohl technisch gesehen beide Teile als Firmware gelten könnten. Dieses Betriebssystem erledigt alle gängigen Funktionen, z. B. Verfolgen der Zeit, Steuern der Motorausgänge und Überwachen der Sensoren.

> Firmware ist ein allgemeiner Begriff für Software, die in ein Gerät eingebaut ist. Der Begriff soll ausdrücken, dass eine solche Software ein Mittelding zwischen **Hardware** und **Software** ist.

Wenn ein Programm für den RCX geschrieben wird, enthält es keinen CPU-spezifischen Code. Statt dessen besteht es aus speziellen Bytecodes, die von der Firmware interpretiert werden. Das ähnelt der Methode, Java-Programme als Java-Bytecodes zu speichern, die dann von einer Java Virtual Machine interpretiert werden. Wenn Bytecodes statt eigener Maschinencodes verwendet werden, kann der RCX eine sichere und zuverlässige Ausführungsumgebung für Programme schaffen. Zwar ist es möglich, eigene Firmware zu schreiben und zu laden, die die RCX-Hardware vollständig kontrollieren kann, doch erfolgt die meiste RCX-Programmierung innerhalb der Grenzen der Standardfirmware (im Folgenden einfach als Firmware bezeichnet).

Mit eigener Firmware können zwar die Fähigkeiten des RCX modifiziert werden, doch setzt dieses Buch voraus, dass die Standardfirmware verwendet wird. Wenn also die Aussage gemacht wird, dass der RCX bestimmte Funktionen bietet, ist damit tatsächlich gemeint, dass der »RCX mit Standardfirmware« diese Funktionen zur Verfügung stellt.

2.3 Tasks und Subroutinen

Ein RCX-Programm kann bis zu zehn **Tasks** enthalten. Jede Task ist eine Folge von Bytecodes. Im Grunde genommen handelt es sich dabei lediglich um eine Liste von Anweisungen, die zu befolgen sind. Task sind entweder **aktiv** oder **inaktiv**. Wenn der Task aktiv ist, führt der RCX die für den Task aufgelisteten Anweisungen aus. Wenn ein Task inaktiv wird, führt der RCX seine Anweisungen nicht mehr aus. Wird ein Programm gestartet, wird sein erster Task aktiv gemacht. Alle anderen Tasks sind inaktiv. Beim Beenden eines Programms werden alle seine Tasks deaktiviert.

Es können mehrere Tasks gleichzeitig aktiv sein. In diesem Fall schaltet der RCX zwischen den aktiven Tasks vor und zurück und führt immer kurze Teile jedes einzelnen Tasks aus, sodass es so aussieht, als ob alle aktiven Tasks gleichzeitig ausgeführt würden. Diese **simultane Ausführung** hat Vor- und Nachteile. Der Vorteil besteht darin, dass Anweisungen mit Funktionen, die relativ unabhängig sind, oft viel einfacher werden, wenn sie in separate Tasks gesetzt werden. Der Nachteil ist, dass die simultane Ausführung zu sehr schwer erkennbaren Fehlern führen kann, wenn die separaten Funktionen miteinander interagieren müssen (ein Beispiel dafür finden Sie in Kapitel 7).

Ein Programm kann auch bis zu acht Subroutinen definieren. Auch dies sind Folgen von Anweisungen, die ausgeführt werden sollen. Der Unterschied zwischen einem Task und einer Subroutine besteht darin, dass alle Tasks simultan mit anderen Tasks ausgeführt werden. Subroutinen werden nicht von selbst ausgeführt, sondern sie müssen von einem Task aufgerufen werden. Beim Aufruf der Subroutine wird diese ausgeführt, der aufrufende Task muss jedoch warten, bis die Subroutine fertig ist, bevor er mit seinen eigenen Anweisungen fortfahren kann. Jeder Task kann jede Subroutine aufrufen, doch eine Subroutine kann weder sich selbst noch eine andere Subroutine aufrufen. Diese Einschränkungen vermindern den Nutzen von Subroutinen in vielen Anwendungen.

2.4 Ausgänge

Der RCX hat drei Ausgänge (Anschlüsse **A**, **B** und **C**), von denen jeder einen von drei Modi annehmen kann: **ein**, **aus** oder **gleitend**. Der Modus **ein** entspricht der Bedeutung des Wortes: Jeder am Ausgang angeschlossene Motor läuft. Im Modus **aus** schaltet der RCX den Ausgang ab, und der Motor wird zum Anhalten gezwungen. Der Modus **gleitend** ist etwas ungewöhnlich. In diesem Modus schickt der RCX keinen Strom mehr zum Ausgang, doch darf sich ein Motor weiterhin frei drehen. In einigen Fällen hat dies eine völlig andere Wirkung als **aus**. Man kann dazu das Auto fahren zum Vergleich heranziehen: **aus** entspricht dabei dem Bremsen, **gleiten** dem Rollen im Leerlauf.

Zu jedem Ausgang gehört auch eine Richtung: **vorwärts** oder **rückwärts**. Diese Richtung hat nur eine Wirkung, wenn der Ausgang eingeschaltet ist; die Einstellung wird jedoch gemerkt und kann sogar geändert werden, während der Ausgang ausgeschaltet (oder gleitend) ist. Wie erwähnt, hängt die tatsächliche Richtung der Motordrehung (im Uhrzeigersinn oder entgegen dem Uhrzeigersinn) davon ab, wie die Kabel zwischen Motor und RCX angeschlossen sind.

Auch für die **Leistungsstufe** eines Ausgangs lässt sich eine von acht Einstellungen festlegen. Wie die Richtungseinstellung hat die Leistungsstufe nur dann eine Wirkung, wenn der Ausgang eingeschaltet ist. Auch sie wird gemerkt und lässt sich ändern, wenn der Ausgang ausgeschaltet ist. Der RCX ist in erster Linie ein digitales Gerät, und für digitale Geräte ist es nun einmal besser, wenn Bauteile ein- oder ausgeschaltet sind und nicht »halb ein« oder »drei Viertel ein«. Der RCX benötigt daher eine Technik, um diese Zwischenleistungsstufen aus einem digitalen Signal zu erzeugen.

Eine Möglichkeit dafür bietet die Impulsbreitenmodulation (Pulse Width Modulation, PWM). Statt ein Signal einzuschalten und eingeschaltet zu lassen, schaltet PWM schnell zwischen ein und aus hin und zurück. Die Zeitspanne, in der das Signal eingeschaltet ist, wird **Impuls** genannt, die Dauer dieses Impulses seine **Breite**. Der Prozentsatz der Zeit, die das Signal eingeschaltet ist, wird **Arbeitszyklus** genannt. Bei Verwendung von PWM werden Zwischenleistungsstufen erzeugt, indem die Impulsbreite variiert wird, um den entsprechenden Arbeitszyklus zu generieren.

Beim RCX werden die Impulse alle 8 ms gesendet. In der niedrigsten Leistungsstufe ist der Impuls 1 ms lang; Spannung wird also nur in einem Achtel der Zeit geliefert (Arbeitszyklus = 12,5 %). Höhere Leistungsstufen bewirken längere Impulse. Auf der höchsten Leistungsstufe nimmt der Impuls tatsächlich die vollen 8 ms ein; in diesem Fall liegt ständig Spannung an.

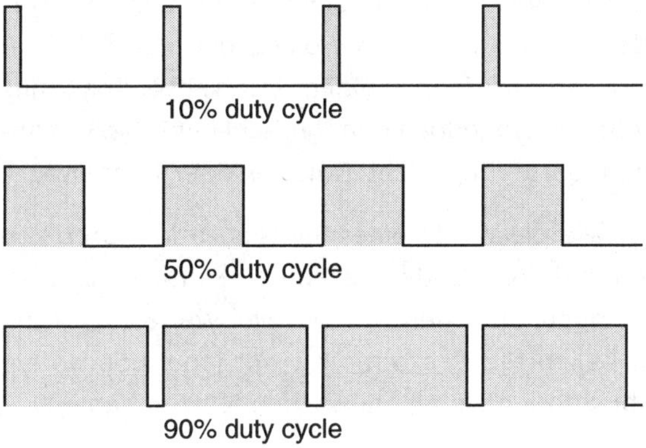

Abbildung 2.2 Impulsbreitenmodulation

Ein Problem im Zusammenhang mit PWM besteht darin, dass die volle Leistung für einen kurzen Zeitraum erbracht wird, anstatt eine verringerte Leistung für einen kontinuierlichen Zeitraum. In vielen Fällen hat dieser feine Unterschied nur eine geringe Gesamtwirkung. Der LEGO MINDSTORMS-Motor bildet jedoch eine Ausnahme. Diese Motoren sind so konstruiert, dass sie die Energie sehr gut ausnutzen können. Sie besitzen ein eingebautes Schwungrad, das als eine Art Energiespeichertank fungiert. Das Schwungrad ist besonders wirksam, wenn der Motor sehr wenig physikalischen Widerstand (**Last** genannt) hat. Das Starten des Motors verbraucht eine Menge Energie, da das Schwungrad auch auf seine Geschwindigkeit gebracht werden muss. Sobald ein Motor mit wenig Last (z. B. ein Motor, der ein Zahnrad dreht, das mit nichts verbunden ist) jedoch läuft, kann er seine Geschwindigkeit mit sehr wenig externer Energie aufrechterhalten. In diesem Fall wirkt sich PWM nicht wesentlich auf den Motor aus, da die kurzen Impulse das Schwungrad am Drehen halten, während das Schwungrad selbst den Motor am Drehen hält, wenn die Impulse aufhören. Unter einer hohen Last (Befördern eines Fahrzeugs über eine Teppichoberfläche) ist das Schwungrad weniger wirksam, und das Ändern der Leistungsstufe wirkt sich stärker auf die Geschwindigkeit aus.

2.5 Sensoren

Der RCX hat drei Sensoranschlüsse, von denen jeder einen von vier unterschiedlichen LEGO-Sensoren aufnehmen kann: Berührungssensor, Lichtsensor, Rotationssensor und Temperatursensor. Sensoren werden mit dem RCX mithilfe desselben Kabelsystems verbunden wie Motoren mit den RCX-Ausgängen.

Jeder Sensortyp hat spezifische Anforderungen an das Lesen und Interpretieren seiner Werte; der RCX muss daher jeden Sensoranschluss konfigurieren, bevor er verwendet werden kann. Genau genommen müssen zwei unterschiedliche Einstellungen konfiguriert werden: der **Sensortyp** und der **Sensormodus**. Der Sensortyp bestimmt, wie der RCX mit dem Sensor interagiert. So liest beispielsweise der RCX einen Berührungssensor passiv, er muss jedoch einem Lichtsensor Spannung liefern. Im Allgemeinen muss der Sensortyp jedoch dem tatsächlichen Typ des angeschlossenen Sensors entsprechen (Berührung, Licht, Rotation oder Temperatur).

Der Sensormodus sagt dem RCX, wie die Werte eines Sensors zu interpretieren sind. Einige Programmiersprachen, z. B. RCX-Code, stellen den Sensormodus automatisch je nach Sensortyp ein. Andere Sprachen, wie beispielsweise NQC, sind flexibler: Hier können Sie jeden beliebigen Sensormodus mit jedem Sensortyp verwenden (obwohl einige Kombinationen wenig praktischen Nutzen haben).

Zu jedem Sensor gehören drei separate Werte: **Rohwert**, **logischer** (boolescher) **Wert** und **verarbeiteter Wert**. Der Rohwert ist der tatsächlich gelesene Spannungswert des Sensors, der in eine digitale Zahl von 0 bis 1023 (einschließlich) konvertiert wurde. Alle 3 ms liest der RCX den Rohwert vom Sensor und konvertiert ihn dann sowohl in einen logischen als auch in einen verarbeiteten Wert.

2.5.1 Logische Werte

Der logische Wert eines Sensors kann einen von zwei Werten annehmen: 0 oder 1.

Logische Werte sind am sinnvollsten in Verbindung mit einem Berührungssensor, doch können gelegentlich auch andere Sensoren logische Werte nutzen.

Der Sensormodus kennt einen speziellen Parameter, genannt Sensorsteigung, der von 0 bis 31 reicht und bestimmt, wie der Rohwert in einen logischen Wert konvertiert wird. Wenn die Steigung Null ist, verwendet der RCX die in Tabelle 2.1 gezeigte Konvertierung.

Bedingung	Rohwert
Roh > 562	0
Roh < 460	1
460 ≤ Roh ≤ 562	unverändert

Tabelle 2.1 Standardmäßige logische Konvertierung

Sie sehen, dass ein hoher Rohwert den logischen Wert 0 ergibt, während ein niedriger Rohwert den logischen Wert 1 zum Ergebnis hat.

Die Grenzpunkte (460 und 562) repräsentieren ca. 45 % und 55 % des Maximalwerts des Sensors. Es ist nicht ungewöhnlich, wenn Rohwerte leicht schwanken; bei Verwendung eines einzigen Grenzwerts würde der logische Wert wahrscheinlich ständig umschalten, wenn der Rohwert in die Nähe des Grenzwerts kommt. Diese Methode zur Reduktion der Schwankungen in einem logischen Signal wird **Hysterese** genannt.

Wenn der Steigungsparameter nicht Null ist, wird eine andere logische Konvertierung verwendet. Bei jedem Ablesen des Sensors wird sein Rohwert mit dem vorherigen Rohwert verglichen. Wenn der Absolutwert dieser Differenz kleiner als der Steigungsparameter ist, bleibt der logische Wert unverändert. Übersteigt diese Differenz den Steigungsparameter, wird der logische Wert so eingestellt, dass er anzeigt, ob der Rohwert zunahm (logischer Wert 0) oder abnahm (logischer Wert 1). Spezielle Regeln gelten für die Extrempunkte des Rohwertbereichs. Die Konvertierung ist in Tabelle 2-2 zusammengefasst.

Bedingung	Logischer Wert
Änderung > Steigung	0
Änderung < -Steigung	1
aktuell > (1023-Steigung)	0
aktuell < Steigung	1

Steigung = Wert des Steigungsparameters
aktuell = aktueller Rohwert
Änderung = aktueller Wert minus vorheriger Wert

Tabelle 2.2 Logische Konvertierung mit Steigungsparameter

Exemplarisch betrachten wir den Fall, in dem die Steigung 10 und der anfängliche Rohwert 1020 ist. Dies ergibt den logischen Wert 0. Nun verringert sich der Rohwert langsam bis auf 300. Obwohl der Wert 300 unterhalb der 45 %-Schwelle liegt, die normalerweise für logische Werte verwendet wird, bewirkt der Steigungsparameter, dass der Grenzwert ignoriert wird und der logische Wert Null bleibt. Wenn der Rohwert plötzlich abnimmt, z. B. bei einem einzigen Lesevorgang auf 280, wird der logische Wert 1.

Wenn der Steigungsparameter richtig eingestellt ist, kann er so konfiguriert werden, dass ein Lichtsensor leichte Schwankungen ignoriert und nur starke Änderungen erkennt. So konfiguriert beispielsweise das folgende NQC-Programm Sensor 2 als Lichtsensor im logischen Modus mit einer Steigung von 10 (weitere Informationen über Sensortypen und Modi finden Sie weiter unten in diesem Kapitel). Das Programm erzeugt einen Ton hoher Frequenz, wenn der Sensor rasch von dunkel zu hell wechselt (Sensorwert = 1), und einen Ton niedriger Frequenz bei einem schnellen Übergang von hell zu dunkel (Sensorwert = 0).

```
task main()
{
   SetSensorType (SENSOR_2, SENSOR_TYPE_LIGHT);
   SetSensorMode (SENSOR_2, SENSOR_MODE_BOOL + 10);

   while(true)
   {
      until (SENSOR_2 == 1);
      PlayTone (880, 10);
      until (SENSOR_2 == 0);
      PlayTone (440, 10);
   }
}
```

Wenn Sie NQC verwenden und gerne mit dem Steigungsparameter experimentieren möchten, übertragen Sie dieses Programm in den RCX, schließen einen Lichtsensor an Sensoranschluss 2 an und führen das Programm aus. Richten Sie den Sensor direkt auf ein helles Licht aus, versuchen Sie dann, das Licht durch Abdecken des Sensors mit Ihrem Finger zu blockieren und wieder freizugeben. Schnelles Wechseln von hell zu dunkel (oder umgekehrt) bewirkt, dass sich der logische Wert des Sensors ändert und das Programm einen Ton erzeugt. Schrittweise Änderungen, wie beispielsweise langsames Wegdrehen des Sensors vom Licht, bewirken keine Änderung am logischen Wert des Sensors.

Kleine Dreiecke auf der RCX-Anzeige (unterhalb der Sensoranschlüsse) zeigen an, dass der logische Wert eines Sensors 1 ist.

2.5.2 Sensormodi

Es gibt acht verschiedene Sensormodi, von denen einige nur für bestimmte Sensortypen sinnvoll sind. Sie finden im Folgenden für jeden Modus eine kurze Beschreibung, wie er Rohwerte in verarbeitete Werte konvertiert. Die Standardmodi (von RCX-Code-Programmen automatisch ausgewählt) jedes Sensortyps sind ebenfalls angegeben.

Rohmodus

Der Rohmodus ist der einfachste Modus. In diesem Modus ist der verarbeitete Wert eines Sensors immer gleich seinem Rohwert (eine ganze Zahl zwischen 0 und 1023).

Logischer Modus

Wenn der logische Modus ausgewählt ist, wird der verarbeitete Wert des Sensors auf den logischen Wert eingestellt, wie er durch die weiter oben beschriebene Konvertierung ermittelt wurde. Mit Ausnahme des Berührungssensors ist bei Sensoren oft ein geeigneter Richtungsparameter wesentlich für aussagefähige logische Werte. Dies ist der Standardmodus für einen Berührungssensor.

Flankenzählungsmodus

Bei Auswahl des Flankenzählungsmodus zählt der RCX, wie oft sich der logische Wert ändert. Dieser Zähler ist anfangs 0 und wird jedes Mal um 1 erhöht, wenn sich der logische Wert von 0 zu 1 oder von 1 zu 0 ändert. Dieser Modus ist nur nützlich, wenn der logische Wert aussagekräftig ist.

Mechanische Schalter (z.B. der Berührungssensor) tendieren dazu, ein wenig zu prellen, d.h., sie schalten mehrmals rasch ein und aus, wenn sie gedrückt oder losgelassen werden. Der RCX verwendet einen **Entprell**prozess, um die Störsignale auszufiltern. Dieses Entprellen bewirkt, dass der RCX Flanken nach dem Auftreten eines Übergangs 300 ms lang ignoriert. Dies erhöht in den meisten Fällen die Zuverlässigkeit der Flankenzählung, beschränkt sie jedoch auch darauf, nur Flanken zu erkennen, die mindestens 300 ms Abstand haben.

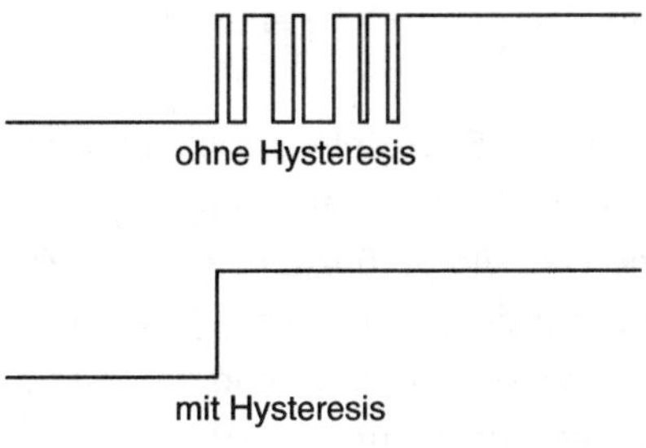

Abbildung 2.3 Entprellen eines Sensors

Impulszählungsmodus

Der Impulszählungsmodus ähnelt dem Flankenzählungsmodus mit der Ausnahme, dass der Zähler nur erhöht wird, wenn sich ein logischer Wert von 1 zu 0 ändert. Wie bei der Flankenzählung wird der logische Wert entprellt, um Störsignale zu beseitigen. Dieser Modus ist ideal, um beispielsweise zu zählen, wie oft eine Taste gedrückt wurde.

Prozentmodus

Im Prozentmodus wird der Rohwert in einen Wert zwischen 0 und 100 konvertiert (höhere Rohwerte entsprechen einem niedrigeren Prozentsatz). Dies ist der Standardmodus für einen Lichtsensor.

Rotationsmodus

Der Rotationsmodus verwendet einen Algorithmus, der die spezielle Ausgabe des Rotationssensors dekodiert. Dieser Modus ist Standard für den Rotationssensor. Er hat keine Bedeutung, wenn er mit einem anderen Sensortyp kombiniert wird. Der Ergebniswert des Rotationsmodus ist eine kumulative Drehung in Schritten von 22,5 Grad (der Wert 16 steht für eine volle Drehung).

Celsius- und Fahrenheitmodi

Der Celsiusmodus verwendet eine spezielle Funktion, um den Rohwert in einen Temperaturwert zu konvertieren. Diese Funktion kompensiert die speziellen Eigenschaften des Temperatursensors. Der Fahrenheitmodus verwendet dieselbe Funktion wie der Celsiusmodus, um einen Rohwert in eine Temperatur zu konvertieren. Anschließend konvertiert er die Temperatur von Celsius in Fahrenheit.

Intern multipliziert der RCX Temperaturwerte mit 10, sodass ein Wert von 22,5 Grad als 225 dargestellt wird. Die LCD zeigt jedoch weiterhin die tatsächliche Temperatur (z. B. 22,5) an. Eine Optionseinstellung in der RCX-Code-Entwicklungssoftware bestimmt, ob für Temperatursensoren Celsius- oder Fahrenheitmodus als Standard verwendet wird.

2.5.3 Sensortypen

Berührungssensor

Der Berührungssensor ist der einfachste LEGO-Sensor. Er besteht aus einer kleinen Taste, die am Ende eines 2x3-Bausteins eingebaut ist. Mehrere Berührungssensoren können parallel angeschlossen werden, d. h., mehr als ein Berührungssensor ist mit demselben Eingangssensoranschluss am RCX verbunden. So kann der RCX erkennen, wenn einer der Sensoren gedrückt wurde. Er wäre jedoch nicht in der Lage zu unterscheiden, welcher der Sensoren tatsächlich gedrückt wurde.

Abbildung 2.4 Berührungssensor

Der Berührungssensor wird oft im logischen Modus verwendet, wobei auch Flankenzählung und Impulszählung nützlich sein können.

Gehen Sie vorsichtig vor, wenn Sie ein Kabel mit einem Berührungssensor verbinden. Nur in den vorderen vier »Hubbeln« sind elektrische Kontakte. Wenn sich das Kabel über diesen vorderen Kontakten befindet, kann es in jeder Richtung angeschlossen werden. Wenn jedoch der Kabelstecker nur zwei der Kontakte überlagert, muss er längs montiert werden, wie aus der folgenden Abbildung hervorgeht:

Abbildung 2.5 Verkabeln eines Berührungssensors

Lichtsensor

Der Lichtsensor besteht aus einer roten LED und einem Fototransistor, der auf einfallendes Licht reagiert. Er ist ein aktiver Sensor, was bedeutet, dass er Spannung vom RCX benötigt, um richtig zu arbeiten. Der Lichtsensor wird typischerweise im Prozentmodus verwendet. Seine Werte können daher von 0 bis 100 gehen, wobei Werte zwischen 40 und 60 besonders häufig vorkommen.

Abbildung 2.6 Lichtsensor

Ein Lichtsensor kann verwendet werden, um die in einem Raum vorhandene Menge Licht zu messen. Wenn Sie z. B. einen Roboter bauen möchten, der beim Einschalten der Beleuchtung eines Raumes eine Aktion ausführt, können Sie den Roboter mit einem Lichtsensor ausstatten und ihn warten lassen, bis die Messwerte des Lichtsensors einen bestimmten Schwellenwert überschreiten. Überlegen Sie sorgfältig, wo Sie den Sensor platzieren, da Schatten oder ein in der Nähe befindliches kleines Licht den Lichtsensor glauben machen könnten, dass der Raum dunkler oder heller als in Wirklichkeit ist.

Ein weiteres mögliches Problem besteht darin, dass Lichtsensorwerte unter unterschiedlichen Bedingungen erheblich zwischen zwei verschiedenen Sensoren oder sogar beim selben Sensor abweichen können. Die Stärke des Hintergrundlichts, Farben und Strukturen nahe gelegener Oberflächen und sogar der Zustand der Batterien des RCX können die Messwerte des Sensors beeinflussen. Daher benötigen die meisten Programme, die einen Lichtsensor verwenden, eine gewisse Korrektur, um einwandfrei zu funktionieren. Wenn die Batterien im RCX schwächer werden (oder alte Batterien durch neue ersetzt werden), müssen Programme, die den Lichtsensor verwenden, wahrscheinlich angepasst werden.

Abbildung 2.7 Einengen des Lichtsensorsichtfelds

Der Lichtsensor reagiert auf Licht, das aus einem ziemlich breiten Winkel kommt. Manchmal ist es wünschenswert, die Erkennung auf Licht zu beschränken, das aus einer bestimmten Richtung kommt. Ein Beispiel wäre ein Roboter, der sich umschauen und ein helles Licht finden möchte. Dies kann recht einfach erreicht werden, indem das Sichtfeld des Sensors mit einem oder mehreren Trägern eingeengt wird. Schwarze Träger eignen sich am besten, da sie die geringste Lichtmenge reflektieren. Es ist wichtig, dass der Fototransistor des Sensors mit dem Trägerloch auf einer Linie liegt. Sie erreichen das, indem Sie einfach den Träger und den Sensorboden bündig ausrichten.

Die vorangehenden Beispiele verwendeten den Lichtsensor, um externe Lichtquellen zu erkennen. Der Lichtsensor kann aber auch eingesetzt werden, um die Farbe einer nahe gelegenen Oberfläche zu bestimmen. Ein Roboter, der Bausteine nach Farbe sortiert, muss beispielsweise die Farbe jedes Bausteins bestimmen.

Wenn er sich auf das Umgebungslicht in einem Raum verlässt, kann er eine derartige Entscheidung nur unter Schwierigkeiten treffen. Glücklicherweise enthält der Lichtsensor seine eigene Lichtquelle (die LED), die es ihm ermöglicht, das von einer nahe gelegenen Oberfläche reflektierte Licht zu messen, anstatt sich auf die Beleuchtungsbedingungen des Raumes zu verlassen. Um die besten Ergebnisse zu erzielen, sollte der Lichtsensor so nahe wie möglich an der Zieloberfläche platziert werden, da dies den Einfluss externen Lichtes minimiert.

Mit einem geeigneten Steigungsparameter können auch die auf logischen Werten basierenden Modi (logisch, Impulszählung und Flankenzählung) in Verbindung mit einem Lichtsensor verwendet werden, um plötzliches Zunehmen oder Abnehmen der Lichtstärke zu erkennen.

Rotationssensor

Der Rotationssensor ist ein optionaler Sensor, der nicht im Robotics Invention System enthalten ist. Er ist ein aktiver Sensor, dessen Werte nur sinnvoll sind, wenn er im Rotationsmodus verwendet wird.

Abbildung 2.8 Rotationssensor

Im Gegensatz zu den anderen Sensoren, die Messungen auf einer absoluten Skala durchführen, misst der Rotationssensor die relative Drehung (seine Messwerte sind immer relativ zu einer Basisposition). Standardmäßig wird die Position, an der das Programm gestartet wird, als Basisposition verwendet (Drehung um 0), doch ermöglicht es ein spezieller Befehl, den Sensor zurückzusetzen, sodass die aktuelle Position als Basisposition verwendet wird.

In der Basisposition ist der Sensorwert 0. Wenn der Sensor in die eine Richtung gedreht wird, erhöht sich der Sensorwert. Beim Drehen in die andere Richtung verringert sich der Wert. Der Sensor misst in Schritten von 22,5 Grad; eine volle Drehung in eine Richtung entspricht daher einem Sensorwert von 16.

Mit Untersetzung kann sich die Messgenauigkeit steigern lassen. Wenn z.B. ein Schneckenrad in ein Zahnrad mit 24 Zähnen eingreift, ergibt sich eine Untersetzung von 24:1. Wenn Sie den Rotationssensor auf das Schneckenrad setzen, ergeben sich pro Umdrehung des 24er-Zahnrads 16x24 = 384 Schritte. Die resultierende Genauigkeit ist höher als 1 Grad.

Abbildung 2.9 Erhöhen der Genauigkeit des Drehungssensors

Aus technischen Gründen muss der RCX den Rotationssensor genau überwachen, da er sonst eventuell eine Drehung verpasst und falsche Messwerte liefert. Der RCX kann Drehungen zuverlässig bei Geschwindigkeiten bis zu 1250 U/min (Umdrehungen pro Minute) messen. Dies ist mehr als genug für den Standard-LEGO MINDSTORMS-Motor, der sich ohne Last bei etwa 350 U/min dreht.

Temperatursensor

Der Temperatursensor ist ein weiterer optionaler Sensor, der nicht Teil des Robotics Invention Systems ist. Die Temperatur kann in Grad Celsius oder Grad Fahrenheit gelesen werden. Der Betriebsbereich des Sensors beträgt -20° C bis +70° C (-3° F bis +157° F). Temperaturen außerhalb dieses Bereichs werden als 999,9 angezeigt.

Abbildung 2.10 Temperatursensor

Wegen der langsamen Reaktion des Temperatursensors ist er zur Verwendung im logischen Modus mit einem Steigungsparameter ungeeignet. Der Temperatursensor reagiert außerdem nicht linear. Wenn Sie ein Diagramm der Sensormesswerte im Rohmodus und der Temperatur zeichneten, würden diese nicht als gerade Linie erscheinen. Die Celsius- und Fahrenheitmodi können Nichtlinearität korrigieren, Roh- und Prozentmodi jedoch nicht. Daher sind die Roh- und Prozentmodi in Verbindung mit einem Temperatursensor wenig zweckmäßig.

Da die Rotations- und Temperatursensoren im Robotics Invention System nicht enthalten sind, werden sie in diesem Buch so wenig wie möglich verwendet. Der Rotationssensor wird nur in Kapitel 10 verwendet, der Temperatursensor in Teilen von Kapitel 18. In Anhang B finden Sie Bezugsquellen für diese Sensoren.

2.6 Weitere Leistungsmerkmale

Der RCX bietet auch eine Reihe weiterer Leistungsmerkmale, einschließlich Timer, Variablen und ein Datenprotokoll. Im Folgenden werden diese zusätzlichen Leistungsmerkmale kurz beschrieben.

2.6.1 Zeitverwaltung

Der RCX enthält eine Systemuhr (kurz Uhr), die sich die Anzahl der Minuten seit dem Einschalten des RCX merkt. Im Standardanzeigemodus zeigt die LCD die aktuelle Uhrzeit in Stunden und Minuten an. Zwar steht die aktuelle Uhrzeit einem laufenden Programm zur Verfügung, doch benötigen die meisten Programme genauere Zeitinformationen, als sie die Uhr liefern kann.

Der RCX enthält auch vier **Timer**, die die Zeit in Schritten von 100 ms (1/10 Sekunde) messen. Die Timer arbeiten immer, wenn der RCX eingeschaltet wird. Ein Programm kann jeden Timer unabhängig von den anderen und jederzeit zurücksetzen. Die Timer selbst fangen nach ungefähr 55 Minuten wieder bei 0 an.

2.6.2 Variablen

Der RCX enthält 32 Speicherplätze, die von einem Programm zur Speicherung globaler Variablen verwendet werden können. Jeder Speicherplatz kann eine einzige 16-Bit-Ganzzahl mit Vorzeichen (eine ganze Zahl im Bereich -32.768 bis 32.767) speichern. Da die Variablen über alle Tasks eines Programms hinweg global sind, muss sichergestellt sein, dass ein Programm mit mehreren Tasks die Variablen in konsistenter Art und Weise verwendet. Alle Programme teilen sich die Speicherplätze. Sie werden bei einem Programmwechsel nicht zurückgesetzt. So kann ein Programm Informationen speichern, die später von einem anderen Programm verwendet werden.

Variablen kann nahezu jede Art von Wert zugewiesen werden, einschließlich Konstanten, Timerwerten, Sensorwerten oder Zufallszahlen. Die Firmware stellt auch eine Reihe grundlegender mathematischer Operationen für Variablen zur Verfügung: Addition, Subtraktion, Multiplikation, Division, bitweises AND, bitweises OR, Vorzeichen und Absolutwert.

2.7 Datenprotokoll

Der RCX bietet die Möglichkeit, Daten zu protokollieren. Ein Programm kann ein Datenprotokoll mit fester Größe erzeugen und dem Protokoll dann Datenpunkte hinzufügen. Datenpunkte können Sensormesswerte, Variablen, Timerwerte oder die Systemuhr sein. Das Datenprotokoll kann dann zur Analyse oder für andere Zwecke auf einen Computer übertragen werden.

Sowohl das Datenprotokoll als auch die RCX-Programme müssen sich dieselben 6 KB (genauer gesagt: 6101 Bytes) Benutzerspeicher teilen. Da jeder Datenpunkt 3 Bytes Speicher benötigt, enthält das größtmögliche Datenprotokoll 2033 Punkte. Allerdings würde ein Datenprotokoll dieser Größe keinen Platz mehr für Programme lassen.

Die RCX-Anzeige enthält einen Datenprotokollindikator, der aus einem Kreis mit vier Quadranten besteht. Ist kein Datenprotokoll vorhanden, wird der Indikator nicht angezeigt. Bei Verwendung eines Datenprotokolls werden ein oder mehrere Quadranten angezeigt, um in groben Zügen anzugeben, wie voll das Datenprotokoll zurzeit ist. Einer der Quadranten blinkt, solange noch genügend Platz für zusätzliche Punkte ist. Wenn das Datenprotokoll voll ist, sind alle vier Quadranten ausgefüllt.

2.8 Automatische Abschaltung

Um die Batterien zu schonen, schaltet sich der RCX automatisch nach einigen Minuten Inaktivität ab. Die Zeitspanne, bevor der RCX sich selbst abschaltet, wird **Abschaltzeit** genannt. Anfangs steht sie auf 15 Minuten. Zu beachten ist, dass sich der RCX auch dann abschaltet, wenn gerade ein Programm ausgeführt wird. Um daher ein Programm längere Zeit unbeaufsichtigt laufen zu lassen, muss die Abschaltzeit geändert werden.

Die Methode zum Ändern dieser Einstellung hängt von der Software ab, die zum Programmieren des RCX wendet wird. Um diese Einstellung in der MINDSTORMS Robotics Invention System-Software zu ändern, wählen Sie im Hauptmenü **Einführung und Aufbau** und dann **Einstellungen**. Geben Sie die gewünschte Anzahl von Minuten für die Abschaltzeit ein, oder wählen Sie »unendlich«, um die automatische Abschaltung zu deaktivieren.

Um die Abschaltzeit mithilfe der Befehlszeilenversion von NQC zu ändern, verwenden Sie den folgenden Befehl. Ersetzen Sie `Minuten` durch die gewünschte Anzahl von Minuten.

```
nqc -sleep Minuten
```

Wenn die Abschaltzeit auf 0 eingestellt wird, deaktiviert dies die automatische Abschaltung:

```
nqc -sleep 0
```

Wenn Sie RcxCC verwenden, lässt sich die Abschaltzeit ändern, indem Sie **Diagnostics** aus dem Menü **Tools** wählen und dann im Dialogfeld die entsprechende Zeit eingeben. Wie bei NQC bedeutet eine Abschaltzeit von 0 Minuten, dass sich der RCX nie selbst abschalten soll.

2.9 Zusammenfassung

Dieses Kapitel behandelte die diversen Leistungsmerkmale des RCX wie Tasks, Motorausgänge, Sensoren und Timer. Das nächste Kapitel beschäftigt sich damit, wie diese Merkmale in NQC verwendet werden. Ab Kapitel 5 wird dann eine Reihe von Robotern vorgestellt, von denen jeder demonstriert, wie sich diese Merkmale kombinieren lassen, um Roboter zu bauen, die vordefinierte Aufgaben erfüllen und auf ihre Umgebung reagieren.

3 Einführung in NQC

Dieses Kapitel enthält eine Einführung in die NQC-Programmiersprache. Es werden viele der häufig verwendeten NQC-Funktionen vorgestellt. Vollständige Informationen zu NQC-Syntax und -Befehlen finden Sie im **NQC-Programmierhandbuch**.

Es wird davon ausgegangen, dass Sie bereits NQC (oder eine NQC-basierte Entwicklungsumgebung, z.B. RcxCC) installiert haben und mit den grundlegenden Vorgängen des Erstellens, Kompilierens und Herunterladens, wie in Kapitel 1 beschrieben, vertraut sind.

3.1 Ein einfaches Programm

Beim ersten Programm wird davon ausgegangen, dass ein Motor mit Ausgang A und ein Berührungssensor mit Eingang 1 verbunden ist. Wird das Programm ausgeführt, dreht sich der Motor, wird der Berührungssensor betätigt, stoppt der Motor.

```
// intro_1.nqc - Ein sehr einfaches Programm
task main()
{
    SetSensor(SENSOR_1, SENSOR_TOUCH);

    On(OUT_A);
    until(SENSOR_1 == 1);
    Off(OUT_A);
}
```

Allgemein gilt, dass nichtdruckbare Zeichen (Leerstellen, Tabulatorzeichen sowie Wagenrücklauf) keine Relevanz haben, Satzendezeichen sind für das Programm jedoch wichtig. Darüber hinaus ist die Groß-/Kleinschreibung für den Compiler von Bedeutung, weshalb »On« nicht dasselbe wie »on« ist.

Bei der ersten Programmzeile handelt es sich um einen Kommentar. Kommentare werden vom Compiler ignoriert, ermöglichen es aber dem Programmierer, Erläuterungen und Anmerkungen mit dem Code zur Verfügung zu stellen. Insgesamt gibt es zwei verschiedene Kommentierungen. Ein einzeiliger Kommentar beginnt mit einem doppelten Schrägstrich (//), der den Compiler veranlasst, den übrigen Text in der Zeile zu ignorieren.

```
// Dies ist ein einzeiliger Kommentar
/ KEIN Kommentar - nur ein einzelner Schrägstrich
/ / KEIN Kommentar - Leerstelle zwischen den Schrägstrichen
```

Beim zweiten Kommentierungstyp gehen die Anmerkungen über mehrere Zeilen. Die Kommentierung beginnt mit /* und endet mit */.

```
/* Kommentar */ Dies ist kein Kommentar mehr
/* Dies ist ein mehrzeiliger Kommentar...
   noch immer ein Kommentar...
   ... und dies die letzte Kommentarzeile */
/* Beginnt den Kommentar
/* <--Dies wird ignoriert; keine Verschachtelung notwendig
   Ende des Kommentars --> */
   Dies ist kein Kommentar mehr !
*/ <--Gehört NICHT mehr zum Kommentar; dieser ist bereits abgeschlossen
```

Welche Art der Kommentierung Sie verwenden möchten, ist Ihnen überlassen und eher eine Stilfrage. Für gewöhnlich wird in diesem Buch die Form »//« verwendet. Dadurch kann die Form »/* */« zur Kommentierung von umfangreichen und komplexen Codebereichen verwendet werden (mit eingebetteten //-Kommentaren) für das Testen und Debuggen.

Programme werden aus Codeblöcken (**Tasks** und **Subroutinen**) erstellt, wobei als Erstes der Typ (task oder sub) und dann der zugehörige Name und ein Klammerpaar (»(» und »)«) angegeben werden. Der eigentliche Code wird in geschweiften Klammern eingeschlossen (»{« und »}«). Das weiter oben aufgeführte Programm **intro_1.nqc** enthält eine einzige Task mit der Bezeichnung »main«, deren Struktur folgendermaßen aussieht:

```
task main()
{
//...Text der Task...
}
```

Jedes Programm muss eine Task mit der Bezeichnung »main« enthalten; dabei handelt es sich um die Task, die bei Ausführen des Programms aktiviert wird. Die Bezeichnungen der anderen Tasks hingegen können vom Programmierer frei gewählt werden. Bei NQC müssen Bezeichnungen mit einem Buchstaben oder einem Unterstrich (»_«) beginnen. Bei den übrigen Zeichen im Namen können Buchstaben, numerische Zeichen oder Unterstriche verwendet werden. Bei Tasks und Subroutinen muss eine eindeutige Bezeichnung vergeben werden, d.h., Sie können den gleichen Namen nicht mehrmals für unterschiedliche Codeblöcke verwenden. Darüber hinaus reserviert NQC eine Reihe von Namen (so genannte Schlüsselwörter) für die interne Verwendung. Eine vollständige Liste dieser Schlüsselwörter finden Sie in **Anhang D**.

Ein Codeblock (z.B. eine Task) enthält eine Liste von Anweisungen. Bei den Anweisungen handelt es sich um eine Art Befehl an das Programm, eine Aktion durchzuführen. Anweisungen enden stets mit einem Semikolon (»;«).

Dem RCX muss mitgeteilt werden, welche Art Sensor mit dem Sensoranschluss verbunden ist. Dies wird über den Befehl SetSensor realisiert, der die folgenden beiden Argumente unterstützt: Sensoranschluss und Sensorkonfiguration. NQC verwendet die Namen SENSOR_1, SENSOR_2 und SENSOR_3 für die Sensoranschlüsse des RCX. Andere Namen (z.B. SENSOR_TOUCH) werden für das Festlegen der unterschiedlichen Sensorkonfigurationen verwendet. In diesem Fall ist Sensor 1 als Berührungssensor konfiguriert.

```
SetSensor(SENSOR_1, SENSOR_TOUCH);
```

Die folgende Anweisung verwendet den Befehl On, um den Motor zu drehen. NQC verwendet die Namen OUT_A, OUT_B und OUT_C für die Ausgänge des RCX. In diesem Fall ist Ausgang A eingeschaltet.

```
On(OUT_A);
```

Bei den vorherigen Anweisungen handelte es sich um Beispiele, die stets die Ausführung bis zur folgenden Anweisung ermöglichten, wenn eine Aktion abgeschlossen wurde. Mit Steuerungsstrukturen können darüber hinaus Konstrukte, z.B. Schleifen- bzw. Bedingungstests, geschrieben werden. Die folgende Anweisung verwendet die Steuerungsstruktur until, die Aktionen anhält, bis eine Bedingung wahr wird und weitere Aktionen fortgeführt werden. Die eigentliche Bedingung muss dabei in Klammern »(» und »)« gesetzt werden. In diesem Fall lautet die Bedingung, dass der Wert von Sensor 1 (der Berührungssensor) »1« entsprechen muss (Sensor ist betätigt). Erreicht RCX diese Anweisung, wird Sensor 1 fortwährend auf diese Bedingung geprüft, und die folgende Anweisung erst gelesen, wenn die Bedingung erfüllt wurde.

```
until(SENSOR_1 == 1);
```

Die letzte Anweisung verwendet den Befehl Off, um den Motor auszuschalten.

```
Off(OUT_A);
```

Auch wenn dieses Programm sehr einfach gestaltet ist, besteht es aus denselben Elementen, mit denen alle NQC-Programme erstellt werden: Tasks, Anweisungen, Steuerungsstrukturen und Bedingungen. Die folgenden Abschnitte erläutern detaillierter sämtliche Funktionsmerkmale und stellen einige der komplexeren Funktionen von NQC vor.

3.2 Steuern der Ausgänge

Im vorherigen Abschnitt wurden die Befehle On und Off verwendet, um einen an den Ausgang A angeschlossenen Motor zu starten bzw. zu stoppen. Da es sich beim Steuern von Motoren (oder anderen Ausgabegeräten, z. B. Lichter) um eine der primären Aktivitäten eines Programms handelt, verfügt NQC über eine Vielzahl solcher Befehle.

Die Befehle zum Steuern von Ausgangsmodi lauten On (**Ausgänge**), Off (**Ausgänge**) und Float (**Ausgänge**). Jeder dieser Befehle unterstützt ein einziges Argument, bei dem es sich um eine Reihe von Ausgängen handelt. NQC verwendet die Namen OUT_A, OUT_B und OUT_C, um diese drei Ausgänge zu referenzieren. Mehrere Ausgänge können mit dem Operator + kombiniert werden, sodass ein einziger Befehl gleichzeitig mehrere Ausgänge steuern kann.

```
On(OUT_A + OUT_B); // Schaltet die Ausgänge A und B ein
Off(OUT_A);        // Schaltet Ausgang A aus
Float(OUT_B);      // Setzt Ausgang B in den Leerlauf
```

Das Einschalten eines Ausgangs ist selbsterklärend, das Ausschalten hingegen etwas komplizierter. Als Beispiel soll hierbei der Ausgang dienen, der zum Antrieb eines Motors verwendet wird, der wiederum ein Fahrzeug vorwärts bewegt. Nachdem sich das Fahrzeug in Bewegung gesetzt hat, verfügt es über einen gewissen Schwung. Auch wenn dem Motor keine weitere Energie zugeführt wird, bewegt sich das Fahrzeug gegebenenfalls noch ein wenig. Das ist wie beim Fahrradfahren, wenn man nicht mehr in die Pedale tritt. Bei NQC wird dies durch einen Leerlauf am Ausgang erreicht. Es ist jedoch auch möglich, den Motor so zu steuern, dass kein weiterer Schwung ausgenutzt werden kann. Beim Fahrradfahren entspräche dies dem Bremsvorgang. Bei NQC wird dies durch Ausschalten eines Ausgangs erreicht.

Ist der Ausgang eingeschaltet, kann die Bewegung in zwei Richtungen erfolgen: Vorwärts oder rückwärts. Es gibt drei Befehle, um die Richtung zu steuern: Fwd (**Ausgänge**), Rev (**Ausgänge**) und Toggle (**Ausgänge**), wobei mit jedem Befehl eine Reihe von Ausgängen als Argumente verwendet werden können. Fwd und Rev dienen der Vorwärts- bzw. Rückwärtsbewegung. Toggle ändert die Bewegungsrichtung in die jeweils entgegengesetzte Richtung, die zuvor aktiviert war. Beachten Sie, dass diese Befehle auch verwendet werden können, wenn der Ausgang ausgeschaltet ist (oder sich im Leerlauf befindet); die Bewegungsrichtung wird gespeichert und beim nächsten Einschalten des Motors aktiviert.

```
Fwd(OUT_A);             // Setzt für Ausgang A eine Vorwärtsbewegung
Rev(OUT_B);             // Setzt für Ausgang B die umgekehrte
Bewegungsrichtung
Toggle(OUT_A + OUT_B);// Wechselt zwischen Ausgang A und B
```

Das Einschalten des Motors und das Festlegen der Richtung werden so häufig zusammen eingesetzt, dass NQC Befehle bereitstellt, die diese Aktionen kombinieren.

```
OnFwd(OUT_A);   // Schaltet Ausgang A für eine Vorwärtsbewegung ein
OnRev(OUT_B);   // Schaltet für Ausgang B die umgekehrte Bewegungsrichtung
```

Diese Befehle sind für den Programmierer nur von bedingtem Nutzen. Die beiden obigen Anweisungen sind funktional mit der folgenden Anweisungssequenz identisch:

```
// OnFwd(OUT_A)...
Fwd(OUT_A);
On(OUT_A);
// OnRev(OUT_B)...
Rev(OUT_B);
On(OUT_B);
```

Darüber hinaus ist es durchaus üblich, den Motor für eine Weile ein- und ihn dann auszuschalten. Mit dem Befehl `OnFor` **(Ausgänge, Dauer)** ist dies sehr einfach zu bewerkstelligen. Die Dauer wird dabei in Hundertstelsekunden angegeben.

```
// Schaltet OUT_A für 1 Sekunde ein
OnFor(OUT_A, 100);
// Gleiche Funktion, jedoch ohne "OnFor" zu verwenden
On(OUT_A);
Wait(100);
Off(OUT_A);
```

Der RCX kann darüber hinaus die Leistungsstufe für die einzelnen Ausgänge ändern. Wie bei der Richtung kann die Leistungseinstellung im ausgeschalteten Zustand festgelegt werden, sodass beim folgenden Einschalten des Ausgangs die geänderte Einstellung aktiviert wird. Der Befehl zum Festlegen der Leistungsstufe des Ausgangs lautet `SetPower` **(Ausgänge, Leistungsstufe)**. Die Ausgänge werden dabei genauso wie in anderen Befehlen angegeben. Die Leistungsstufe sollte dabei eine Ganzzahl zwischen 0 und 7 einnehmen, wobei 0 die niedrigste und 7 die höchste Stufe darstellt. NQC legt darüber hinaus die Namen `OUT_LOW` und `OUT_FULL` fest, um die kleinste bzw. höchste Leistungsstufe zu bezeichnen.

```
SetPower(OUT_A + OUT_B, 0);  // Setzt die niedrigste Leistungsstufe für A und B
SetPower(OUT_C, 7);          // Setzt die höchste Leistungsstufe für Ausgang C
SetPower(OUT_C, OUT_FULL);   // Setzt die höchste Leistungsstufe für Ausgang C
```

Beim Anzeigen einer Leistungsstufe fügt der RCX eine zusätzliche Stufe der eigentlichen Einstellung hinzu, sodass für die niedrigste Stufe der Wert 1 und für die höchste der Wert 8 angezeigt wird.

3.3 Verschiedene Befehle

Über den Befehl Wait (**Dauer**) wird für die Task eine Pause mit einer bestimmten Dauer generiert, die in Hundertstelsekunden angegeben wird.

```
Wait(200);        // Pause mit einer Dauer von 2 Sekunden
```

Über den Befehl PlayTone (**Frequenz**, **Dauer**) wird ein Einzelton mit einer bestimmten Frequenz und Dauer generiert. Sowohl bei der Frequenz als auch bei der Dauer muss es sich um Konstanten handeln. Die Dauer wird dabei in Hundertstelsekunden angegeben.

```
PlayTone(440, 25);        // Spielt einen Ton für eine Viertelsekunde
```

Über den Befehl PlaySound (**Zahl**) wird einer der in den RCX integrierten Klänge ausgegeben. Beim Argument **Zahl** muss es sich um eine Konstante zwischen 0 und 5 (einschließlich) handeln. NQC definiert auch Konstanten, die jeweils einen der Klänge darstellen.

```
PlaySound(SOUND_CLICK);        // Spielt einen Klang
```

Name	Zahl	Klangtyp
SOUND_CLICK	0	kurzes Klicken
SOUND_DOUBLE_BEEP	1	zweimaliger Piepton
SOUND_DOWN	2	abschwellender Akkord
SOUND_UP	3	anschwellender Akkord
SOUND_LOW_BEEP	4	sehr tiefer Ton
SOUND_FAST_UP	5	schnell anschwellender Akkord

Tabelle 3.1 Klänge

Über den Befehl ClearTimer (**Zahl**) wird der Wert des Timers auf 0 zurückgesetzt. Beim Argument Zahl muss es sich um eine Konstante zwischen 0 und 3 (einschließlich) handeln, mit der einer der vier zurückzusetzenden Timer angegeben wird. Die Timer selber können mit dem Ausdruck Timer (**Zahl**) gelesen werden (weitere Informationen hierzu finden Sie im Abschnitt **Ausdrücke**).

```
ClearTimer(0);        // Setzt den Timer 0 zurück
```

3.4 Verwenden von #define

Im ersten Beispiel wurde auf den Sensor und den Motor über die Sensorbezeichnung bzw. den angeschlossenen Ausgang verwiesen (SENSOR_1 bzw. OUT_A). Für ein einfaches Programm reicht dies zwar aus, jedoch ist es bei komplexeren Programmen etwas hinderlich, sich stets daran zu erinnern, welcher Sensor und welche Ausgänge verwendet werden sollen. Es wäre daher hilfreich, eigene Bezeichnungen für die Ein- und Ausgänge zuweisen zu können.

NQC stellt für diesen Zweck einen Präprozessor bereit. Wie der Name bereits vermuten lässt, wirkt der Präprozessor auf das Programm, bevor es an den eigentlichen Compiler übergeben wird. Befehle für den Präprozessor werden als Direktiven bezeichnet und mit dem Nummernzeichen (»#«) eingeleitet. Eine der leistungsfähigsten Direktiven ist #define, mit der Sie einen Namen einer willkürlichen Tokensequenz zuweisen können. Solch eine Definition wird als **Makro** bezeichnet. Beispielsweise erstellt die nachstehende Zeile das Makro KRAN_ARM, das als OUT_A definiert ist.

```
#define KRAN_ARM        OUT_A
```

Liest der Präprozessor den Makronamen, agiert er so, als ob er die Definition an dessen Stelle verwendet. Weist das Programm beispielsweise die folgende Zeile auf

```
On(KRAN_ARM);
```

agiert der Präprozessor so, als ob das Programm die folgende Zeile enthielte:

```
On(OUT_A);
```

Die Verwendung von #define zum Erstellen von sinntragenden Bezeichnungen für Sensoren und Ausgänge erleichtert das Lesen von Programmen. Darüber hinaus sind Änderungen einfacher durchzuführen. Beispiel: Sie haben die Bauweise des Roboters geändert und den Motor des Kranauslegers von Ausgang A zu Ausgang B verlegt. Haben Sie kein #define verwendet, werden im ganzen Programm zahlreiche Verweise auf OUT_A zeigen, die zu OUT_B geändert werden müssten. Wenn Sie jedoch, wie im obigen Beispiel gezeigt, ein #define verwendet haben und das gesamte Programm KRAN_ARM und nicht das direkte OUT_A verwendet, kann das Programm ganz schnell angepasst werden, indem lediglich das Makro folgendermaßen geändert wird:

```
#define KRAN_ARM        OUT_B
```

Auch wenn das vorherige Beispiel nur einen Namen als Synonym für einen anderen festlegte, funktionieren Makros gleichermaßen, wenn ihre Definition mehrere Elemente enthält.

Beispiel

```
#define ALLE_MOTOREN          OUT_A + OUT_B + OUT_C
On(ALLE_MOTOREN);          // Schaltet alle Motoren ein
```

Makros können auch als Liste von Argumenten festgelegt werden. Die Liste der Argumente wird in Klammern eingeschlossen, wobei jeweils ein Komma (» , «) als Trennzeichen zwischen Argumentnamen fungiert. Beispielsweise schaltet das nachstehende Makro einen oder mehrere Ausgänge für die in Sekunden angegebene Zeitspanne ein:

```
#define SekundenEin(Ausgaenge, Sek)        OnFor(Ausgaenge, (Sek)*100)
```

Bei SekundenEin handelt es sich um ein einfaches Makro, das lediglich die Anzahl der Sekunden mit 100 multipliziert und anschließend OnFor aufruft.

Wird das Makro mit einer Argumentliste definiert, müssen auch Informationen zur entsprechenden Anzahl an Argumenten in den Codebereichen bereitgestellt werden, an denen es verwendet wird. Dies trifft auch zu, wenn #define nur eine leere Argumentliste aufweist.

```
#define SekundenEin(Ausgaenge, Sek)    OnFor(Ausgaenge, (Sek)*100)
SekundenEin(OUT_A, 5);// OK, schaltet Ausgang A für 5 Sekunden ein
SekundenEin;            // FEHLER; Argumentliste fehlt!
SekundenEin(OUT_A);  // FEHLER; nicht genügend Argumente!
#define OnA()   On(OUT_A)
OnA();                  // OK, schaltet Ausgang A ein
OnA;                    // FEHLER; Argumentliste fehlt!
```

Die Definition für SekundenEin weist Klammern auf, in denen die Sekunden angegeben werden. Werden diese Klammern nicht verwendet, kann ein nicht vorhersagbares Verhalten auftreten. Beachten Sie Folgendes:

```
#define SekundenEin(Ausgaenge, Sek)        OnFor(Ausgaenge,   Sek*100)
SekundenEin(OUT_A,  2+3);
```

Auf den ersten Blick sieht es so aus, als ob Ausgang A für die Dauer von 5 Sekunden eingeschaltet wird; tatsächlich findet durch die Verwendung eines Makros jedoch eine genaue Ersetzung der Argumente in der Definition statt. In diesem Fall wird »Ausgaenge« durch »OUT_A« und »Sek« durch »2+3« ersetzt, wodurch die folgende Zeile generiert wird:

```
OnFor(OUT_A,  2+3*100)
```

Da Multiplikations- vor Additionsvorgängen durchgeführt werden, schaltet der obige Aufruf den Ausgang für 3,02 und nicht für 5 Sekunden ein. Durch die Verwendung von Klammern innerhalb der Makrodefinition wird dieser potenzielle

Fehler vermieden. Eine noch bessere Lösung besteht darin, Funktionen (diese werden später in diesem Kapitel beschrieben) anstelle von Makros zu verwenden, wo dies möglich ist.

Unabhängig davon ist die Einrichtung von Makros jedoch sehr hilfreich, weshalb es sich bei zahlreichen von NQC bereitgestellten Befehlen und Namen um Makros handelt, die bereits intern im NQC-Compiler definiert sind. Beispielsweise wurde die Steuerungsstruktur until mit dem folgenden Makro implementiert:

```
#define until(Bed)        while(!(Bed))
```

Verwenden von Sensoren

Der RCX verfügt über drei Sensoranschlüsse (mit den Bezeichnungen **1**, **2** und **3**), wobei jeder mit einem Sensor verbunden werden kann. Der RCX verfügt über keine Möglichkeit, zu erkennen, welcher Sensortyp mit den einzelnen Anschlüssen verbunden ist, weshalb ein NQC-Programm Anweisungen zum Konfigurieren dieser Anschlüsse enthalten sollte. Hierfür ist der primäre Befehl SetSensor (**Sensoranschluss**, **Sensorkonfiguration**). Bei NQC werden die Sensoranschlüsse mit SENSOR_1, SENSOR_2 und SENSOR_3 bezeichnet (»bedeutungsvollere« Namen können mithilfe von Makros, wie weiter oben beschrieben, zugewiesen werden). Der für **Sensorkonfiguration** verwendete Wert besteht aus Sensortyp und Sensormodusinformation. NQC hat die folgenden Typ-/Moduskombinationen bereits festgelegt:

Konfiguration	Typ	Modus
SENSOR_TOUCH	Berührung	Boolesche Funktion
SENSOR_LIGHT	Foto	Prozent
SENSOR_ROTATION	Drehung	Drehung
SENSOR_CELSIUS	Temperatur	Celsius
SENSOR_FAHRENHEIT	Temperatur	Fahrenheit
SENSOR_PULSE	Berührung	Impulszählung
SENSOR_EDGE	Berührung	Flankenzählung

Tabelle 3.2 Sensorkonfigurationen

Beispiel

```
// Sensor 1 ist ein Berührungssensor
SetSensor(SENSOR_1, SENSOR_TOUCH);
// Sensor 2 ist ein Lichtsensor
SetSensor(SENSOR_2,  SENSOR_LIGHT);
```

Weitere Informationen zu Sensortypen und -modi finden Sie in Kapitel 2.

Zahlreiche Sensormodi (Drehung, Flanken- und Impulszählung) messen relative Größen und können mit dem Befehl ClearSensor(**Sensoranschluss**) zurückgesetzt werden.

```
SetSensor(SENSOR_3, SENSOR_ROTATION);
ClearSensor(SENSOR_3);        // Setzt die Drehung auf 0 zurück
```

Im Gegensatz zu Ausgängen können mehrere Sensoranschlüsse nicht mit einem einzigen Befehl kombiniert werden.

```
SetSensor(SENSOR_1 + SENSOR_2, IN_TOUCH);           // FEHLER!
```

Sensortyp und -modus können einzeln mithilfe der Befehle SetSensorType (**Sensoranschluss**, **Sensortyp**) und SetSensorMode (**Sensoranschluss**, **Sensormodus**) gesetzt werden. Die Sensorsteigung (sofern benötigt) kann dem Parameter **Sensormodus** hinzugefügt werden.

```
// Richtet Sensor 2 als logischen Lichtsensor mit Schleife 10 ein
SetSensorType(SENSOR_2, SENSOR_TYPE_LIGHT);
SetSensorMode(SENSOR_2, SENSOR_MODE_BOOLEAN + 10);
```

Ein Sensor wird gelesen, indem der zugehörige Name in einem Ausdruck verwendet wird. Beispielsweise verwendete das einfache Programm am Kapitelanfang die folgende Anweisung, um bei einem Berührungssensor auf die Aktivierung zu warten:

```
until(SENSOR_1 == 1);
```

Weitere Informationen zu Ausdrücken und Bedingungen finden Sie weiter unten in diesem Kapitel.

3.5 Verwenden von Variablen

NQC verwendet die 32 Speicherplätze des RCX als Variablen, die entweder global oder lokal (innerhalb einer Task, Funktion oder eines anderen Codeblocks) deklariert werden können. Auf global deklarierte Variablen kann vom gesamten Programm aus zugegriffen werden, wohingegen lokale (bereichsbeschränkte) Variablen nur innerhalb des Codeblocks verfügbar sind, in dem sie definiert sind. In beiden Fällen muss die Variable vor einer ersten Verwendung deklariert werden. Eine Variablendeklaration ist beispielsweise das Schlüsselwort int, das von einer kommaseparierten Liste mit Variablennamen gefolgt und einem Semikolon (» ; «) abgeschlossen wird. Optional kann einer Variablen in der Deklaration ein Anfangswert zugewiesen werden.

```
int Irgendwas;  // Globale Variable Irgendwas
task main()
{
   int Druck, Druck2; // Druck und Druck2 sind für main lokale Variablen
   int init_mich = 1; // init_mich wird auf 1 initialisiert
}
```

In einigen Fällen, z.B. bei komplizierten Ausdrücken oder Bedingungen, muss NQC eine oder mehrere temporäre Variablen für eine interne Verwendung zuweisen. Für gewöhnlich versucht NQC, diese temporären Variablen so häufig wie möglich erneut zu verwenden, jedoch füllen diese die Gesamtanzahl der verfügbaren Speicherplätze für eigene Variablen auf. Übersteigt die Anzahl der benötigten Speicherplätze (für Variablen und den temporären Speicher) die von RCX bereitgestellten 32 Speicherplätze, gibt NQC einen Fehler aus.

Variablen kann ein Wert mithilfe einer Zuweisungsanweisung zugewiesen werden.

```
int Druck;
Druck = 7;    // Setzt den Wert von Druck auf 7
```

Darüber hinaus gibt es zahlreiche Varianten von Zuweisungsoperatoren, mit denen eine Variable arithmetisch bearbeitet werden kann.

```
Druck += 7;  // 7 zu Druck addieren
Druck -= 3;  // 3 von Druck subtrahieren
Druck *= 5;  // Druck mit 5 multiplizieren
Druck /= 2;  // Druck durch 2 dividieren
```

Obwohl im obigen Beispiel auf der rechten Seite der Zuweisung konstante Ganzzahlen verwendet wurden, können auch beliebig andere gültige Ausdrücke verwendet werden (siehe unten).

3.6 Ausdrücke

Der einfachste Ausdruck ist eine Ganzzahlkonstante. Konstanten werden als Dezimalwerte interpretiert, es sei denn, dass »0x« vorangestellt wird, um sie als Hexadezimalwerte zu interpretieren.

```
Druck = 10;  // Setzt den Wert von Druck auf 10
Druck = 0xa; // Setzt den Wert von Druck ebenfalls auf 10
```

Bei Variablennamen und Bezeichnungen für Sensoranschlüsse handelt es sich ebenfalls um gültige Ausdrücke, wobei diese sich auf Werte von Variablen oder Sensoren beziehen. Darüber hinaus verwendet der Ausdruck Random(x) den Zufallszahlengenerator des RCX, um eine Zahl zwischen 0 und x (einschließlich) auszuwählen.

```
Druck = Druck2;     // Weist Druck den Wert von Druck2 zu
Druck = SENSOR_1;   // Weist Druck den Wert von Sensor 1 zu
Druck = Random(4);  // Weist Druck eine Zahl zwischen 0 und 4 zu
```

Zwei weitere Ausdrücke bieten Zugriff auf die Timer- und Meldungsfunktionen von RCX.

```
Druck = Timer(0);   // Weist Druck den Wert von Timer 0 zu
Druck = Message();  // Liest die zuletzt erhaltene IR-Meldung
```

Ausdrücke können mithilfe mehrerer unterschiedlicher arithmetischer Operationen miteinander kombiniert werden.

```
Druck = 1 + Random(4);// Zufallszahl zwischen 1 und 5
Druck = SENSOR_1 - 7; // Sensor 1 minus 7
Druck = SENSOR_1 * 4; // Sensor 1 mal 4
Druck = SENSOR_1 / 3; // Sensor 1 durch 3
Druck = Druck2 & 0x7; // bitweises UND
Druck = Druck2 | 0x4; // bitweises ODER
```

Darüber hinaus gibt es drei unäre Operatoren.

```
Druck = - Druck2;       // Negation
Druck = abs(Druck2);    // Absoluter Wert
Druck = sign(Druck2);   // Vorzeichen (-1, 0 oder +1)
```

Konstante Ausdrücke können gegebenenfalls mehrere zusätzliche Operatoren verwenden. Es ist ein Fehler, diese Operatoren auf nichtkonstante Ausdrücke anzuwenden, wie beispielsweise auf Variablen oder Eingabesensoren.

```
Druck = 100 % 7;    // 100 Modulo 7
Druck = 7 << 2;     // 7 verschieben nach links um 2 Bits
Druck = 100 >> 1;   // 100 verschieben nach rechts um 1 Bit
Druck = 5 ^ 4;      // Bitweise exklusive ODER-Operation
Druck = ~0x80;      // Komplement (bitweise Negation)
```

Zwei spezielle Operatoren, **++** und **--**, bieten die Möglichkeit, eine Variable zu in- bzw. zu dekrementieren. Da diese die zugehörigen Operanden implizit ändern, können sie nur als Variablen verwendet werden. Zudem können die Operatoren als Prä- oder Postfixoperationen zugewiesen werden, d.h., sie können vor oder nach dem Verwenden eines Variablenwerts aktiviert werden.

```
Druck2 = 1;
Druck = Druck2++;   // Postfix: Druck=1, Druck2=2
Druck = ++Druck2;   // Präfix: Druck=3, Druck2=3
Druck2--;           // Druck2=2
Druck = 123++;      // FEHLER--123 kann nicht inkrementiert werden!
```

Der Operatorvorrang und die -assoziativität entsprechen der bei C; weitere Informationen hierzu finden Sie in **Anhang D**. Klammern können zum Ändern von Berechnungen gesetzt werden.

```
Druck = 2 + 3 * 4;     // Druck = 14
Druck = (2 + 3) * 4;   // Druck = 20
```

3.7 Bedingungen

Unser Beispielprogramm musste stets warten, bis der Berührungssensor betätigt wurde. Dies wurde mithilfe der Anweisung until realisiert, die einen Wartezustand aktivierte, bis eine zuvor angegebene Bedingung wahr wurde.

```
until(SENSOR_1 == 1);
```

Bei den meisten Bedingungen wird ein Ausdruck mit einem anderen verglichen; im obigen Beispiel wurde der Wert von Sensor 1 mit dem von Konstante 1 verglichen. Insgesamt stehen sechs unterschiedliche relationale Operatoren in einer Bedingung zur Verfügung: ==, !=, <, >, <= sowie >=. Die entsprechenden Beispiele mit einer zugehörigen Beschreibung zum Erfüllen einer Bedingung werden nachstehend dargelegt.

```
until(SENSOR_1 == 1); // Sensor 1 ist gleich 1
until(SENSOR_1 != 1); // Sensor 1 ist ungleich 1
until(SENSOR_1 < 10); // Sensor 1 ist kleiner 10
until(SENSOR_1 > 20); // Sensor 1 ist größer 20
until(SENSOR_1 <= 15);// Sensor 1 ist kleiner gleich 15
until(SENSOR_1 >= 25);// Sensor 1 ist größer gleich 25
```

Selbstverständlich sind Ausdrücke in einer Bedingung nicht auf Sensoren bzw. Konstanten beschränkt.

```
until(SENSOR_1 > Druck); // Verwendet den Wert von Druck
until(Timer(0) < 100);   // Wartet auf den Timer
```

Bedingungen können mit && (logisches UND) oder || (logisches ODER) kombiniert werden. Beachten Sie, dass sich diese Operatoren von den bitweisen UND- bzw. bitweisen ODER-Operatoren (& bzw. |) in Ausdrücken unterscheiden. Bitweise Operatoren wirken auf einzelne Bits in einer Variable und eignen sich nicht für Kombinationen von Bedingungen.

```
// Wartet, bis der Wert von SENSOR_1 zwischen 10 und 20 liegt
until( SENSOR_1 > 10 && SENSOR_1  <  20);

// Wartet, bis entweder SENSOR_1 oder SENSOR_2 gleich 1 ist
until (SENSOR_1 == 1 || SENSOR_2 == 1);
```

Bedingungen können auch mit dem Operator »!« (logische Negation) negiert werden. Dieser Operator hat Vorrang vor && bzw. ||, jedoch kann durch die Verwendung von Klammern die Gruppierung geändert werden.

```
until (! SENSOR_1 == 1); // Wartet, bis Sensor 1 NICHT gleich 1 ist

// Wartet, bis weder SENSOR_1 noch SENSOR_2 gleich 1 sind
until (! (SENSOR_1 == 1 || SENSOR_2 == 1));
```

Und dann gibt es noch zwei konstante Bedingungen: true (wahr) und false (falsch).

```
until(false);   // Wartet "auf Godot"
until(true);    // Kein Wartezustand - stets wahr
```

3.8 Steuerungsstrukturen

Steuerungsstrukturen können verwendet werden, um Entscheidungen zu treffen oder bedingte bzw. nicht bedingte Schleifen zu erstellen. Die meisten Steuerungsstrukturen verwenden eine Bedingung, die stets in Klammern eingeschlossen werden muss. Die Anweisung if ermöglicht die Ausführung einer Anweisung, sofern eine Bedingung wahr ist.

```
// Schaltet Ausgang A aus, wenn Sensor 1 gleich 1 ist
if (SENSOR_1 == 1)
   Off(OUT_A);
```

Das Einrücken dient lediglich einem verbesserten Lesefluss der Anweisung, hat jedoch keine Auswirkungen auf die eigentliche Ausführung. Es wird nur die Anweisung, die direkt der Bedingung folgt, als Teil der if-Struktur angesehen. Müssen mehrere Anweisungen bedingt ausgeführt werden, sollten sie mithilfe von geschweiften Klammern (»{« bzw. »}«) gruppiert werden. Dieses Konzept, mehrere Anweisungen mit geschweiften Klammern zu gruppieren, um sie als einzige Anweisung zu behandeln, ist für alle Steuerungsstrukturen gültig.

```
// Nicht so ganz richtig...
if (SENSOR_1 == 1)
   Off(OUT_A); // Diese Zeile wird bedingt ausgeführt
   On(OUT_B); // Diese Zeile wird nicht bedingt ausgeführt
// Optimal - sowohl Off() als auch On() sind bedingt
if (SENSOR_1 == 1)
{
   Off(OUT_A);
   On(OUT_B);
}
```

Eine if-Bedingung kann auch eine else-Klausel aufweisen, die dann ausgeführt wird, wenn die Bedingung falsch ist.

```
if (SENSOR_1 == 1)
   On(OUT_A);// Wird ausgeführt, wenn SENSOR_1 gleich 1 ist
else
   On(OUT_B);// Wird ausgeführt, wenn SENSOR_1 nicht gleich 1 ist
```

Die while-Anweisung veranlasst eine wiederholte Ausführung einer oder mehrerer Anweisung(en), solange die Bedingung wahr ist. Ist die Bedingung bereits von Anfang an falsch, wird der Codebereich der while-Anweisung überhaupt nicht ausgeführt.

```
// Ausgang A dreht sich umgekehrt, solange Sensor 1 gleich 1 ist
while(SENSOR_1 == 1)
     Toggle(OUT_A);
```

Die do while-Anweisung entspricht zwar der while-Anweisung, jedoch wird hierbei die Bedingung nach dem Lesen und nicht vor dem Lesen des Codebereichs überprüft. Als Ergebnis wird der Codebereich mindestens einmal ausgeführt.

```
do
{
   Toggle(OUT_A);
} while(SENSOR_1 == 1);
```

Die repeat-Anweisung führt eine Anweisung entsprechend einer bestimmten Anzahl wiederholt aus. Im Gegensatz zu vorherigen Steuerungsstrukturen wird hier ein Ausdruck und keine Bedingung verwendet. Der Ausdruck wird ein einziges Mal bewertet und das zugehörige Ergebnis zum Festlegen der Anzahl an Wiederholungen verwendet.

```
// 10 Wiederholungen
repeat(10)
{
   Toggle(OUT_A);
}
```

3.9 Verwenden von Tasks

Die Task main muss stets vorhanden sein, da es sich um die Task handelt, die beim Ausführen des Programms gestartet wird. Ein NQC-Programm kann zwar aus bis zu neun zusätzlichen Tasks bestehen, die von derselben Syntax wie die Task main festgelegt werden, jedoch müssen diese eindeutige Namen aufweisen.

```
task main()
{
    // Dies ist die primäre Task
}

task Irgendwas()
{
  // Dies ist eine weitere Task
}
```

Wird ein Programm ausgeführt, wird nur die primäre Task (main) aktiviert. Die anderen Tasks können mithilfe der Anweisungen start bzw. stop gestartet oder angehalten werden. Das nachstehende Beispiel startet zwei Tasks und stoppt dann eine der beiden zehn Sekunden später.

```
// intro_2.nqc - Verwenden von mehreren Tasks

task main()
{
   start schnell_piepsen;
   start langsam_piepsen;
   Wait(1000);
   stop langsam_piepsen;
}

task schnell_piepsen()
{
   while(true)
   {
      PlayTone(440, 10);
      Wait(50);
   }
}

task langsam_piepsen()
{
   while(true)
   {
      PlayTone(880, 10);
      Wait(100);
   }
}
```

Auch wenn die Task main endet (nach Stoppen der Task langsam_piepsen), wird das Programm weiterhin ausgeführt. Der Grund hierfür liegt in der weiterhin aktiven Task schnell_piepsen. Um ein Programm vollständig zu stoppen, müssen sämtliche Tasks gestoppt werden. Dies kann über den Befehl StopAllTasks durchgeführt werden.

```
StopAllTasks();
```

3.10 Funktionen

Bis hierher waren alle Codebeispiele sehr einfach, und die Anweisungen für eine Task befanden sich direkt im Codebereich der Task. Beim Schreiben komplexerer Programme ist es jedoch häufig wünschenswert, ein Programm in mehrere kleinere Teilbereiche aufzuteilen. Diese Teilbereiche werden als **Funktionen** bezeichnet und erleichtern das Lesen, die Wartung und Pflege sowie das erneute Verwenden von Programmen. Die Definition einer Funktion sieht der einer Task sehr ähnlich, jedoch verwendet sie das Schlüsselwort void anstatt task.

```
void EinBisGedrueckt()
{
   On(OUT_A);
   until(SENSOR_1 == 1);
   Off(OUT_A);
}
```

Die Funktion kann dann von einer Task (oder einer anderen Funktion) aus aufgerufen werden.

```
task main()
{
   SetSensor(SENSOR_1, SENSOR_TOUCH);
   EinBisGedrueckt();
}
```

Dieses Beispiel hat dieselbe Funktionalität wie das am Kapitelanfang vorgestellte Beispiel **intro_1.nqc**: Motor A wird gedreht, bis der an Ausgang 1 angeschlossene Berührungssensor betätigt wird. Funktionen sind speziell dann besonders hilfreich, wenn ein bestimmter Codebereich mehrmals ausgeführt werden muss. Beispiel: Sie möchten Motor A aktivieren, bis der Berührungssensor betätigt wird, und dann Motor B eine Sekunde lang aktivieren, um anschließend Motor A wieder zu aktivieren, bis der Berührungssensor erneut betätigt wird. Sie können die vorherige Funktion EinBisGedrueckt verwenden und diese problemlos zweimal von der Task main aus aufrufen.

```
task main()
{
   SetSensor(SENSOR_1, SENSOR_TOUCH);
   EinBisGedrueckt();
   OnFor(OUT_B,  100);
   EinBisGedrueckt();
}
```

Funktionen können ebenfalls ein Argument oder mehrere Argumente aufweisen, die nach dem Funktionsnamen deklariert werden. Jedes Argument wird als Typ mit einer sich anschließenden Bezeichnung angegeben, wobei mehrere Argumente durch Kommata voneinander getrennt werden müssen. Sehen Sie sich beispielsweise die folgende Funktion an, die Ausgang A wiederholt und für eine bestimmte Zeitspanne ein- und wieder ausschaltet:

```
void Impuls(int Zaehler, int Dauer)
{
   repeat(Zaehler)
   {
      OnFor(OUT_A, Dauer);
      Wait(Dauer);
   }
}
```

Die Argumente werden mit `Zaehler` und `Dauer` bezeichnet und sind vom Typ `int`. Beim Aufruf einer Funktion muss die entsprechende Anzahl an Argumenten bereitgestellt werden. Wird die obige Funktion verwendet, könnte ein Programm mit dem nachstehenden Aufruf 5 Impulse mit einer Dauer von 1 Sekunde übergeben:

```
Impuls(5, 100);
```

Zwar weisen alle Zahlen innerhalb des RCX denselben Datentyp auf (16-Bit-Ganzzahlen mit Vorzeichen), jedoch werden Argumenttypen benötigt, um festzulegen, wie ein Argument vom Code, der die Funktion (der Aufrufer) aufruft, an die eigentliche Funktion (der Aufgerufene) weitergegeben wird.

Beim ersten Typ, `int`, handelt es sich um den elementarsten Typ, der in der vorangegangenen Definition des Impulses verwendet wurde. Dieser stellt eine temporäre Variable dar, die innerhalb der Funktion verwendet wird. Die Weitergabe des Arguments erfolgt durch einen Kopiervorgang des Werts des eigentlichen Arguments in diese temporäre Variable. Die Funktion kann diese temporäre Variable anschließend in der notwendigen Art verwenden. Dies wird als **Weitergabe als Wert** bezeichnet. Bei der Weitergabe als Wert gibt es zwei wichtige Eigenschaften: Das eigentliche Argument kann nicht von der Funktion geändert werden (es kann lediglich die temporäre Variable ändern), und der Wert des eigentlichen Arguments wird in der temporären Variablen zwischengespeichert, wenn die Funktion aufgerufen wird. Diese zweite Eigenschaft ist bei NQC von besonderer Bedeutung, da es sich bei Argumenten häufig um dynamische Quellen handelt, wie beispielsweise Sensorwerte (z. B. SENSOR_1). Der Nachteil bei der Weitergabe als Wert besteht darin, dass für gewöhnlich einer der 32 RCX-Speicherplätze für die temporäre Variable belegt wird und dass diese Methode im Vergleich zu anderen Typen weniger effizient ist.

Der zweite Typ, const int, hat die Einschränkung, dass nur konstante Ausdrücke (Zahlen oder arithmetische Operationen auf konstanten Ausdrücken) als eigentliche Argumente verwendet werden können. Bei C gibt es keinen entsprechenden Begriff; es handelt sich hierbei um eine reine NQC-Erfindung aufgrund von Einschränkungen mit der RCX-Firmware. Dieser Argumenttyp ist besonders hilfreich, wenn das Argument an einer Stelle verwendet werden muss, an der nur konstante Werte zulässig sind. Beispielsweise werden Ausgänge stets durch konstante Ausdrücke identifiziert, weshalb ein const int-Argument verwendet werden könnte, um einen Ausgangsnamen an eine Funktion weiterzugeben.

```
void Impuls2(const int aus, int Zaehler, int Dauer)
{
   repeat(Zaehler)
   {
      OnFor(aus, Dauer);
      Wait(Dauer);
   }
}
```

Diese Funktion könnte dann folgendermaßen aufgerufen werden:

```
Impuls2(OUT_A, 5, 100);
```

Würde es sich beim aus-Argument um den Typ int und nicht um const int handeln, könnte die Funktion nicht kompiliert werden. Dies liegt daran, dass der Befehl OnFor beim ersten Argument einen konstanten Ausdruck erwartet, und wenn es sich bei aus um den Typ int handelt, kann der Compiler nicht gewährleisten, dass es sich stets um eine Konstante handelt. Zahlreiche der herkömmlichen RCX-Befehle (z. B. On, Off, Fwd) verwenden sehr häufig const int-Argumente.

Der dritte Typ, int &, stellt die **Weitergabe als Verweis** dar. In diesem Fall wird das eigentliche Argument innerhalb des Codebereichs der Funktion verwendet und keine temporäre Variable zugewiesen, in die das eigentliche Argument kopiert wird. Auf diese Weise kann eine Funktion das Argument ändern, sodass der Aufrufer den geänderten Wert sehen kann. Beispiel:

```
void Vertauschen1(int x, int y)
{
   int temp;
   temp = x;
   x = y;
   y = temp;
}

void Vertauschen2(int &x, int &y)
{
   int temp;
   temp = x;
   x = y;
   y = temp;
}
```

Die Definitionen von `Vertauschen1` und `Vertauschen2` sind bis auf den Argumenttyp identisch. Der Sinn hinter beiden Funktionen ist das Austauschen der Werte der beiden Argumente. Das Problem mit `Vertauschen1` besteht dabei darin, dass ein »Aufruf als Wert« verwendet wird, sodass beim Aufruf von

```
Vertauschen1(a, b);
```

die Werte von a und b in temporäre Variablen kopiert werden. Die Inhalte dieser temporären Variablen werden anschließend ausgetauscht, wobei jedoch a und b unverändert bleiben. Durch die Verwendung von Weitergabe als Verweis wird bei `Vertauschen2` dieses Problem vermieden. Es werden keine temporären Variablen erstellt, und die Funktion arbeitet direkt mit den zugehörigen Argumenten. Beachten Sie, dass es nicht möglich ist, etwas anderes als eine Variable als tatsächliches Argument für den Typ `int &` zu verwenden.

```
Vertauschen2(a, 123); // FEHLER, 123 ist keine Variable!
```

Die Verwendung des vierten Typs, `const int &`, ist etwas komplizierter. Dieser weist ebenfalls die Weitergabe als Verweis auf, jedoch mit der Einschränkung, dass das weitergegebene Element nicht direkt von der Funktion geändert wird. Dies bedeutet, dass das Argument nicht als Ziel einer Zuweisung oder als Operand einer In- bzw. Dekrementierung verwendet werden kann. Tatsächlich handelt es sich jedoch um eine Versicherung der Funktion für den Aufrufer, dass der Wert nicht geändert wird. Die offensichtlichsten Vorteile dabei sind, dass ein beliebiger Ausdruck (und nicht nur Variablen) auf diese Weise weitergegeben werden kann und dass dies meist effizienter ist, als ein herkömmliches `int`-Argument. Beispielsweise entspricht die nachstehende Funktion der ursprünglichen Definition des Impulses mit der Ausnahme, dass sie `const int &`-Argumente verwendet.

```
void Impuls3(const int &Zaehler, const int &Dauer)
{
   repeat(Zaehler)
   {
      OnFor(OUT_A, Dauer);
      Wait(Dauer);
   }
}
```

Sie kann genauso aufgerufen werden wie der zugehörige Vorgänger, im Gegensatz zur ursprünglichen Version werden jedoch keine temporären Variablen verwendet, um Kopien der Argumente zu speichern.

```
Impuls3(5, 100);
```

Die Frage, die sich nun stellt, lautet: Welcher Argumenttyp sollte denn verwendet werden? Es gibt hierfür zwar keine festen oder ungefähren Regeln, jedoch reichen einige wenige Richtlinien für eigentlich alle Fälle aus. Wird ein konstanter Ausdruck benötigt (da möglicherweise das Argument in einem Befehl wie `On` verwendet wird), muss es sich beim Argumenttyp um `const int` handeln. Soll das Argument von der Funktion geändert (und der geänderte Wert an den Anrufer zurückgegeben) werden, muss `int &` verwendet werden. In den meisten anderen Fällen ist die Verwendung von `const int &` wahrscheinlich die richtige Wahl. Die einzige Instanz, `int` zu verwenden, wäre der Fall, bei dem eine Kopie des eigentlichen Arguments gewünscht wird.

Zusammenfassende Informationen zu den vier unterschiedlichen Argumenttypen werden in der nachstehenden Tabelle dargelegt.

Typ	Semantik	Kommentare
`int`	als Wert	verwendet eine Variable; das eigentliche Argument wird nicht geändert
`int &`	als Verweis	effizient, beim eigentlichen Argument muss es sich um eine Variable handeln
`const int`	entfällt	effizient, beim eigentlichen Argument muss es sich um eine Konstante handeln
`const int &`	als Verweis	effizient, das Argument kann nicht geändert werden

Tabelle 3.3 Argumenttypen

3.11 Zusammenfassung

Auch wenn es sich beim vorliegenden Kapitel nicht um eine vollständige Referenz zu NQC handelt, können die dargelegten Informationen sehr gut als Einführung zu den allgemein verwendeten NQC-Eigenschaften genutzt werden. Die Roboter, die in diesem Handbuch in Kapitel 5 vorgestellt werden, ermöglichen einen praxisnäheren Ansatz zum Verständnis und Einsatz von NQC. Beim Arbeiten mit diesen Programmbeispielen ist es hilfreich, dieses Kapitel oder die Zusammenfassung in Anhang D zu späteren Zeitpunkten zu konsultieren.

Diese ersten Kapitel sind primär auf die elektronischen und programmiertechnischen Aspekte von Robotern ausgelegt. Die mechanischen Gesichtspunkte sind jedoch gleichermaßen wichtig, weshalb in Kapitel 4 verschiedene, beim eigentlichen Zusammenbau von Robotern relevante Techniken und Prinzipien dargelegt werden.

4 Konstruktion

Dieses Kapitel beschreibt die verschiedenen bei der Konstruktion von LEGO-Robotern verwendeten mechanischen Prinzipien und Techniken. Es werden verschiedene Strukturen erläutert und einige Beispiele vorgestellt, bei denen unterschiedliche Bauteile, z. B. Zahnräder, Riemenscheiben sowie ein Differenzial, verwendet werden. Diejenigen, die bereits seit mehreren Jahren LEGO Technik-Modelle bauen, werden mit vielen der Vorgehensweisen und Bauschritten vertraut sein. Einsteiger, die mit diesen speziellen Bauteilen noch nicht so vertraut sind, erhalten jedoch sehr hilfreiche Tipps, diese Teile einzusetzen.

4.1 Strukturen

Beim Bau eines Roboters denkt man zuerst einmal nur, dass es ausreicht, Motoren, Sensoren und Zahnräder zu verwenden, um einen Roboter zum Leben zu erwecken. Der Einsatz von Motoren setzt diese Konstruktionen jedoch diversen Kräften aus, weshalb ein Roboter ohne eine solide Konstruktion möglicherweise schon beim ersten unvorhergesehenen »Zwischenfall« auseinander bricht. Auf den folgenden Seiten werden daher unterschiedliche Strukturen vorgestellt, die dazu dienen, stabilere und robustere Roboter zu bauen.

4.1.1 Rahmen und Fahrgestelle

Bei der Konstruktion einer rechtwinkeligen Struktur ist es häufig wünschenswert, eine hohe Stabilität unter Verwendung nur weniger Teile zu erreichen. Das erste, nachstehend abgebildete Beispiel ist so einfach wie möglich gehalten. Der Rahmen selber besteht aus 1x12- und 1x4-Steinen. Um den Seitenteilen mehr Stabilität zu geben, werden 1x6-Platten ober- und unterhalb der 1x4-Steine verwendet.

> Bei den Beschreibungen von und beim Arbeiten mit LEGO ist es sinnvoller, den Begriff **LEGO-Einheiten** anstatt anderer Maßeinheiten, wie beispielsweise Zoll oder Zentimeter, zu verwenden. Schließlich ist z. B. die Angabe »2x4-LEGO-Stein« sinnvoller als »1,6x3,2-cm-LEGO-Stein«. Eine LEGO-Einheit entspricht dem Abstand zwischen zwei nebeneinander liegenden Knöpfen auf einem normalen Legostein. Das sind ca. 0,8 cm.

Diese Struktur hält zwar zusammen, jedoch ist sie für einen praktischen Einsatz nicht stabil genug. Das Konstruktionsproblem liegt hier an der fehlenden rechtwinkeligen Verbindung der 1x6-Platten an den Ecken. Dies kann behoben werden, indem breitere Platten verwendet werden. Eine einzelne 2x6-Platte gibt der gesamten Struktur eine höhere Festigkeit.

Abbildung 4.1 Einfacher Rahmen

Abbildung 4.2 Verbesserter Rahmen

4.1.2 Längere Träger

Zum Bauen spezieller Konstruktionen ist es häufig notwendig, Strukturen zu verwenden, die länger als die längsten Träger sind. Die einfachste Möglichkeit besteht darin, einen weiteren Träger mithilfe einer Platte (oder anderen Steinen) ober- und unterhalb der Nahtstelle an einem anderen Träger zu befestigen. Diese Anordnung ist zwar recht kompakt und schnell zu bauen, jedoch reicht die Festigkeit nicht aus, größere Gewichte zu tragen. Daher eignet sich solch eine Struktur beispielsweise nicht für einen Kranausleger.

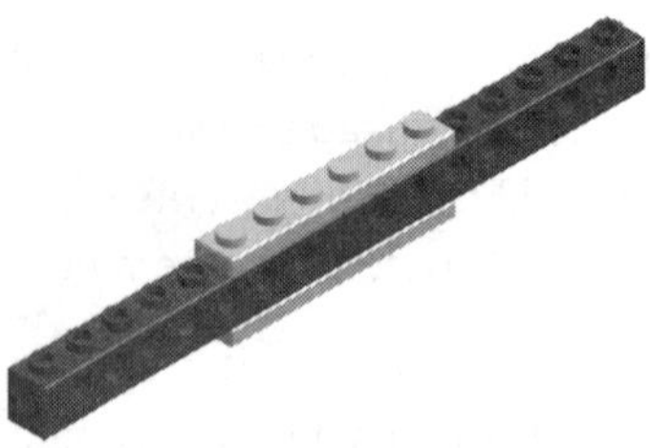

Abbildung 4.3 Einfacher längerer Träger

Eine stabilere Möglichkeit, zwei Träger miteinander zu verbinden, besteht in der Verwendung von **Verbindungszapfen**, um einen dritten, die Nahtstelle überlappenden Träger zu befestigen. Dabei muss es sich mindestens um einen 1x6-Stein handeln (um alle vier Verbindungszapfen aufnehmen zu können), weshalb längere Träger stabilere Strukturen gewährleisten. Darüber hinaus ist die Position der Verbindungszapfen sehr wichtig; diese sollten an den äußersten Enden der Träger sitzen, um die maximale Festigkeit zu erreichen.

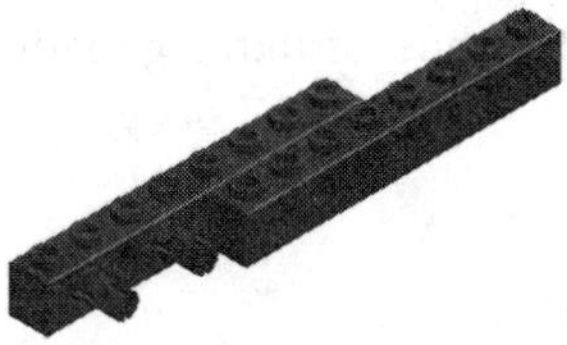

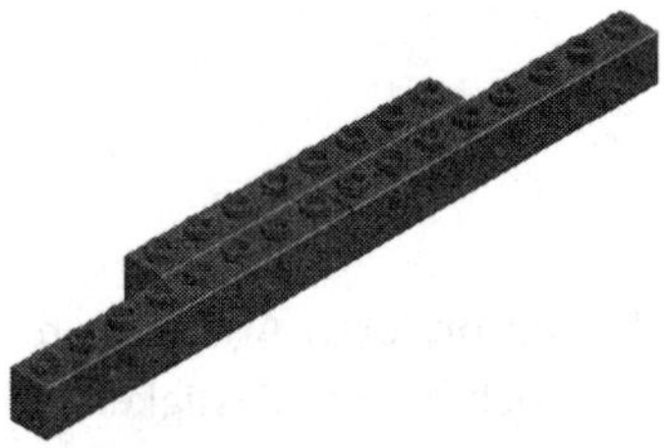

Abbildung 4.4 Verbesserter längerer Träger

Diese Anordnung reicht zwar aus, um größere Gewichte zu tragen, jedoch ist die seitliche Stabilität gering. In diesem Fall kann die Struktur mit oberen und unteren Platten verstärkt werden.

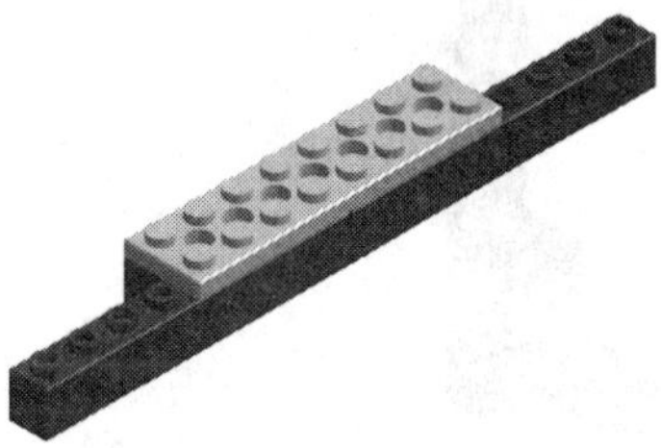

Abbildung 4.5 Optimaler längerer Träger

4.1.3 Vertikale Träger

Bisher wurden Träger nur horizontal verwendet. Je nach Struktur werden jedoch auch vertikale Träger benötigt. Die Verbindungszapfen ermöglichen zwar ein Befestigen von Trägern in einem beliebigen Winkel, jedoch fluchtet ein zweiter Verbindungszapfen nicht notwendigerweise mit einer der Öffnungen im vertikalen Träger.

Abbildung 4.6 Vertikaler Versatz

Dies liegt daran, dass ein 1x1-Stein etwas höher als breit ist. Ein Stein ist generell 1,2-LEGO-Einheiten hoch. Da die Höhe von drei Platten der Höhe eines Steins entspricht, beträgt die Höhe von Platten 0,4-LEGO-Einheiten. Daher weist ein mit zwei Platten verbundener Stein die Höhe von genau 2 LEGO-Einheiten auf (1,2 + 2 x 0,4 = 2,0). Darauf basierend, kann die nachstehende Struktur gebaut werden:

Abbildung 4.7 Vertikaler Träger

Diese vertikale Trägeranordnung ist ziemlich stabil. Bei besonderen Anforderungen kann ein dritter Träger verwendet werden, um eine noch höhere Festigkeit zu erreichen. Der Schlüssel zu dieser Konstruktion ist der Aufbau eines gleichseitigen Dreiecks. Die am häufigsten verwendeten Abmessungsverhältnisse für diese Dreiecke sind dabei 3-4-5 bzw. 5-12-13 (oder entsprechende Vielfache).

Abbildung 4.8 Dreiecksstruktur

4.1.4 Verstrebungen

Vertikale Träger können auch als Verstrebungen verwendet werden, um Strukturen zu verstärken. Die sich daraus ergebende Anordnung ist äußerst stabil. Diese Anordnung kann sehr effektiv bei größeren Robotern verwendet werden: Vertikale Verstrebungen, die sich über die gesamte Bauhöhe von Robotern erstrecken, gewährleisten die Integrität aller zwischen liegenden Bausteine, da diese nicht mehr herausgelöst werden können.

Abbildung 4.9 Vertikale Verstrebung

4.1.5 Breite Träger

Beispiel: Sie benötigen eine kleine Plattform am Ende eines langen Trägers. Im nachstehend abgebildeten Beispiel wird die Plattform aus zwei 1x4-Steinen neben einem 1x12-Stein gebildet, wobei zwei Platten die gesamte Struktur zusammenhalten.

Abbildung 4.10 Einfache Plattform

Eine Alternative zur Verwendung von Platten besteht im Einsetzen von Doppelzapfen, um die Träger zusammenzuhalten. (Die Bezeichnung Doppelzapfen ist eigentlich nicht ganz korrekt, da dieser im Vergleich zu einem herkömmlichen Verbindungszapfen nur 1,5-mal so lang ist.)

Abbildung 4.11 Breite Plattform aus Trägern

Diese Anordnungstechnik für Träger und Zapfen ist beim Einbau von Motoren in Strukturen äußerst praktisch, wenn diese etwas zu breit sind. Träger bieten einen besseren Strukturzusammenhalt als Platten, sodass bei plötzlichen Brems- oder Anfahrvorgängen der Motor weniger dazu neigt, vom Modell herunterzufallen.

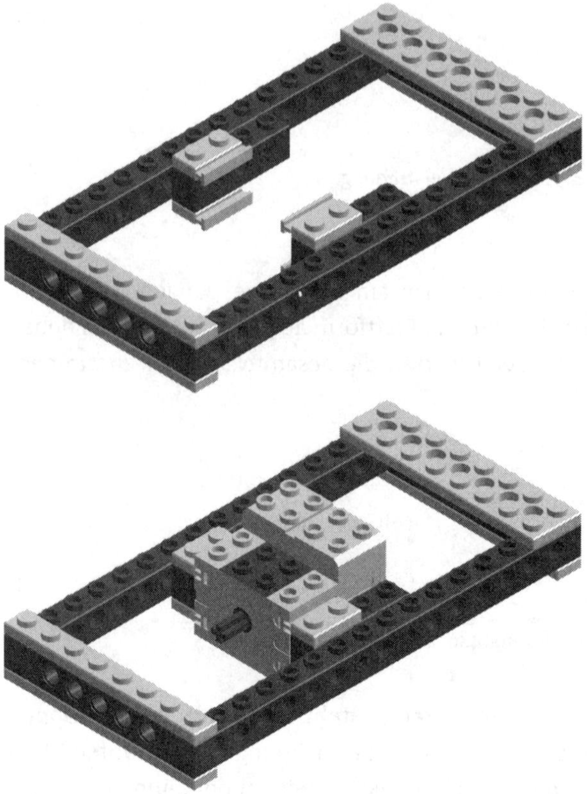

Abbildung 4.12 Verwenden von breiten Trägern zum Befestigen eines Motors

4.2 Grundwissen zu Zahnrädern

Motoren stellen die mechanische Kraft zum Bewegen eines Roboters bereit, jedoch sieht es in den meisten Fällen so aus, dass sich der Motor an der falschen Position befindet, er sich mit der falschen Geschwindigkeit dreht oder ein falsches Drehmoment anliegt. Auf den folgenden Seiten wird dargelegt, wie Zahnräder eingesetzt werden können, um die mechanische Kraft in Geschwindigkeit und Drehmoment umzuwandeln.

4.2.1 Untersetzung

Betrachten Sie beim nachstehenden Modell, was passiert, wenn die Riemenscheibe (in diesem Fall das Antriebsrad) mithilfe des Griffs im Uhrzeigersinn gedreht wird. Die Riemenscheibe befindet sich auf derselben Achse wie das kleine Zahnrad, das in das größere Zahnrad auf der zweiten Riemenscheibe greift. Die Zahlen in der Abbildung beziehen sich auf die Längen der jeweiligen Achse.

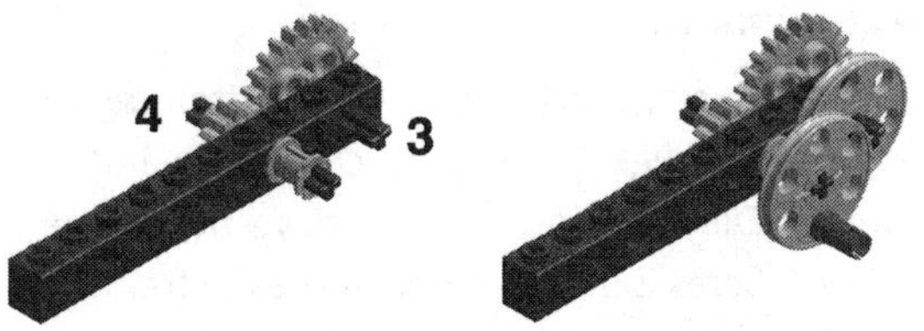

Abbildung 4.13 Untersetzung (3:1)

Wie Sie sehen, dreht sich die zweite Riemenscheibe anders als die erste. Zunächst einmal dreht sich diese Riemenscheibe in die entgegengesetzte Richtung. Dies ist eine der elementaren Eigenschaften von Getrieben: Die Drehrichtung wird umgekehrt.

Eine weitere Beobachtung zeigt, dass sich die zweite Riemenscheibe sehr viel langsamer als die erste dreht. Wenn Sie mitzählen, werden Sie feststellen, dass die erste Riemenscheibe dreimal gedreht werden muss, bevor die zweite eine vollständige Umdrehung durchgeführt hat. Diese Umdrehungsdifferenz tritt auf, weil die beiden Zahnräder eine jeweils unterschiedliche Anzahl an Zähnen aufweisen. Das kleinere Zahnrad verfügt über 8, das größere über 24 Zähne. Damit das große Zahnrad eine vollständige Umdrehung beschreibt, müssen alle 24 Zähne einmal den Punkt überschritten haben, an dem die beiden Zahnräder ineinander greifen. Da beim kleineren Zahnrad für eine Umdrehung an diesem Punkt nur 8 Zähne benötigt werden, muss es insgesamt dreimal gedreht werden (24 durch 8), damit sich das größere einmal dreht. Da die Anzahl der Zähne auf einem Zahnrad die Umdrehung mit anderen Zahnrädern festlegt, sollten Sie sich die Anzahl an Zähnen auf den vier standardmäßigen LEGO-Zahnrädern merken: 8, 16, 24 und 40.

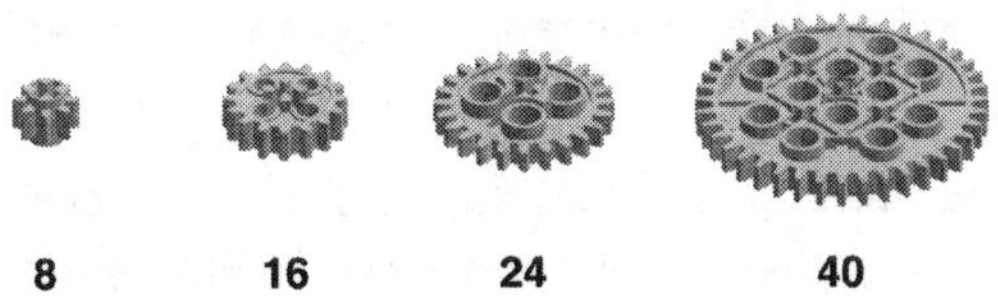

Abbildung 4.14 Standardzahnräder

Das Verringern der Umdrehungszahl wird als **Untersetzung** bezeichnet. Die exakte Untersetzung kann als Verzahnungsverhältnis verwendet werden, um anzugeben, wie viele Umdrehungen das erste Zahnrad beschreiben muss, um eine vollständige Umdrehung des zweiten zu erreichen. Im obigen Beispiel beträgt das Verhältnis 3:1.

4.2.2 Geschwindigkeit und Drehmoment

Im vorherigen Beispiel wurden Zahnräder eingesetzt, um die Umdrehungsgeschwindigkeit zu verringern. Diese Geschwindigkeit kann durch eine geänderte Anordnung jedoch auch erhöht werden. Dies wird als **Übersetzung** bezeichnet, und es wird dadurch erreicht, dass ein größeres Zahnrad ein kleineres antreibt. Im nachstehenden Beispiel wird ein 40er-Zahnrad verwendet, um ein 8er-Zahnrad zu drehen; das Verzahnungsverhältnis ist dabei 8:40, also 1:5 (Sie können Verhältnisse genau wie Brüche kürzen).

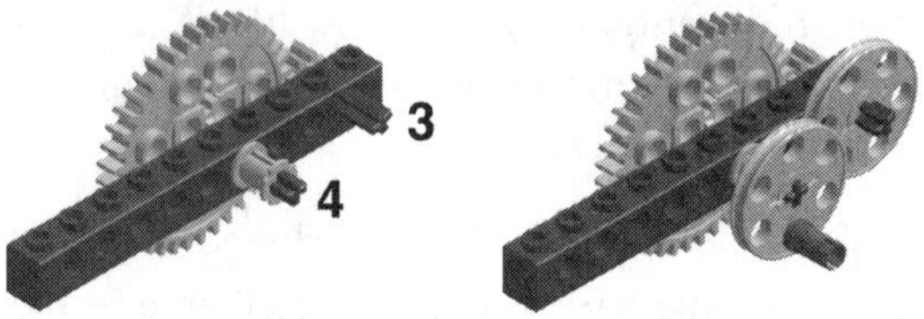

Abbildung 4.15 Übersetzung (1:5)

Wenn Sie das Antriebsrad mit dem Griff drehen, werden Sie feststellen, dass sich die zweite Riemenscheibe sehr viel schneller dreht (genau 5-mal schneller). Es scheint fast so, als ob man diese zusätzliche Umdrehungsgeschwindigkeit für Nichts erhält. Es gibt jedoch hierfür einige physikalische Gesetze, die die Zusammenhänge erklären.

Eine rotierende Achse verfügt über Geschwindigkeit und Drehmoment. Geschwindigkeit ist dabei die Angabe, wie schnell die Achse rotiert, sie wird in Umdrehungen pro Minute (UpM) gemessen. Das Drehmoment stellt mehr oder weniger die Kraft dar, die eine rotierende Achse abgeben kann. Ein höheres Drehmoment bedeutet, dass die Achse ein schwereres Fahrzeug bewegen oder ein größeres Gewicht heben kann.

Physikalisch gesehen ist das Drehmoment das Produkt aus Kraft und Strecke. Weist eine Achse ein Drehmoment von 1 Nm (Newtonmeter) auf, bedeutet dies für ein an diese Achse montiertes Rad mit einem Radius von 1 m, dass 1 N Kraft am Radumfang anliegt. Bei einer bestimmten Kraft erhöht sich das Drehmoment mit zunehmendem Radius des sich drehenden Bauteils. Aus diesem Grund eignen sich Schraubendreher mit einem dickeren Griff besser zum Lösen fest sitzender Schrauben.

Werden Zahnräder zum Ändern der Achsengeschwindigkeit verwendet (Unter- oder Übersetzung), wird auch das Drehmoment in umgekehrter Weise geändert. Wenn Sie beispielsweise eine Untersetzung von 2:1 verwenden, wird die Geschwindigkeit zwar um die Hälfte reduziert, jedoch das Drehmoment verdoppelt. Umgekehrt gilt, wenn Sie die Geschwindigkeit erhöhen, nimmt das Drehmoment im selben Verhältnis ab. Im obigen 1:5-Beispiel wurde das Drehmoment um den Faktor 5 verringert. Die Gesamtgröße der Arbeit, die dabei verrichtet werden kann (Geschwindigkeit mal Drehmoment), bleibt bei geänderten Verzahnungsverhältnissen gleich (abgesehen von der geringen Energiemenge, die aufgrund von Reibung beim Eingreifen der Zahnräder ineinander verloren geht).

4.2.3 Getriebe

Im vorherigen Beispiel wurden lediglich zwei Zahnräder verwendet. Es ist jedoch möglich, mehrere Zahnradebenen zu verbinden, um ein richtiges Getriebe zu bilden. Werden Zahnräder miteinander kombiniert, werden die einzelnen Verzahnungsverhältnisse miteinander multipliziert, um das Gesamtverhältnis zu bestimmen. Dadurch können Verhältnisse erreicht werden, die sehr viel größer (oder auch kleiner) sind als bei nur einem Zahnradpaar.

Bei dem nachstehenden Beispiel handelt es sich um ein dreistufiges Reduktionsgetriebe, wobei jede Stufe aus einem 8er- und einem 24er-Zahnrad besteht. Beachten Sie, wie das Ende einer Getriebestufe (24er-Zahnrad) mit dem Anfang der folgenden Stufe (8er-Zahnrad) verbunden ist. Jede Stufe weist ein Verhältnis von 3:1 auf. Das Verhältnis dieser Getriebeanordnung beträgt somit 3:1 x 3:1 x 3:1 = 27:1 (Sie können Verhältnisse genau wie Brüche multiplizieren).

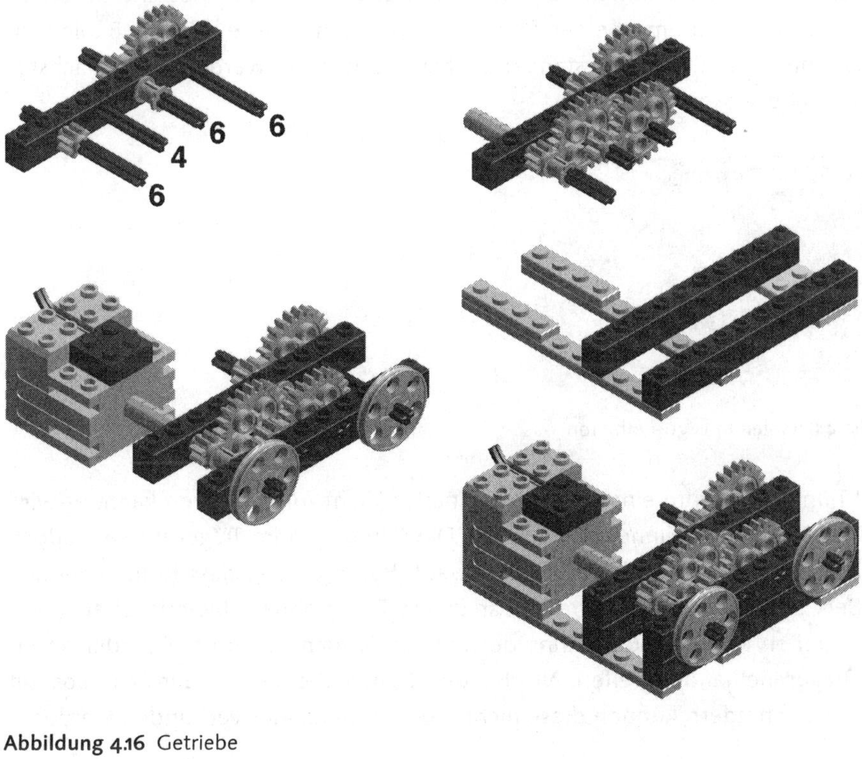

Abbildung 4.16 Getriebe

Der RCX kann als Antrieb des Motors eingesetzt werden. Sie müssen zunächst das Programm aus Kapitel 1 auf den RCX herunterladen. Verbinden Sie den Motor mit Ausgang A des RCX, und führen Sie das Programm aus. Der Motor dreht sich ziemlich schnell (zu sehen an der Riemenscheibe links), wohingegen sich die Riemenscheibe rechts am Ende des Getriebes nur sehr langsam dreht. Durch Festhalten der Riemenscheibe links können Sie den Motor daran hindern, sich weiter zu drehen. Versuchen Sie nun einmal, den Motor anzuhalten, indem Sie die rechte Riemenscheibe festhalten. Im ersten Fall ist es recht einfach, mehr Kraft aufzuwenden, um das Drehmoment des Motors aufzuhalten. Beim zweiten Fall ist das Drehmoment jedoch 27-mal höher.

4.2.4 Abstände zwischen Zahnrädern

Einige Zahnradkombinationen, wie beispielsweise ein 24er- und ein 8er-Zahnrad, lassen sich ohne Probleme an einem Träger hintereinander schalten. Bei anderen Kombinationen, beispielsweise ein 16er-und ein 24er-Zahnrad, stimmen die Abstände der Trägeröffnungen für ein Ineinandergreifen jedoch überhaupt nicht überein.

Bisher wurden die Zahnräder nur anhand der Anzahl der Zähne kategorisiert. Zahnräder weisen aber auch noch eine weitere wichtige Eigenschaft auf, nämlich den Radius. Beim Verzahnen von zwei Zahnrädern muss der Abstand zwischen den Achsen der Summe beider Radien entsprechen. Die jeweiligen Radien (in LEGO-Einheiten) für die vier standardmäßigen Zahnräder werden in der nachstehenden Tabelle aufgeführt:

Zähne	Radius
8	0,5
16	1,0
24	1,5
40	2,5

Tabelle 4.1 Radien in Lego-Einheiten

Es ist nun klar, warum eine 16/24-Kombination nicht funktionieren kann; es wird ein Abstand von 2,5 Einheiten benötigt. Die Öffnungen im Träger weisen jedoch einen Abstand von jeweils einer Einheit auf. Beachten Sie, dass Kombinationen von 8er-, 24er- und 40er-Zahnrädern an einem Träger ohne Schwierigkeiten ineinander greifen können; 16er-Zahnräder können jedoch nur untereinander an einem Träger ineinander greifen. Nur bei der Kombination eines 16er-Zahnrads mit anderen Zahnrädern können diese nicht direkt miteinander verbunden werden.

Jedoch können auch diese Kombinationen miteinander verbunden werden. Im nachstehenden Beispiel wird dargestellt, wie zwei von einer **Halbbuchse** getrennte **Winkelbuchsen** für den richtigen Abstand zwischen einem 8er- und einem 16er-Zahnrad sorgen.

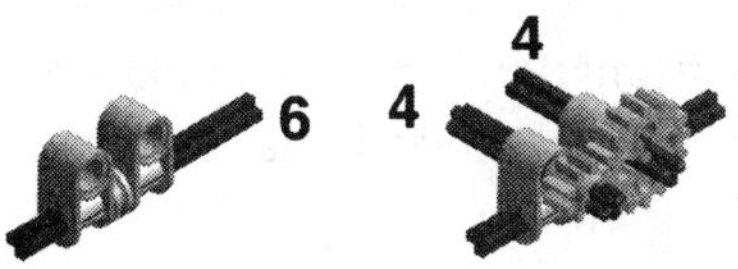

Abbildung 4.17 Nicht standardmäßiger Abstand

Eine flexiblere Lösung besteht darin, vertikale und horizontale Abstände zu verwenden, um einen hierfür geeigneten diagonalen Abstand zu erreichen. Zum Berechnen diagonaler Abstände können Sie den pythagoreischen Gleichsatz verwenden. Dies ist ein wenig kompliziert, da ein Stein ja eigentlich 1,2 Einheiten hoch ist (weitere Informationen hierzu finden Sie weiter oben in diesem Kapitel).

$\text{Abstand} = \sqrt{\text{Breite}^2 + (1{,}2 \times \text{Höhe})^2}$

Im nachstehenden Beispiel weisen die Zahnräder einen horizontalen Abstand von 2 Einheiten und einen vertikalen von 1 Stein und 1 Platte auf. Der sich ergebende Abstand beträgt etwas mehr als 2,5 Einheiten, jedoch reicht dieser aus, ein 16er- mit einem 24er-Zahnrad zu verbinden.

Abbildung 4.18 Diagonaler Abstand

$\text{Abstand} = \sqrt{\text{Breite}^2 + (1{,}2 \times \text{Höhe})^2} = \sqrt{2^2 + (1{,}2 \times (1 + 1/3))^2} \approx 2{,}56$

4.3 Spezielle Zahnradkombinationen

Zusätzlich zu den bereits erwähnten herkömmlichen Zahnrädern gibt es auch spezielle Zahnräder, z. B. **Planräder**, **Kegelräder**, **Schneckenräder**, **Zahnstangen** und **Differenziale**. Auf den folgenden Seiten wird die Verwendung dieser speziellen Zahnräder näher beschrieben.

4.3.1 Plan- und Kegelräder

Das Planrad weist dieselbe Größe wie ein herkömmliches 24er-Zahnrad auf, jedoch sind die Zähne gekrümmt, sodass es in andere, in einem rechten Winkel positionierte Zahnräder eingreifen kann. Das Ineinandergreifen sorgt für eine erhöhte Reibung, weshalb sich diese Anordnung nicht für hohe Leistungen oder Umdrehungszahlen eignet. Jedoch kann die Hilfsfunktion eines Planrads sehr nützlich sein. Darüber hinaus ist es wichtig, das Planrad direkt hinter dem Eingreifpunkt zu fixieren, da es andernfalls hin- und herschwingt.

Abbildung 4.19 Verwenden eines Planrads

Das Kegelrad ist eine kompaktere Alternative zum Planrad. Die 12 Zähne können zwar nur in andere Kegelräder eingreifen, jedoch wird die Kraft bei ordnungsgemäßer Verwendung effizienter übertragen als bei einem Planrad. Die Befestigung eines Kegelrads ist ebenfalls kritisch, beispielsweise gegen einen Träger, jedoch können auch Buchsen verwendet werden, um Zwischenräume zu vermeiden.

Abbildung 4.20 Verwenden von Kegelrädern

4.3.2 Schneckenräder

Das Schneckenrad ist etwas Besonderes. Bei jeder vollständigen Umdrehung des Schneckenrads wird das eingreifende Zahnrad um einen Zahn weiter gedreht. Im nachstehenden Beispiel wird ein 24er-Zahnrad verwendet, sodass ein Verhältnis von 24:1 erreicht wird. Es handelt sich beim Einsatz von Schneckenrädern also um einen sehr kompakten Untersetzungsmechanismus.

Abbildung 4.21 Verwenden des Schneckenrads

Das Schneckenrad weist darüber hinaus auch einen unidirektionalen Mechanismus auf. Drehen Sie die links im Modellbeispiel gezeigte Riemenscheibe. Es herrscht zwar etwas Spiel (dadurch, dass das Schneckenrad etwas kürzer als 2 Einheiten ist), jedoch gibt es keine Kraft, die das Schneckenrad veranlassen könnte, sich zu drehen. Dies bedeutet, dass das Schneckenrad Kraft von der Achse auf ein eingreifendes Zahnrad überträgt, jedoch kann keine Kraft in umgekehrter Richtung übertragen werden.

Diese Eigenschaft kann beispielsweise bei der Konstruktion eines Krans genutzt werden, bei dem ein Motor zum Heben schwerer Lasten verwendet wird und die Last auch dann gehalten werden muss, wenn der Motor ausgeschaltet ist.

Das bereits erwähnte Spiel ist etwas nachteilig beim Verwenden von Schneckenrädern. In einigen Fällen kann ein geringes Spiel vernachlässigt, in andern Fällen muss es jedoch behoben werden. Eine Möglichkeit stellt die nachstehend abgebildete vertikale Anordnung dar. Bei dieser Anordnung muss eine geeignete vertikale Verstrebung verwendet werden, da andernfalls die auf das Schneckenrad wirkenden Vertikalkräfte die Struktur auseinander reißen.

Abbildung 4.22 Vertikales Verwenden des Schneckenrads

Es können auch mehrere Schneckenräder hintereinander positioniert werden, um einen längeren Schneckentrieb zu konstruieren. Sie müssen jedoch darauf achten, die einzelnen Schneckenräder auszurichten. Sind einzelne Räder nicht ordnungsgemäß ausgerichtet, ist die Verzahnung an den Nahtstellen nicht einheitlich und das Ineinandergreifen anderer Zahnräder holprig.

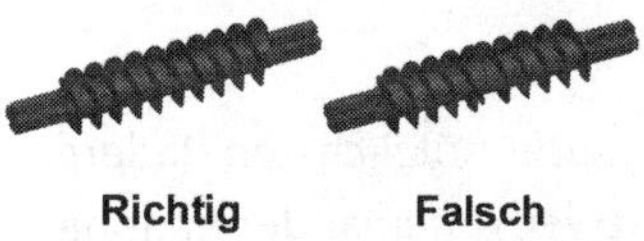

Abbildung 4.23 Schneckentrieb

4.3.3 Zahnstangen

Eine Zahnstange dient der Umwandlung von Drehbewegungen in lineare Bewegungen. Für gewöhnlich wird ein 8er-Zahnrad zusammen mit einer Zahnstange verwendet. Größere Zahnräder greifen zwar auch richtig in die Zahnstange ein, jedoch wird bei den meisten Anwendungen eine exaktere Steuerung benötigt, weshalb sich kleinere hierfür besser eignen.

Da die Zahnstange zu beiden Seiten frei verschiebbar sein muss, darf sie sich nicht auf einem unebenen Untergrund bewegen. Daher kann sie nicht auf einem herkömmlichen Stein oder einer Platte ruhen. LEGO stellt zwar auch einige Elemente mit ebener Oberfläche (so genannte Kachelsteine) her, die sich ausgezeichnet hierfür eignen, jedoch verfügt das MINDSTORMS Robotics Invention System nicht über diese Steine. Mit ein bisschen Kreativität lässt sich dieses Problem jedoch schnell lösen. Im nachstehenden Modell werden **halbe Träger** verwendet, um über eine glatte Oberfläche für die Zahnstange zu verfügen. Durch Drehen der Kurbel bewegt sich die Zahnstange hin und her.

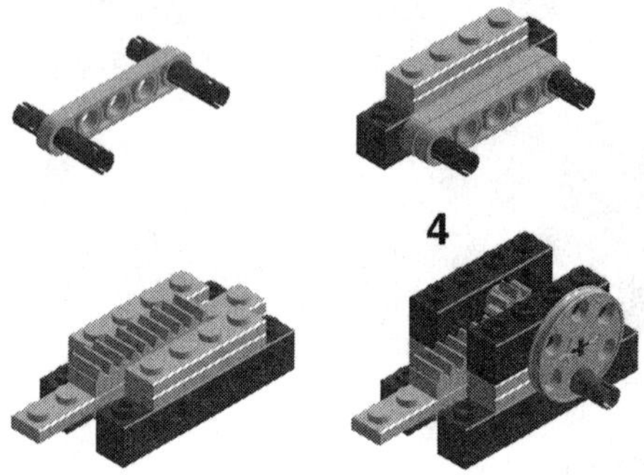

Abbildung 4.24 Verwenden einer Zahnstange

Die Zahnstange selbst ist nur 4 Einheiten lang, weshalb nicht allzu viele Umdrehungen notwendig sind, um sie aus dem Mechanismus herauszubewegen. Längere Zahnstangen können verwendet werden, indem mehrere Zahnstangen hintereinander platziert werden.

4.3.4 Differenziale

Das Differenzial ist das komplizierteste, aber auch eines der nützlichsten Rädergetriebe. Intern werden drei Kegelräder verwendet, um zwei voneinander unabhängige Achsen am Ausgleichsgehäuse zu verbinden. Die Achsen können dabei mit jeweils unterschiedlichen Geschwindigkeiten gedreht werden, jedoch entspricht die Durchschnittsgeschwindigkeit der Drehung des Ausgleichsgehäuses. Der Zusammenbau eines Differenzials kann etwas schwierig sein. Das mittlere Kegelrad (das nicht mit einer Achse verbunden ist) muss als Erstes im Ausgleichsgehäuse positioniert werden. Anschließend müssen die einzelnen Achsen durch das Gehäuse geführt und mit den entsprechenden Kegelrädern verbunden werden. Die gesamte Einheit wird nachstehend abgebildet.

Abbildung 4.25 Das Differenzial

Um die Funktionsweise eines Differenzials zu verstehen, empfiehlt es sich, ein wenig damit zu spielen; bauen Sie zunächst das Modell nach:

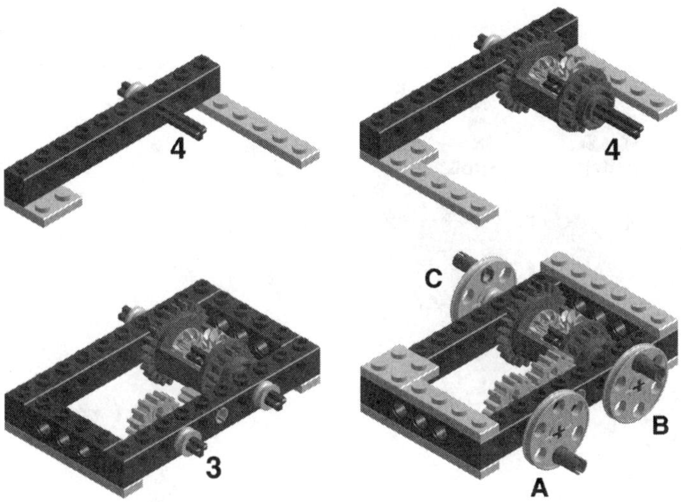

Abbildung 4.26 Beispiel eines Differenzials

Die Riemenscheibe A dreht das Ausgleichsgehäuse; die Riemenscheiben B und C sind über die sich unabhängig voneinander drehenden Achsen verbunden. Durch eine volle Umdrehung der Riemenscheibe A vollführt das Differenzial ebenfalls eine Umdrehung. Dadurch werden die Riemenscheiben B und C ebenfalls einmal gedreht (wobei davon ausgegangen wird, dass die Reibung nicht allzu hoch ist). Dies ist die einfachste Konstruktion: Alle Elemente drehen sich mit der gleichen Geschwindigkeit.

Werden die Riemenscheiben B und C mit der gleichen Geschwindigkeit, jedoch in unterschiedliche Richtungen gedreht, drehen sich das Differenzial und die Riemenscheibe A nicht. Da in diesem Fall die Durchschnittsgeschwindigkeit der unabhängigen Achsen gleich Null ist, verbleibt das Differenzial im Ruhezustand.

Probieren Sie auch andere Kombinationen aus, um mit der Arbeitsweise eines Differenzials vertraut zu werden. Was passiert beispielsweise, wenn Sie das Differenzial drehen, jedoch eine der Achsen festhalten?

4.4 Riemenscheiben und Keilriemen

Riemenscheiben können genau wie Zahnräder verwendet werden, um Geschwindigkeiten und Leistungen umzuwandeln, doch hören hier die Gemeinsamkeiten auch schon auf. Greifen Zahnräder ineinander, wird die Drehrichtung umgekehrt, bei Riemenscheiben bleibt sie gleich. Im Gegensatz zu Zahnrädern, bei denen die Zähne gezählt werden können, wird das Verhältnis bei Riemenscheiben nur durch deren Größe festgelegt. Da Sie sich bei Riemenscheiben keinesfalls auf exakte Verhältnisse verlassen können (aufgrund des Schlupfes), finden Sie nachstehend die relativen Größen:

Riemenscheibe	Relative Größe
klein	2
Reibung	3
mittel	7
groß	11

Abbildung 4.27 Riemenscheiben

Um Kraft zu übertragen, greifen Riemenscheiben nicht direkt in andere ein, statt dessen werden **Keilriemen** verwendet. Dies bedeutet, dass der Abstand zwischen Riemenscheiben etwas variabler gestaltet werden kann als der bei Zahnrädern. In einigen Fällen können daher Riemenscheiben an Stellen verwendet werden, wo Kombinationen mit Zahnrädern nicht funktionieren. Im nachstehenden Modell werden etwa 3,5 Umdrehungen der Kurbel benötigt, damit die größere Riemenscheibe eine Volldrehung beschreibt.

Abbildung 4.28 Beispiel einer Riemenscheibe

Halten Sie nun die zweite Achse fest (die mit der größeren Riemenscheibe), während Sie die Kurbel weiter drehen. Der Riemen rutscht durch. Die Spannung des Riemens bestimmt, wie viel Kraft übertragen werden kann, bevor der Riemen zu rutschen beginnt. Zunächst erscheint das Durchrutschen als Einschränkung, jedoch handelt es sich tatsächlich um ein wichtiges Merkmal mit Riemenscheiben, das in zahlreichen Konstruktionen genutzt werden kann. Beispielsweise kann es als eine Art Sicherheitsstufe bei Systemen dienen, bei denen ein Motor ein Bauteil mit eingeschränktem Bewegungsbereich antreibt.

Als Beispiel kann der Zahnstangenmechanismus des vorherigen Abschnitts dienen. Anstelle einer Kurbel wird ein 24er-Zahnrad verwendet. Darüber hinaus werden Stopper integriert, um zu verhindern, dass die Zahnstange zu weit verschoben wird. Abschließend wird ein Motor eingebaut, der die Zahnstange mit einem Verhältnis von 3:1 antreibt. Verwenden Sie das RCX-Programm aus Kapitel 1, um den Motor anzutreiben, und testen Sie anschließend die Motor getriebene Zahnstange. Beim ersten Versuch brach das Modell auseinander, da der Motor zu viel Kraft auf die Stopper übertrug.

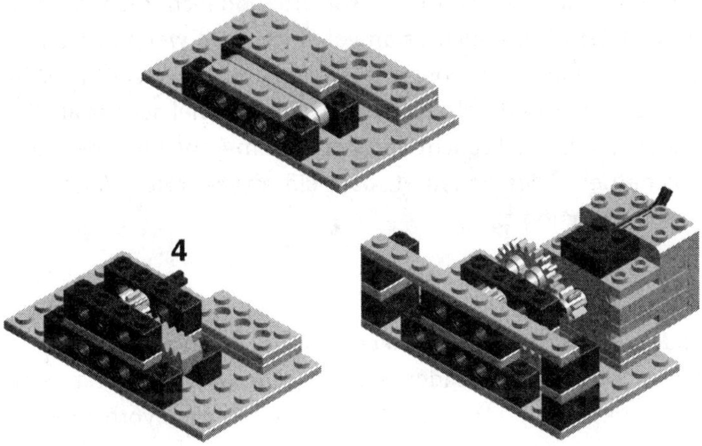

Abbildung 4.29 Motor getriebene Zahnstange

Die Stopper können zwar verstärkt werden, jedoch wird das Modell dann möglicherweise an einem anderen Teil auseinander brechen. Die Motorkräfte suchen sich den schwächsten Punkt und reißen das Modell dort auseinander. Möglicherweise brechen die Träger auseinander, oder der Motor wird aus der Befestigung gelöst. Das Verstärken jedes einzelnen Schwachpunkts bei großen und komplexen Modellen kann eine enorm große Herausforderung sein.

Riemenscheiben und Keilriemen bieten eine einfachere Lösung. Beispielsweise kann das 24er-Zahnrad mit einer mittleren Riemenscheibe und das 8er-Zahnrad am Motor mit einer kleinen Riemenscheibe ersetzt werden. Ein blauer Keilriemen vervollständigt das Modell.

Abbildung 4.30 Vom Motor getriebene Zahnstange mit Riemenscheiben

Eine Riemenscheiben-Keilriemen-Konstruktion ist nicht nur die einfachere Lösung als eine Verstärkung des gesamten Modells, es ist auch eine bessere Lösung. Wird ein Modell so verstärkt, dass der Motor die Konstruktion nicht mehr auseinander brechen kann, wird der Motor auch daran gehindert, sich weiterzudrehen, nachdem die Zahnstange an einem Stopper angeschlagen ist. Dies wird als **Abwürgen des Motors** bezeichnet und belastet den Motor sehr viel stärker als der normale Betrieb. Ironischerweise verbraucht der Motor beim Abwürgen mehr Energie als beim Normalbetrieb. Dies bedeutet, dass ein abgewürgter Motor die Batteriekapazität schneller erschöpft.

4.5 Sperrklinken

Bei Sperrklinken handelt es sich um einen Mechanismus, der Umdrehungen in eine Richtung ermöglicht, jedoch in die andere Richtung sperrt. Es gibt zwar keine speziellen LEGO-Sperrklinkenelemente, jedoch können mit den vorhandenen Elementen eigene Sperrklinken gebaut werden.

4.5.1 Einfache Sperrklinken

Beim ersten Beispiel handelt es sich um einen einfachen Klinkenmechanismus aus einem Zahnrad und einem Träger. Wird die Riemenscheibe im Uhrzeigersinn gedreht, drücken die Zähne des Zahnrads den Arm ein wenig nach oben, sodass dieser kurz angehoben wird. Durch das wiederholte Heben und Senken des Arms ist das charakteristische Klicken eines Sperrklinkenmechanismus zu hören. Versuchen Sie nun, die Riemenscheibe gegen den Uhrzeigersinn zu drehen. In diesem Fall wird der Arm nicht angehoben, sondern die Zähne drücken den Arm gegen den Mechanismus und verhindern somit eine Drehbewegung.

Abbildung 4.31 Eine einfache Sperrklinke

Drehen Sie die Riemenscheibe nun einmal ganz schnell im Uhrzeigersinn. Wenn Sie schnell genug drehen, schnellt der Arm so kräftig hoch, dass er nach hinten umkippt und den Sperrklinkenmechanismus aushebelt. Aus diesem Grund ist es sinnvoll, eine Art Anschlag zu konstruieren, um zu verhindern, dass der Arm zu weit nach hinten schnellt und der Mechanismus nicht mehr funktioniert.

Diese einfache Sperrklinke basiert auf der Schwerkraft, um den Arm in der entsprechenden Position zu halten. In einigen Fällen kann die Schwerkraft aber nicht genutzt werden (z. B. wenn der Mechanismus konstruktionsbedingt auf dem Kopf stehen muss). In diesem Fall muss ein weiterer Mechanismus, z. B. ein Gummiband, verwendet werden, um den Arm an der gewünschten Stelle zu lagern. Bei einem straffen Gummiband wird jedoch mehr Kraft für das Zahnrad aufgewendet, um den Arm zu heben, sodass ein Teil der Kraft, der eigentlich für andere Funktionen gedacht war, verloren geht. Wie auch bei vielen anderen Konstruktionen ist der Bau eines guten Sperrklinkenmechanismus ein Balanceakt zwischen Effizienz und Stabilität.

4.5.2 Sperrklinkenverteiler

Manchmal muss ein Roboter mehr als drei Funktionen durchführen. Da der RCX nur über drei Ausgänge verfügt, besteht die Notwendigkeit, mehrere Funktionen mit demselben Motor (und somit mit demselben RCX-Ausgang) auszuführen. Der Sperrklinkenverteiler ist eine Möglichkeit für einen einzelnen Motor, zwei unterschiedliche Funktionen zu steuern. Der Vorteil dabei ist, dass die einzelnen Funktionen nur in eine einzige Richtung und nur jeweils einzeln ausgeführt werden können. Der Konstruktionsaufbau ist denkbar einfach und weist ein Differenzial sowie zwei Sperrklinken auf

Wie bereits weiter oben erwähnt, ermöglicht eine Sperrklinke Umdrehungen in eine Richtung und verhindert Umdrehungen in die andere. Die beiden Sperrklinken in diesem Modell sind so angeordnet, dass eine Achse nur im und die andere Achse nur gegen den Uhrzeigersinn gedreht werden kann. Die Drehbewegung liegt dabei am Ausgleichsgehäuse des Differenzials an. Beachten Sie die Funktionsweise, wenn der Motor das Differenzial vorwärts dreht: Der »normale« Betrieb wäre bei beiden Achsen eine Vorwärtsbewegung mit der gleichen Geschwindigkeit wie das Differenzial. Hier jedoch wird bei einer Achse verhindert, dass sich diese in der entsprechenden Richtung dreht (durch die Sperrklinke), weshalb sich die andere Achse mit doppelter Geschwindigkeit dreht (damit entspricht die durchschnittliche Achsengeschwindigkeit der des Ausgleichsgehäuses). Dreht sich nun der Motor in umgekehrter Richtung, wird die sich zuvor drehende Achse durch die Sperrklinke blockiert und die andere Achse gedreht (wiederum mit doppelter Geschwindigkeit).

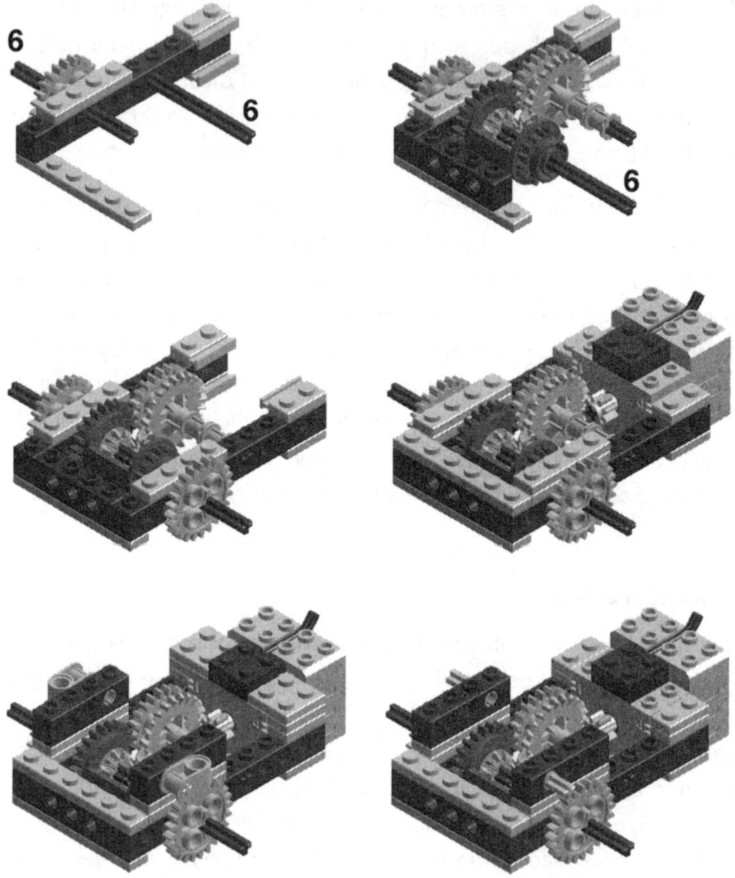

Abbildung 4.32 Sperrklinkenverteiler

4.5.3 Hebel

Der Hebel ist eines der elementarsten Maschinenteile und dient dem Heben schwerer Lasten unter Einsatz einer geringen Kraft. Betrachten Sie das nachstehende Beispiel. Durch Positionieren der kleinen LEGO-Steine auf den beiden Seiten wird der lange Träger in der Waage gehalten.

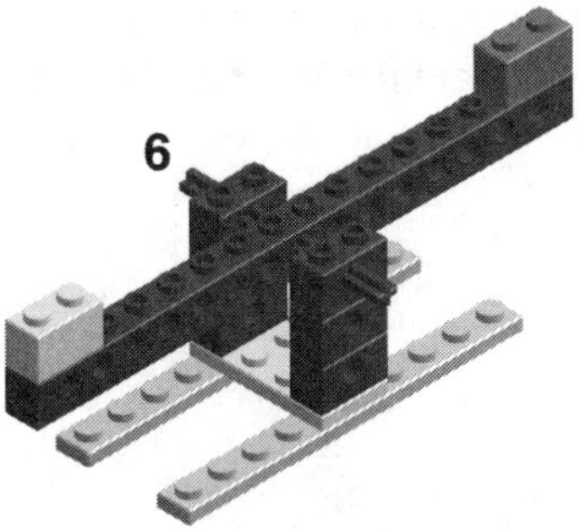

Abbildung 4.33 Ausbalancierter Hebel

Durch ein Annähern der beiden Steine befindet sich der Hebel noch immer im Gleichgewicht.

Abbildung 4.34 Weiterer ausbalancierter Hebel

Werden nun zwei Steine auf der linken Seite platziert, während auf der rechten Seite nur ein Stein verbleibt, ist der Hebel nicht länger im Gleichgewicht und kippt zur linken Seite. Dies ist nicht weiter verwunderlich, da zwei Steine schwerer sind als einer.

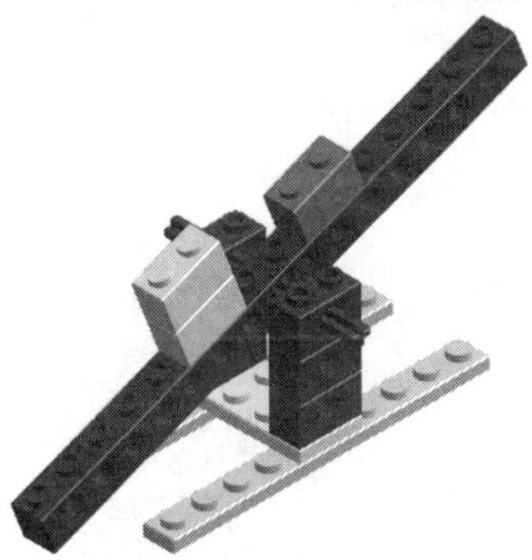

Abbildung 4.35 Zwei Steine sind schwerer als einer

In der nachstehenden Abbildung haben sich die Dinge jedoch geändert. Es befinden sich wiederum zwei Steine auf der linken und einer auf der rechten Seite, jedoch scheint nun die rechte Seite schwerer zu sein.

Abbildung 4.36 Ein Stein ist schwerer als zwei

In diesem Beispiel handelt es sich beim Träger tatsächlich um einen Hebel. Die Stelle, an der die Achse durch den Träger stößt, wird als **Kipphebelpunkt** bezeichnet. Wirkt eine Kraft auf einen Hebel, müssen die Größe der Kraft und die Strecke zwischen der Kraft und dem Kipphebelpunkt berücksichtigt werden. Das Produkt von Kraft und Strecke wird als **Moment** bezeichnet. In dem Beispiel kippt der Träger zu der Seite mit dem größeren Moment oder wird im Gleichgewicht gehalten, wenn die Momente gleich groß sind. In den ersten drei Beispielen sind die Abstände zwischen den Steinen auf der linken und rechten Seite gleich, sodass nur die Anzahl an Steinen (und auch das Gewicht des Trägers) relevant war. Im obigen Beispiel sind die Abstände jedoch ungleich. In diesem Fall befinden sich auf der linken Seite zwei Steine, die 2 Einheiten vom Kipphebelpunkt entfernt sind; dies entspricht einem Moment der Größe 4. Auf der rechten Seite befindet sich zwar nur ein Stein, jedoch beträgt der Abstand 7 Einheiten, sodass das Moment 7 entspricht. Da 7 größer als 4 ist, kippt der Hebel bzw. Träger nach rechts. Wird der Stein auf der rechten Seite 4 Einheiten vom Kipphebelpunkt entfernt gesteckt, sind die Momente gleich und der Träger ausbalanciert.

Abbildung 4.37 Ausbalancierte Steine

Bei allen gezeigten Beispielen befand sich der Kipphebelpunkt mittig, wobei Kräfte auf beide Seiten wirkten, dies muss jedoch nicht generell so sein. Der Kipphebelpunkt (in diesem Fall ein **Schwinghebelpunkt**) kann sich auch einseitig befinden, und die Kräfte können auf die gleiche Seite wirken. Flaschenöffner, Nagel- oder Brecheisen sind Beispiele für die Verwendung eines Hebels, bei der eine geringe Kraft auf einer Seite ausgeübt wird und eine sehr viel größere Kraft in der Nähe des Kipphebelpunkts wirkt.

4.6 Zusammenfassung

In diesem Kapitel wurden zahlreiche unterschiedliche Themen behandelt: Rahmenkonstruktionen, Zahnräder, Riemenscheiben, Träger, Differenziale, Verstrebungen, Hebel und Sperrklinken. Dies sind zwar sehr viele unterschiedliche Bereiche gewesen, die man sich merken muss, jedoch ist noch kein Meister vom Himmel gefallen, und in den nachfolgenden Kapiteln gibt es viele Gelegenheiten, den Bau von Konstruktionen zu üben. Dies schließt den Abschnitt **Grundlagen** ab, und Sie sind jetzt in der Lage, einige Roboter selber zu bauen.

Teil 2

Roboter

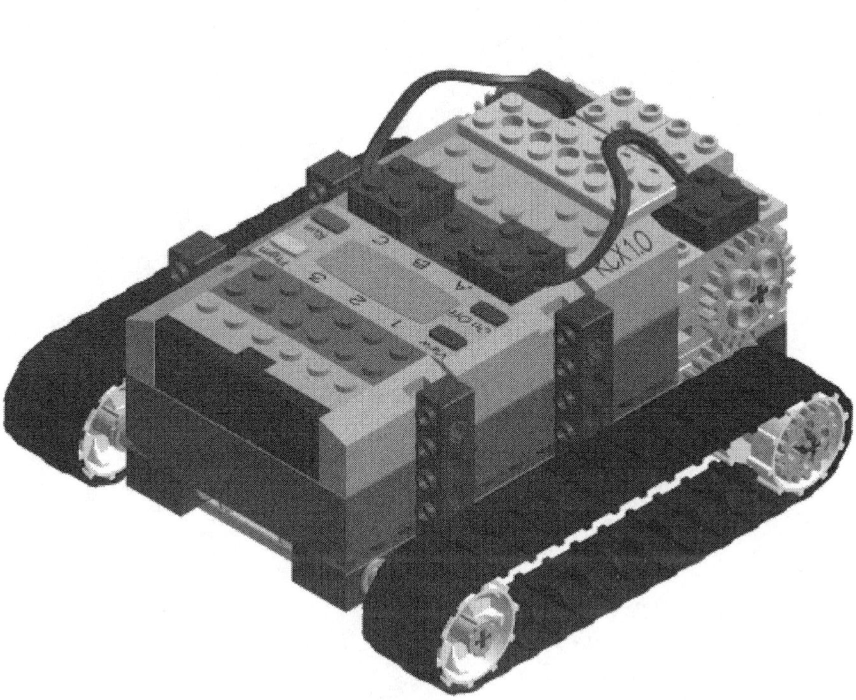

5 Tankbot

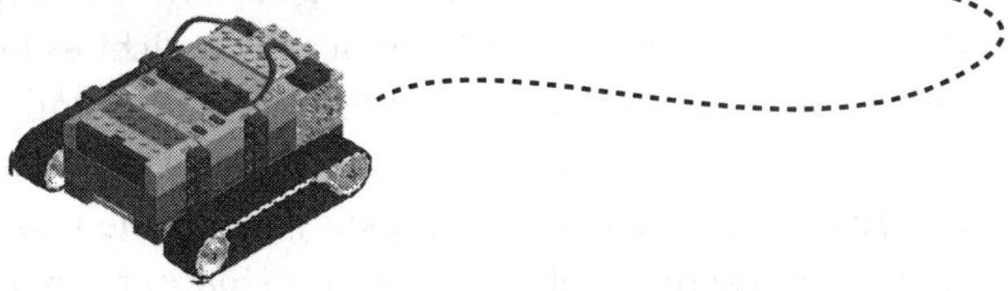

Tankbot ist ein relativ einfacher Roboter, wobei es sich bei der Bezeichnung Roboter schon fast um eine Übertreibung handelt. Tankbot verfügt nicht über Sensoren, sodass er nicht auf die Umgebung reagieren kann. Er kann lediglich eine Folge vorprogrammierter Anweisungen (z. B. Vorwärtsbewegen für die Dauer von 2 Sekunden, Abbiegen nach rechts usw.) ausführen. Tankbot wird als Grundlage für kompliziertere Roboter verwendet, die in späteren Kapiteln dieses Handbuchs vorgestellt werden.

Ähnlich einem Panzer bewegt sich Tankbot mithilfe von Raupenketten anstelle von Rädern (daher auch die Bezeichnung Kettenfahrzeug). Für allgemein verwendbare Roboterfahrzeuge sind Raupenketten, im Folgenden einfach als Ketten bezeichnet, meistens die ideale Alternative. Sie sind leicht konstruier- und programmierbar und ermöglichen das Drehen des Fahrzeugs auf der Stelle.

5.1 Aufbau

Bei der Konstruktion von Tankbot wird als Erstes ein Fahrgestell errichtet, auf dem der RCX und die Motoren angebracht werden. In Schritt 1 werden an zwei Trägern mehrere Verbindungszapfen angebracht. Weitere Träger werden im späteren Verlauf an diesen Zapfen befestigt.

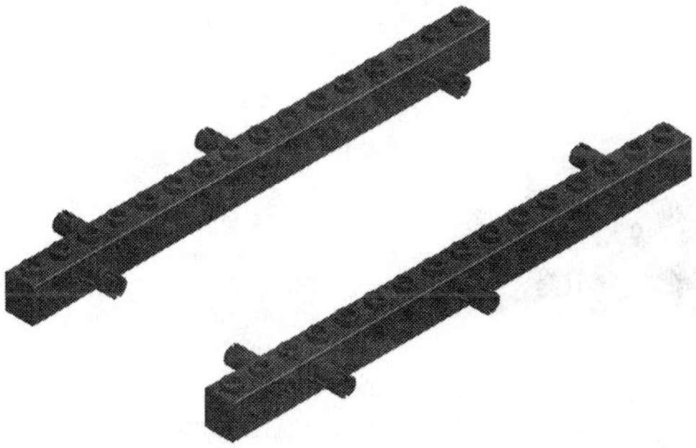

Abbildung 5.1 Tankbot Schritt 1

In Schritt 2 werden ein weiteres Trägerpaar sowie zwei 2x8-Platten am Fahrgestell angebracht. Bei einer Breite des RCX von 8 Einheiten ist die Verwendung doppelter Träger zu empfehlen, aufgrund der konischen Form des RCX reicht es jedoch nicht aus, ihn lediglich an den Seiten zu unterlegen. Ein Fahrgestell aus doppelten Trägern entspricht einerseits der Breite des RCX und gewährleistet andererseits Stabilität nach innen. Um eine bessere Rahmenverstärkung zu erzielen, wurden 2x8- anstelle von 1x8-Platten verwendet. Außerdem wurde eine Kette mit zwei Achsen versehen. In Schritt 3 wurde das gleiche Achsenpaar an der anderen Kette angebracht. Beachten Sie, dass die Achsen 12 Einheiten breit sind – dies ist der ideale Abstand für die Ketten eines Tankbots.

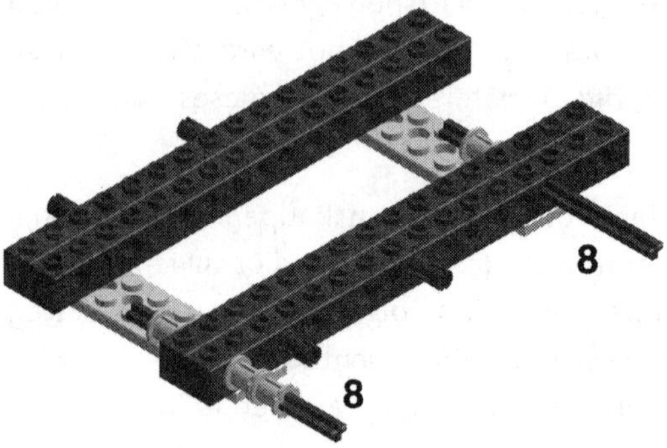

Abbildung 5.2 Tankbot Schritt 2

Die hinteren Achsen der 24er-Zahnräder werden später mit den Zahnrädern des Motors verbunden. An allen vier Achsen werden innen Buchsen befestigt, um die Achsen zu fixieren und ausreichend Platz für die Zahnradnaben bereitzustellen (werden später hinzugefügt).

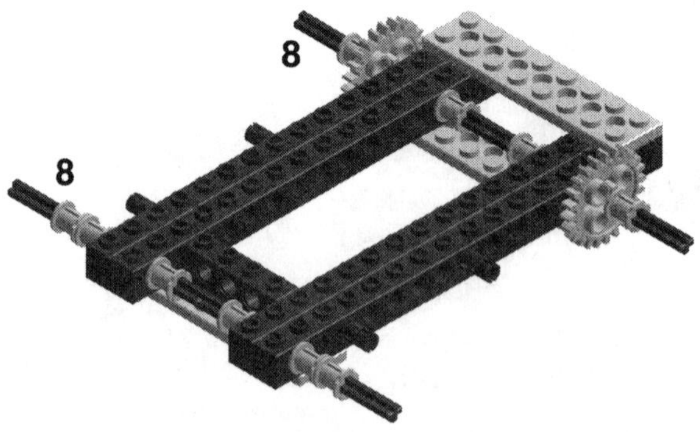

Abbildung 5.3 Tankbot Schritt 3

In Schritt 4 und 5 wird eine Plattform errichtet, auf der die Motoren angebracht werden. Häufig ist der untere Bereich der Motoren nicht eben, sodass die Plattform entsprechend konstruiert sein muss. Der Motor wird mit dem abgerundeten Unterteil in den ausgesparten Bereich der Plattform eingefügt.

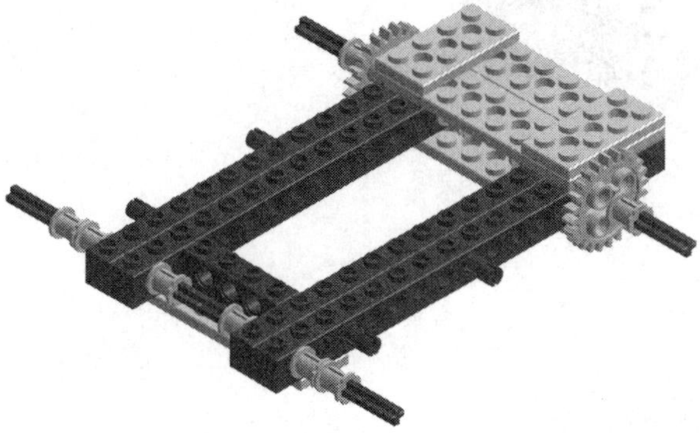

Abbildung 5.4 Tankbot Schritt 4

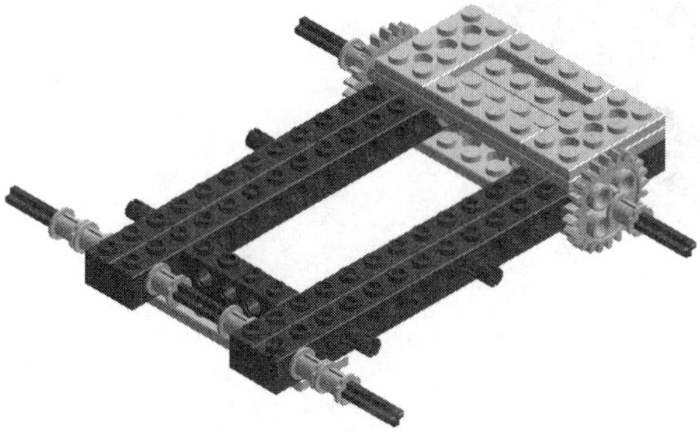

Abbildung 5.5 Tankbot Schritt 5

Die Motoren werden schließlich in Schritt 6 und 7 und der RCX in Schritt 8 hinzugefügt. Die Kabel müssen richtig angeschlossen werden, wie in den Abbildungen gezeigt. Auf diese Weise wird sichergestellt, dass sich die Motoren in die korrekte Richtung drehen und den Tankbot vorwärts bewegen, wenn der RCX einen Ausgang für eine Vorwärtsbewegung aktiviert. Zwecks Übereinstimmung mit Beispielen, die in späteren Kapiteln beschrieben werden, wird in diesem Fall davon ausgegangen, dass sich der Motor des Tankbots hinten und das IR-Fenster des RCX vorne befindet.

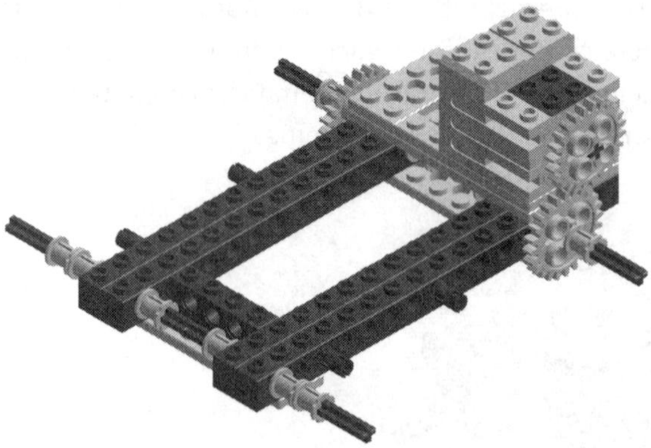

Abbildung 5.6 Tankbot Schritt 6

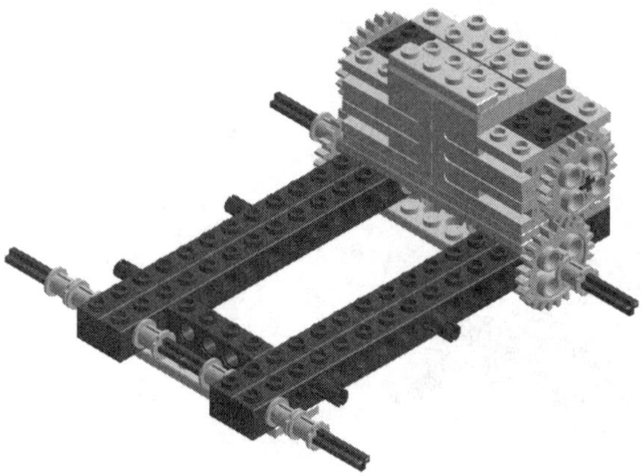

Abbildung 5.7 Tankbot Schritt 7

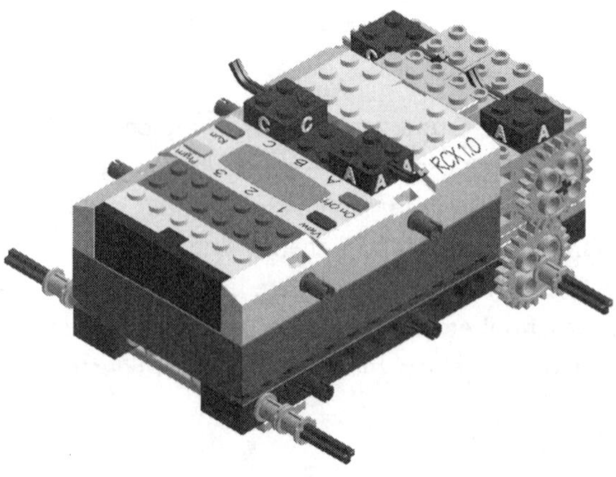

Abbildung 5.8 Tankbot Schritt 8

In Schritt 9 wird Tankbot fertig gestellt. Der RCX wird mit vier 1x6-Trägern am Fahrgestell befestigt. Damit wird vor allem verhindert, dass der RCX beim Versuch, den Tankbot vom Boden aufzuheben, versehentlich losgelöst wird. Ohne die 1x6-Träger könnte sich das Oberteil des RCX vom Unterteil lösen – die Batterien fallen dann meistens auf den Boden.

Am einfachsten werden Ketten angebracht, indem man sie um die Naben legt und dann die Kette und beide Naben auf die Achsen setzt. Das Spannen der Ketten um die bereits befestigten Naben ist wesentlich schwieriger zu bewerkstelligen. Die auf den Achsen angebrachten Naben sind dreh- und verschiebbar. Aus diesem Grund müssen sie fixiert werden. Zum Anbringen am Heck werden 16er-Zahnräder benötigt. Auf diese Weise wird sichergestellt, dass sich die Nabe synchron mit der Achse dreht. Zum Befestigen der vorderen Naben auf der Achse reichen einfache Buchsen (Zahnräder an den vorderen Achsen können wegen verstärkter Reibung eine verringerte Gesamtleistung zur Folge haben).

Abbildung 5.9 Tankbot Schritt 9

5.2 Vorwärtsbewegung

Das erste hier beschriebene Programm ist relativ einfach – es schaltet lediglich die beiden Motoren ein, sodass sich Tankbot vorwärts bewegen kann. Im Folgenden werden die mit RCX und die mit NQC kodierte Programmversion aufgezeigt.

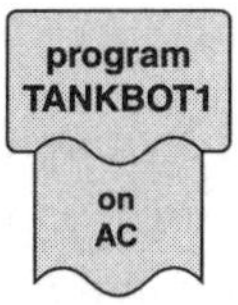

Abbildung 5.10 Tankbot-Programm 1 in RCX-Code

```
// tankbot1.nqc - Vorwärtsbewegung

#define LINKS OUT_A
#define RECHTS OUT_C
task main()
{
   On(LINKS+RECHTS);
   until(false);
}
```

Laden Sie das Programm in den RCX, und führen Sie es aus. Beginnt Tankbot sofort, sich vorwärts zu bewegen? Wenn sich Tankbot rückwärts bewegt oder eine Drehbewegung ausführt, während sich eine Kette vorwärts und die andere rückwärts bewegt, ist ein Anpassen der Kabelanschlüsse erforderlich, damit die RCX-Anweisung »Vorwärts« ausgeführt wird.

Gelegentlich kann ein leichtes seitliches Schlingern des Tankbots beim Vorwärtsbewegen auftreten. Dies ist ein normaler Vorgang und auf Ungleichmäßigkeiten beim Lauf der einzelnen Motoren, Ketten und Achsen zurückzuführen. Diese leichten Schwankungen können erhöhte einseitige Reibung zur Folge haben und zu einer Verringerung der Geschwindigkeit führen. In späteren Kapiteln werden weitere Fahrmechanismen beschrieben, mit denen dieses Problem vermieden wird, zum jetzigen Zeitpunkt müssen wir es als gegeben akzeptieren.

Wenn Sie mit der Verwendung von NQC noch nicht vertraut sind, werden Ihnen die folgenden Erklärungen zum Code weiterhelfen. In den ersten beiden Zeilen werden die Symbole LINKS und RECHTS als OUT_A und OUT_C definiert. Diese Definition ist nicht obligatorisch, Sie können statt dessen auch Folgendes verwenden:

```
On(OUT_A + OUT_B);
```

Die Bezeichnungen für die Ausgänge und Sensoren sollten am Anfang des Programmcodes aufgeführt werden. Innerhalb des Codebereichs sollten sie durch ihre Funktion (z. B. LINKS) und nicht durch Bezeichnen des einzelnen Ausgangs oder Sensors unterschieden werden. Der Code ist leichter lesbar und muss bei einem eventuellen Wechsel der Verbindungen einzelner Motoren und Sensoren nicht neu bearbeitet werden.

Anweisungen sind ein weiterer wichtiger Bestandteil des Programmiercodes:

```
until(false);
```

Ohne diese Anweisung würde das Programm nach dem Einschalten der Motoren die Ausführung beenden. Die Motoren führen dann einen Linkslauf durch und können nur durch Ausschalten des RCX angehalten werden. Sie können mit dem

RCX ein Programm anhalten, indem Sie auf die Taste **Run** drücken; auf diese Weise werden auch alle Motoren ausgeschaltet. Da die Programmausführung fast beendet ist, kann das Programm durch Drücken von **Run** nicht angehalten werden – die Programmausführung wird statt dessen ein zweites Mal gestartet! Mit der Anweisung `until` wird eine unendliche Schleife ausgeführt (Warteschleife, die nicht durch ein Ereignis abgelöst wird), und das Programm läuft weiter, ohne anzuhalten. Auf diese Weise können über die Taste **Run** sowohl das Programm als auch die Motoren angehalten werden.

5.3 Drehen

Die meisten im Alltag verwendeten Fahrzeuge auf Rädern, z. B. Fahrräder und Automobile, werden über die Richtungsänderung der Räder gelenkt, das gesamte Fahrzeug wird dann in die gewünschte Richtung gesteuert. Tankbot kann jedoch die Winkel seiner Ketten nicht verändern. Wie kann er gesteuert werden?

Dieses Problem ist mithilfe der Geometrie erklärbar. Stellen Sie sich ein Auto vor, das im Kreis fährt. Die Radspuren bilden zwei konzentrische Kreise, wobei die äußeren Räder einen etwas größeren Kreis zurückgelegt haben als die inneren Räder. Da beide Räderpaare den Kreis in derselben Zeit fahren, müssen die äußeren Räder pro Sekunde mehr Strecke zurücklegen als die inneren. Unter der Voraussetzung, dass die Räder alle die gleiche Größe aufweisen, drehen sich die äußeren Räder etwas schneller als die inneren Räder.

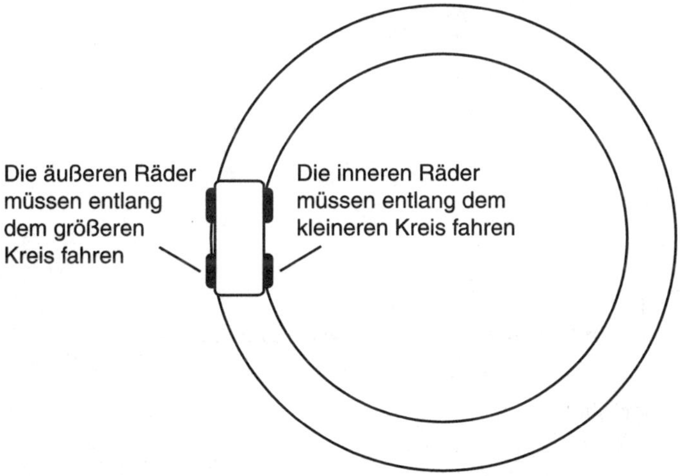

Abbildung 5.11 Drehen

Beim Steuern des Tankbots läuft der umgekehrte Vorgang ab. Tankbot beginnt sich zu drehen, sobald eine Kette schneller läuft als die andere.

Wir beginnen mit einem Programm, mit dem Tankbot vor- und rückwärts fahren kann. Dazu werden die folgenden Schritte wiederholt ausgeführt:

- nach rechts drehen
- geradeaus vorwärts bewegen
- nach links drehen
- geradeaus vorwärts bewegen

Die Drehbewegung wird ausgeführt, indem ein Motor mit halber Kraft und der andere mit voller Kraft läuft.

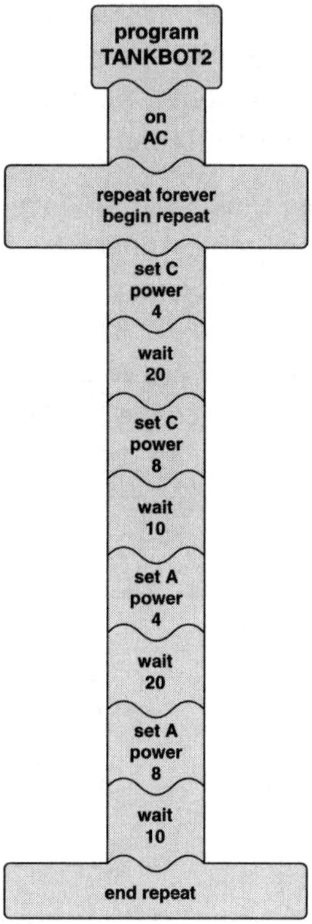

Abbildung 5.12 Tankbot-Programm 2 in RCX-Code

```
// tankbot1.nqc - Vorwärtsbewegung

// Motoren
#define LINKS  OUT_A
#define RECHTS OUT_C
```

```
// Zeitdauer der Dreh- und Vorwärtsbewegung
#define DREH_ZEIT     200
#define GERADE_ZEIT      100

// Motorgeschwindigkeit beim Drehen
#define DREH_KRAFT 3

task main()
{
   // Startet mit zwei eingeschalteten Motoren
   On(LINKS+RECHTS);

   // Wiederholt jedes Mal die folgenden Schritte
   while(true)
   {
      // Dreht nach rechts durch Verlangsamen der rechten Kette
      SetPower(RECHTS, DREH_KRAFT);
      Wait(DREH_ZEIT);

      // Nimmt Vorwärtsbewegung wieder auf
      SetPower(RECHTS, OUT_FULL);
      Wait(GERADE_ZEIT);

      // Dreht nach links
      SetPower(LINKS, DREH_KRAFT);
      Wait(DREH_ZEIT);

      // Nimmt Vorwärtsbewegung wieder auf
      SetPower(LINKS, OUT_FULL);
      Wait(GERADE_ZEIT);
   }
}
```

Alle Programmbestandteile, die im späteren Verlauf eventuell geändert werden (z. B. Ausgangsanschlüsse, die Zeitdauer des Drehvorgangs oder die Drehgeschwindigkeit), werden als Konstanten am Anfang des NQC-Programmcodes definiert.

Die Ergebnisse fallen möglicherweise nicht besonders ins Gewicht. Bei der Drehdauer ist eventuell kein Unterschied zu bemerken, während beim Drehen nach rechts und nach links leichte Differenzen auftreten. Warum funktioniert diese Methode nicht?

Der RCX kann die Motorengeschwindigkeit nicht direkt steuern. Statt dessen speist er den Motor mit wechselnder Stromstärke. Diese LEGO-Motoren sind so konstruiert, dass sie die Energie sehr gut ausnutzen, weshalb sie über ein integriertes Schwungrad verfügen, das als Schwungmasse fungiert. Das Schwungrad ist besonders wirksam, wenn der Motor sehr wenig physikalischen Widerstand (**Last** genannt) aufweist. Das Starten des Motors ist sehr energieintensiv, da das Schwungrad auch in Bewegung und auf eine entsprechende Umdrehung gebracht werden muss. Sobald jedoch ein Motor mit wenig Last (z.B. ein Motor, der ein Zahnrad antreibt, das mit keinen anderen Bauteilen verbunden ist) läuft, kann er die Geschwindigkeit mit geringer externer Energie aufrechterhalten. In diesem Fall ist es nicht relevant, ob der RCX viel oder wenig Strom zum Motor schickt, denn dessen Geschwindigkeit bleibt konstant. Unter einer hohen Last (Fahren eines Fahrzeugs über einen Teppich) ist das Schwungrad weniger wirksam, und das Ändern der Leistungsstufe wirkt sich stärker auf die Geschwindigkeit aus.

Mit dem Tankbot kann die für Drehvorgänge verwendete Leistungsstufe (durch Einstellen von DREH_KRAFT) angepasst oder der Motor sogar vollständig ausgeschaltet werden. Ein besonderes Merkmal eines auf Kettenantrieb basierenden Modells ist die sehr gute Drehbarkeit auf der Stelle; dazu läuft die eine Kette rückwärts, während die andere weiterhin vorwärts läuft.

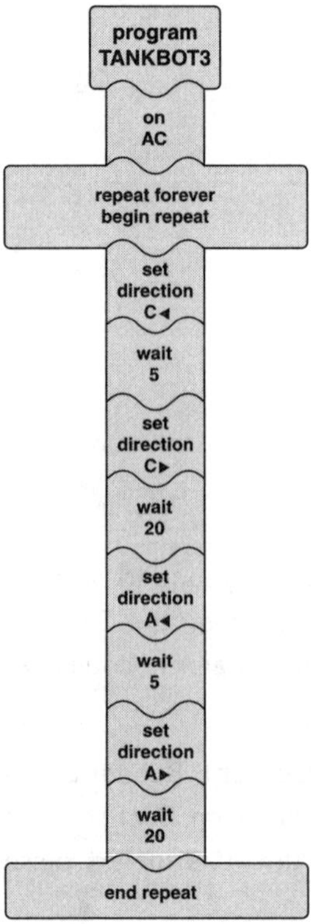

Abbildung 5.13 Tankbot-Programm 3 in RCX-Code

Mithilfe dieser Technik wird der Drehvorgang von 2 Sekunden auf 1 Sekunde reduziert, und Tankbot kann schneller mit der Vorwärtsbewegung beginnen.

```
// tankbot3.nqc - Verbesserter Drehvorgang

// Motoren
#define LINKS  OUT_A
#define RECHTS OUT_C

// Zeitdauer der Dreh- und Vorwärtsbewegung
#define DREH_ZEIT     50
#define GERADE_ZEIT      200

task main()
{
   // Startet mit zwei eingeschalteten Motoren
   On(LINKS+RECHTS);
   // Wiederholt jedes Mal die folgenden Schritte
   while(true)
   {
      // Dreht nach rechts durch Umkehren der rechten Kette
      Rev(RECHTS);
      Wait(DREH_ZEIT);

      // Nimmt Vorwärtsbewegung wieder auf
      Fwd(RECHTS);
      Wait(GERADE_ZEIT);

      // Dreht nach links durch Umkehren der linken Kette
      Rev(LINKS);
      Wait(DREH_ZEIT);

      // Nimmt Vorwärtsbewegung wieder auf
      Fwd(LINKS);
      Wait(GERADE_ZEIT);
   }
}
```

5.4 Zusammenfassung

Herzlichen Glückwunsch, Sie haben nun den ersten Roboter dieses Handbuchs konstruiert. Tankbot ist zwar relativ einfach, jedoch dienen die bei seiner Konstruktion und Programmierung verwendeten Techniken als Grundlage für die Konstruktion anderer Roboter.

Tankbot selber kann für viele Aufgaben verwendet werden. In den folgenden Kapiteln wird Tankbot mit mehreren verschiedenen Sensoren ausgestattet. Bumpbot und Bugbot verwenden Berührungssensoren zum Navigieren um Hindernisse. Linebot verwendet einen Lichtsensor, um einer auf dem Boden gezogenen Linie zu folgen. Scanbot verwendet ebenfalls einen Fotosensor (und einen weiteren Motor), um Drehvorgänge durchzuführen und eine helle Lichtquelle zu lokalisieren.

6 Bumpbot

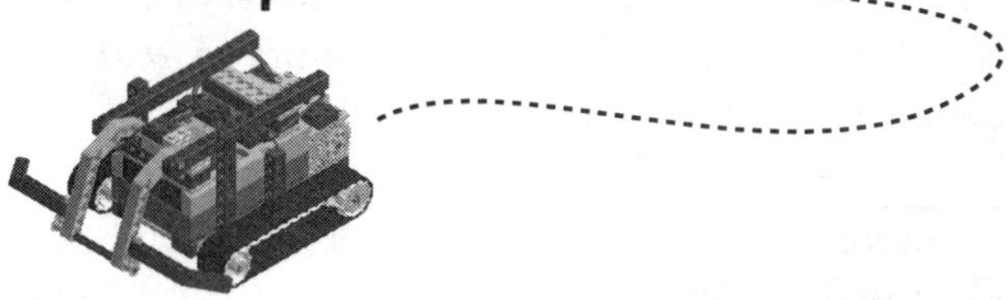

Das Ziel bei Bumpbot ist das Umherfahren, ohne sich dabei an einer Wand oder in einer Ecke festzufahren. Hierzu benötigt Bumpbot eine Art Kollisionserkennung für Hindernisse. Dies kann beispielsweise durch Einsatz eines **Stoßfängers** (damit ist das im allgemeinen Sprachgebrauch fälschlicherweise als »Stoßstange« bezeichnete Bauteil gemeint) am Basischassis von Tankbot bewerkstelligt werden. In diesem Kapitel werden zwei verschiedene Bumpbot-Versionen vorgestellt, wobei der Aufbau jeweils unterschiedlich ist.

6.1 Ein einfacher Ansatz

Ein einfacher Stoßfänger kann mithilfe eines Berührungssensors, wie nachstehend gezeigt, konstruiert werden. Eine 12er-Achse stellt den eigentlichen Stoßfänger dar, der an einer 6er-Achse angebracht ist, die einen Berührungssensor betätigen kann. Der Sensor wird vorne am zuvor gebauten Roboter (Tankbot) angebracht, und fertig ist der Bumpbot.

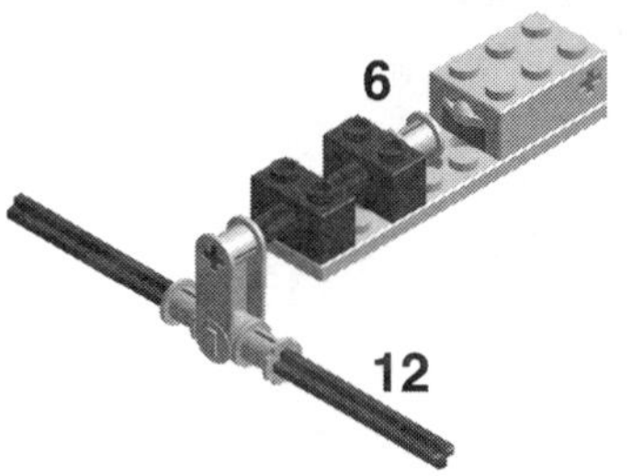

Abbildung 6.1 Einfacher Stoßfänger

Abbildung 6.2 Ein einfacher Bumpbot

Jetzt muss nur noch das Programm angepasst werden. Zunächst muss programmiert werden, dass der Bumpbot vorwärts fährt, bis er auf ein Hindernis trifft, dann etwas zurückfährt, sich etwas dreht und dann wiederum vorwärts fährt. Ein entsprechendes Programm in RCX-Code wird nachstehend gezeigt:

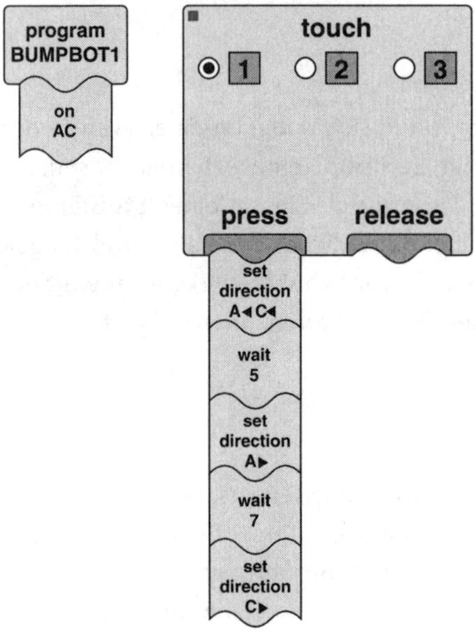

Abbildung 6.3 Einfaches Bumpbot-Programm in RCX-Code

Ein ähnliches Programm kann auch in NQC erstellt werden.

```
// bumpbot1.nqc - Ein einfacher Stoßfänger

// Sensoren
#define STOSS SENSOR_1

// Motoren
#define LINKS  OUT_A
#define RECHTS OUT_C

// Konstanten
#define RUECK_ZEIT 50
#define DREH_ZEIT  70

task main()
{
   // Konfiguriert den Sensor
   SetSensor(STOSS, SENSOR_TOUCH);
```

```
    // Fährt wieder vorwärts
    On(LINKS+RECHTS);

    // Vorgang immer wiederholen
    while(true)
    {
        // Wartet, bis der Stoßfänger auf ein Hindernis trifft
        until(STOSS == 1);

        // Fährt rückwärts
        Rev(LINKS+RECHTS);
        Wait(RUECK_ZEIT);

        // Dreht sich
        Fwd(LINKS);
        Wait(DREH_ZEIT);

        // Wiederaufnahme
        Fwd(RECHTS);
    }
}
```

Da Bumpbot einen Sensor verwendet, gibt es einige neue Elemente im NQC-Programm. Zunächst muss bei der Verwendung von Sensoren dem RCX mitgeteilt werden, welcher Sensortyp am Sensorausgang angeschlossen ist. Dies wird über den Befehl SetSensor realisiert, der die folgenden beiden Argumente unterstützt: Sensoranschluss und Sensortyp. Im Beispiel weiter oben wurde STOSS einfach als andere Bezeichnung für SENSOR_1 verwendet, genauso wie die Definitionen von LINKS und RECHTS für OUT_A bzw. OUT_C.

Die Anweisung until wurde bereits zuvor verwendet, jedoch wird hier der Sensor als Teil der Bedingung verwendet. Eine Task verbleibt in der Anweisung until, bis die zugehörige Bedingung wahr wird. In diesem Fall wird auf die Bedingung STOSS == 1 gewartet. STOSS ist eine weitere Bezeichnung für den Berührungssensor und bedeutet, dass gewartet wird, bis der Wert des Berührungssensors gleich 1 ist.

NQC ist sehr an die Syntax der Programmiersprache C angepasst – dies hat Vor- und Nachteile. In C bedeuten die Zeichen = und == unterschiedliche Dinge. Insbesondere wird das Zeichen = zur Zuweisung eines Wertes zu einer Variablen verwendet, wohingegen das Zeichen == zur Überprüfung der Gleichheit verwendet wird (Vergleich von zwei Werten). Dies ist für Einsteiger in Programmiersprachen recht häufig verwirrend. Bei C gibt es einen guten Grund für diese Unterscheidung, bei NQC jedoch nicht. Dennoch ist NQC an die Syntax von C angepasst.

6.2 Ein verbesserter Stoßfänger

Der erste Stoßfänger ist sehr einfach zu bauen, jedoch gibt es das Problem, dass bei einem Aufprall die gesamte Energie direkt auf den Berührungssensor und somit auf das ganze Modell wirkt. Darüber hinaus kann der RCX nicht sofort reagieren, sodass sich der Motor für eine kurze Dauer weiterdreht und den Druck auf den Stoßfänger sowie den Sensor weiter erhöht. Der augenscheinlichste Effekt dieses Wirkens ist das Abfallen des Stoßfängers nach einer ausreichenden Anzahl an Zusammenstößen.

Der Stoßfänger könnte zwar verstärkt und weiter befestigt werden (beispielsweise mit einer vertikalen Verstrebung), jedoch würde der Druck auf den Berührungssensor dadurch nicht verhindert. Dieser wiederholte Aufprall muss verhindert werden, sodass ein Stoßfänger benötigt wird, der beim Aufprall nachgibt und dem RCX eine längere Reaktionszeit ermöglicht.

Zur Verbesserung der Konstruktion des Bumpbots werden zunächst die Raupenketten und vorderen 1x6-Träger des Tankbots entfernt, wie in Schritt 1 dargestellt.

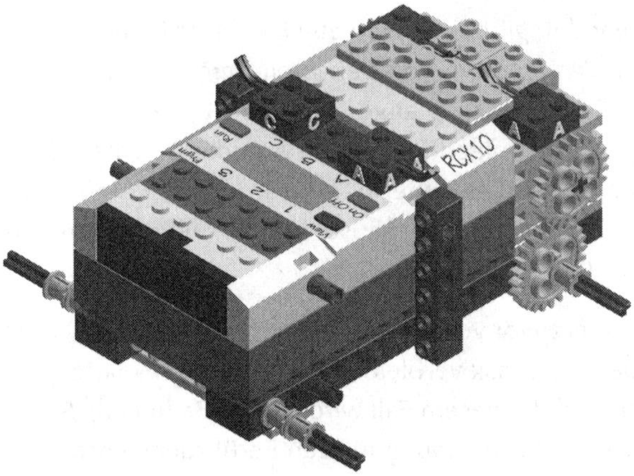

Abbildung 6.4 Bumpbot Schritt 1

Anschließend werden Befestigungen für die Stoßfängereinheit in den Schritten 2 und 3 gebaut. Beim Stoßfänger selber handelt es sich um eine drehbare Struktur, die mithilfe eines Gummibands nach vorne »gestreckt« wird. Der graue Zapfen an der Vorderseite des 1x16-Trägers dient als Drehpunkt, während der schwarze Zapfen als Verankerungspunkt für das Gummiband dient. Obwohl diese Zapfen gleich aussehen (ausgenommen die Farbe), weisen sie einige Unterschiede auf und werden verschieden verwendet. Der graue Zapfen ist etwas kleiner als die Löcher in den Trägern (und anderen Teilen). Mit diesem Zapfen verbundene Teile können sich daher frei drehen. Im Gegensatz dazu ist der schwarze Zapfen etwas breiter und hält Teile fester zusammen. Aus diesem Grund wird der schwarze Zapfen häufig **Verbindungszapfen** genannt. Er sollte immer verwendet werden, wenn Drehen nicht erforderlich ist.

Abbildung 6.5 Bumpbot Schritt 2

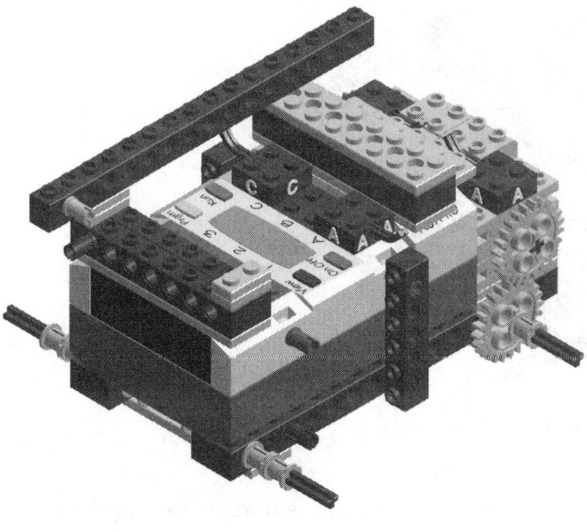

Abbildung 6.6 Bumpbot Schritt 3

Schritt 4 zeigt den Aufbau einer Hälfte des Stoßfängers. Der schwarze **Winkelträger** ergibt zusammen mit einer Achse einen ordentlichen Stoßfänger, und der gelbe **Doppelwinkelträger** bietet eine einfache Möglichkeit, den Stoßfänger auf die Vorderseite des RCX zu verlängern. Diese beiden Teile sind häufig eine gute Wahl beim Entwurf von Stoßfängern. Der schwarze Winkelträger wird an der Achse mit einem speziellen Teil, **Halter** genannt, befestigt (in Schritt 6 sehen Sie das besser).

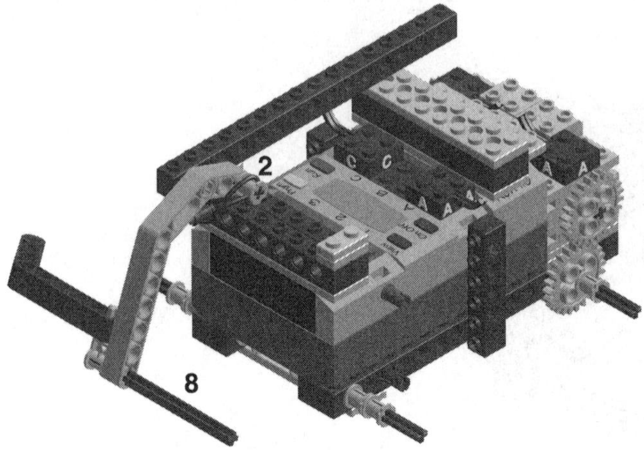

Abbildung 6.7 Bumpbot Schritt 4

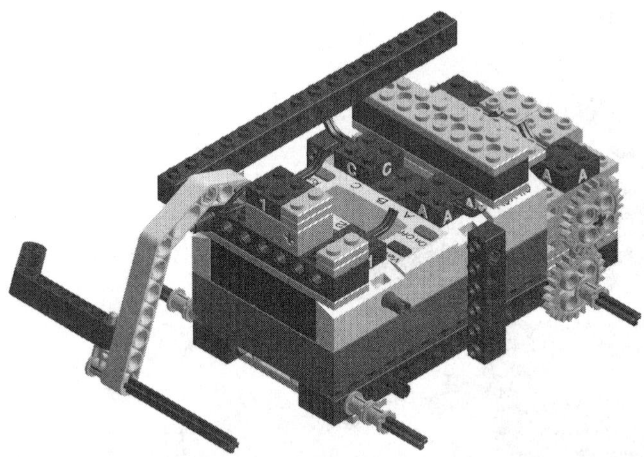

Abbildung 6.8 Bumpbot Schritt 5

An einem Ende des Doppelwinkelträgers sind eine Buchse und eine 2er-Achse befestigt. Diese Teile erfüllen einen doppelten Zweck: Sie bilden den Verankerungspunkt für das kleine schwarze Gummiband und ermöglichen es dem Stoßfänger, den in

Schritt 5 hinzugefügten Berührungssensor zu aktivieren. Der Sensor muss mit Anschluss 1 am RCX verbunden werden. Die zusätzlichen 1x2-Platten auf dem Berührungssensor haben eine wichtige Funktion, die ein wenig später offensichtlich wird.

Die andere Hälfte des Stoßfängers wird in Schritt 6 fertig gestellt. Diese Hälfte ist nahezu identisch mit der ersten Hälfte mit der Ausnahme, dass sie die 2er-Achse und die Buchse nicht benötigt.

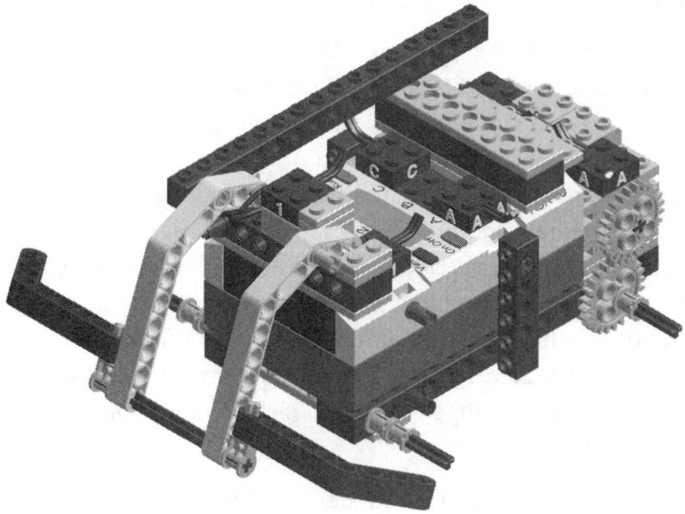

Abbildung 6.9 Bumpbot Schritt 6

Abbildung 6.10 Bumpbot Schritt 7

Schritt 7 stellt den Roboter fertig. Tankbot verwendete vier 1x6-Träger, um den RCX am unteren Rahmen zu fixieren. In Bumpbot wird ein Paar 1x6-Träger verwendet, um die Rückseite des RCX zu fixieren. Die Vorderseite wird jedoch mit 1x10-Trägern »geklammert«, die vom unteren Rahmen bis hoch zu den 1x16-Trägern gehen, die den Stoßfänger selbst aufnehmen. Diese vertikale Klammerung sorgt dafür, dass der Stoßfänger auch nach mehreren Zusammenstößen intakt bleibt. Zum Schluss müssen noch die Ketten und Naben befestigt und fixiert werden (wieder mit Buchsen vorne und 16er-Zahnrädern hinten).

Dieser neue Stoßfängeraufbau hat einen größeren Bewegungsbereich als der am Anfang des Kapitels vorgestellte einfache Stoßfänger. Der Stoßfänger wird normalerweise durch die Spannung des Gummibands nach vorne gestreckt. In dieser Position wird der Berührungssensor von dem kleinen Arm am Ende des Doppelwinkelträgers gedrückt. Bei einem Zusammenstoß wird die Vorderseite des Stoßfängers eingedrückt, was zu einer Drehung des Doppelwinkelträgers führt und den Arm vom Berührungssensor abhebt. Nachdem der Berührungssensor ausgelöst wurde, kann der Stoßfänger noch etwas weiter eingedrückt werden, ohne dass dies dem Bumpbot ernsthaften Schaden zufügt. Dies verschafft dem RCX zusätzliche Zeit, um auf den Sensor zu reagieren. Selbst im schlimmsten Fall würde jeder Stoß von der Stoßfängerstruktur abgefangen und nicht vom Berührungssensor selbst.

Denken Sie noch an diese zusätzlichen Platten auf dem Berührungssensor? Die für den Stoßfänger verwendeten Doppelwinkelträger neigen dazu, ein wenig zu wackeln. Ohne diese Platten wäre es möglich, dass der Stoßfänger über dem Berührungssensor hängen bleibt. Die zusätzlichen Platten stellen sicher, dass der Doppelwinkelträger an Ort und Stelle bleibt, wenn er sich dreht.

6.3 Ein verbessertes Programm

Wir müssen das Programm leicht ändern, da der Berührungssensor jetzt beim normalen Betrieb gedrückt und dann losgelassen wird, wenn der Stoßfänger irgendwo anstößt. Dies lässt sich problemlos erreichen, indem die `until`-Anweisung geändert wird.

```
until(STOSS==0);
```

Bumpbot bietet auch zu wenig Überraschungen; es wäre interessanter, wenn er sich jedes Mal um einen anderen Betrag drehen würde, sobald er auf ein Hindernis stößt. Der RCX hat die Fähigkeit, eine Zufallszahl zwischen 0 und einer von uns gewählten Zahl zu generieren. Wir können dann diese Zahl als Drehdauer verwenden. Leider führt dies meistens dazu, dass Bumpbot sich häufig nur ein sehr kleines Stück weiter dreht, sodass er viele Versuche benötigt, um sich von einer

Wand wegzudrehen. Wir hätten aber gern, dass sich Bumpbot immer um einen bestimmten Mindestwert und außerdem um einen zusätzlichen zufälligen Wert dreht. Wir können dies in NQC ganz einfach erreichen, indem wir zum Zufallswert einen konstanten Wert addieren.

```
Wait(DREH_MINIMUM + Random(ZUFALLSDREHUNG));
```

Nachdem Sie beide Änderungen eingebaut haben, sieht der neue Bumpbot-Code wie folgt aus:

```
// bumpbot2.nqc - Verbesserter Sensoraufbau

// Sensoren
#define STOSS SENSOR_1

// Motoren
#define LINKS  OUT_A
#define RECHTS OUT_C

// Konstanten
#define RUECK_ZEIT 50
#define DREH_MIN   70
#define ZUFALLSDREHUNG50

task main()
{
   // Sensor konfigurieren
   SetSensor(STOSS, SENSOR_TOUCH);
   // Beginnt Vorwärtsfahrt
   On(LINKS+RECHTS);

   // Vorgang ständig wiederholen
   while(true)
   {
      // Warten, bis der Stoßfänger auf ein Hindernis trifft
      until(STOSS == 0);

      // Rückwärts fahren
      Rev(LINKS+RECHTS);
      Wait(RUECK_ZEIT);
```

```
        // Drehen
        Fwd(LINKS);
        Wait(DREH_MIN + Random(ZUFALLSDREHUNG));

        // Wiederaufnahme
        Fwd(RECHTS);
    }
}
```

Ähnliche Änderungen können auch am RCX-Code-Programm vorgenommen werden.

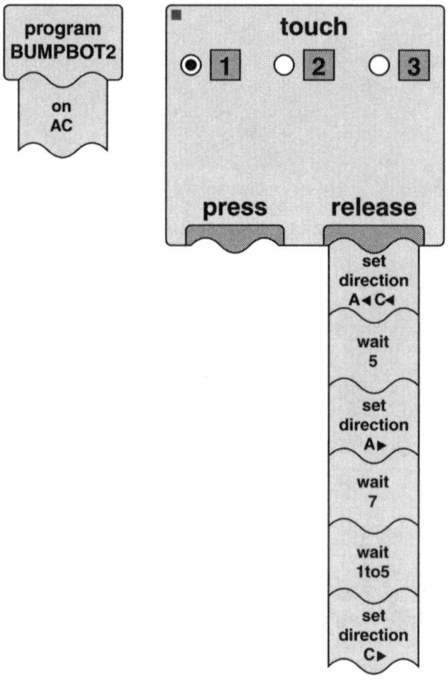

Abbildung 6.11 Verbesserter Bumpbot in RCX-Code

6.4 Zusammenfassung

Durch die Fähigkeit, auf seine Umgebung zu reagieren, ist Bumpbot etwas interessanter als Tankbot. Es lassen sich komplexere Versionen mit Stoßfänger vorne und hinten oder einem komplizierteren Stoßfänger bauen, der zwischen Hindernissen auf der linken und rechten Seite unterscheiden und entsprechend reagieren kann. In jedem Fall kann die grundlegende Fähigkeit, umherzufahren und Hindernissen auszuweichen, als Einstieg in die Konstruktion komplizierterer Fahrzeuge dienen.

7 Bugbot

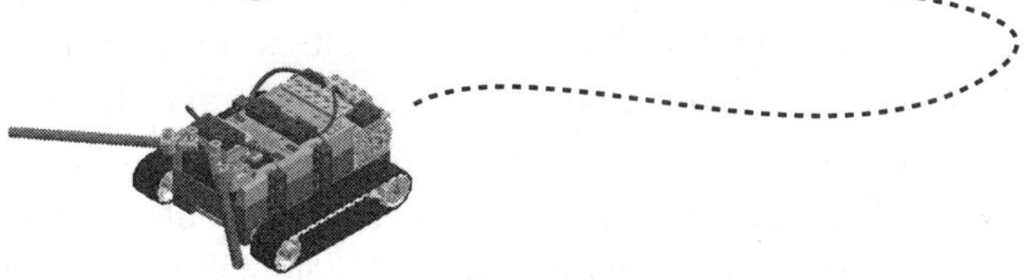

Bugbot erweitert das mit Tankbot eingeführte Fahrgestell nochmals, diesmal durch Hinzufügen von zwei antennenartigen Fühlern, die Bugbot sein besonderes Aussehen verleihen. Bugbot mit seinen höher entwickelten Sensoren und Programmen kann sich viel besser um Hindernisse bewegen als die bisher gebauten Bumpbots. Auch die RCX-Timer- und Zählerfunktionen werden verwendet. Außerdem werden die Begriffe **simultanes** und **synchrones** Verhalten eingeführt.

7.1 Aufbau

Um Bugbot bauen zu können, müssen Sie zunächst Tankbot bauen (siehe Kapitel 5). Wenn Sie gerade erst Bumpbot fertig gestellt haben, müssen Sie diese Änderungen rückgängig machen und Tankbot in seiner ursprünglichen Form wiederherstellen.

Bei den bisherigen Robotern wurden Motoren und Sensoren angebracht und anschließend Kabel zwischen den Motoren oder Sensoren und dem RCX selbst verlegt. Bei Bugbot ist jedoch die Fühlerbaugruppe über den RCX-Eingängen angebracht; daher ist es erforderlich, vorher zwei Kabel (es reichen kurze Kabel) mit den Eingängen 1 und 3 zu verbinden. Schritt 1 zeigt, wie diese Kabel und vier **Kreuzträger** zum ursprünglichen Tankbot hinzugefügt werden. Kreuzträger ähneln normalen Trägern, mit der Ausnahme, dass sie anstelle des kreisförmigen ein kreuzförmiges Loch aufweisen. Aus diesem Grund kann mithilfe von Kreuzträgern ein Drehen der Achse verhindert werden. Sie fixieren eine Achse auch stärker als normale Träger.

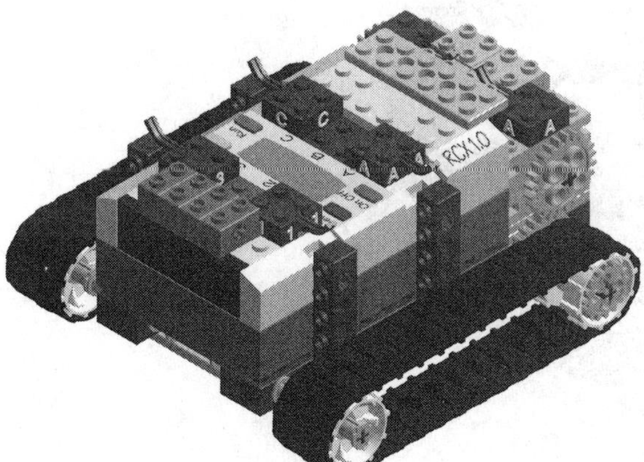

Abbildung 7.1 Bugbot Schritt 1

In Schritt 2 und 3 wird der Aufbau konstruiert, der zur Aufnahme der Fühler dient. Die Teile an den Enden der Achse werden **1x3-Winkelbuchsen** genannt. Diese Teile (und ihre kürzeren Verwandten) sind ziemlich vielseitig: Ein Ende hat ein kreuzförmiges Loch (Drehbewegungen werden verhindert), während das andere Ende ein kreisförmiges Loch hat (Drehbewegungen sind möglich). Als Abstandhalter zwischen den Winkelbuchsen und Kreuzträgern werden Muffen verwendet. Ohne die Abstandhalter wäre es schwierig, beide Winkelbuchsen gleich weit von den Kreuzträgern zu platzieren, die Fühler wären daher nicht symmetrisch. Außerdem wird ein Paar Berührungssensoren hinzugefügt. Diese werden von den Fühlern aktiviert, wenn sich Bugbot einem Hindernis nähert.

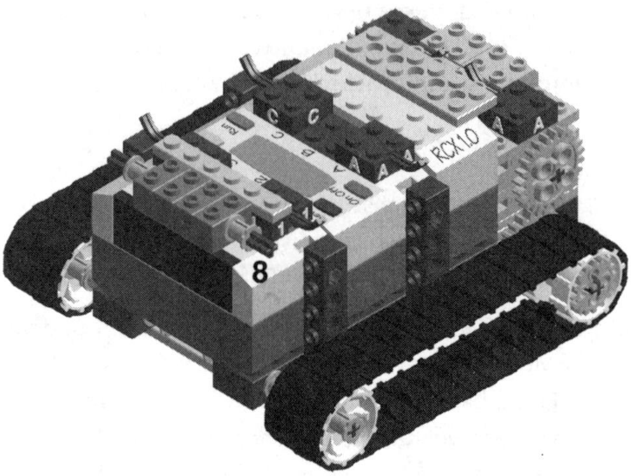

Abbildung 7.2 Bugbot Schritt 2

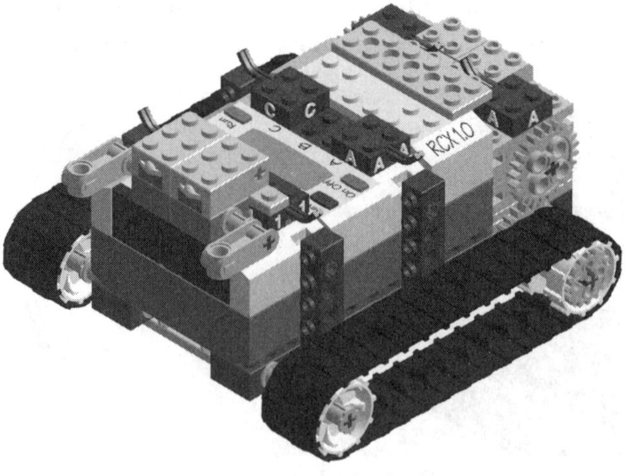

Abbildung 7.3 Bugbot Schritt 3

Eine 6er-Achse wird durch beide Berührungssensoren geführt und durch zwei Muffen fixiert. Diese Muffen werden später verwendet, um zwei Gummiriemen zu fixieren. Die Fühler bauen auf 6er-Achsen auf. Zur Verbindung der Achse mit dem Zapfen, der als Drehpunkt dient, werden Winkelbuchsen verwendet. Auch hier dienen wieder Muffen als Abstandhalter. Gummiriemen drücken den Fühler gegen den Berührungssensor. Die blauen Riemen sind etwas zu lose. Wenn sie jedoch ein zweites Mal um die hintere Muffe gewickelt werden, ist die Spannung genau richtig.

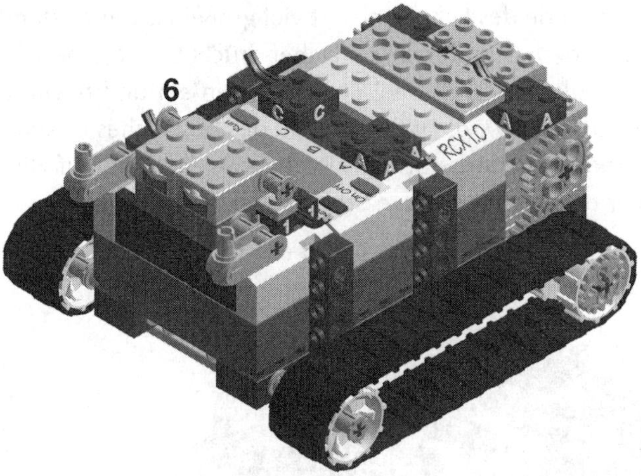

Abbildung 7.4 Bugbot Schritt 4

Abbildung 7.5 Bugbot Schritt 5

Nun sind nur noch wenige Kleinigkeiten zu tun. Die Berührungssensoren müssen mithilfe der Kabel aus Schritt 1 am RCX befestigt werden, und ein als **Haltekreuz** bezeichnetes Teil wird auf beide Fühlerachsen aufgesteckt. Dieses Teil erfüllt zwei Zwecke: Es verhindert, dass der Gummiriemen vom Fühler abrutscht, und es sorgt für besseren Kontakt mit dem Berührungssensor, als dies allein durch die Achse möglich ist. Flexibler geriffelter Schlauch wird auf die Fühler gesteckt, um sie zu verlängern (am besten eignet sich der längere magentafarbene Schlauch). Dieser Schlauch bildet eine Art Hebel. Der Gummiriemen zieht an einer Seite des Drehpunkts, während ein Hindernis den Fühler in die andere Richtung stößt. Der Abstand vom Drehpunkt zum Ende des Schlauches ist viel größer als der Abstand zwischen dem Drehpunkt und dem Gummiriemen. Daher drückt bereits eine sehr kleine auf den Schlauch einwirkende Kraft den Gummiriemen ein und bewirkt, dass der Berührungssensor ausgelöst wird. Die Flexibilität des Schlauches in Kombination mit der Drehpunktkonstruktion gibt dem RCX genügend Zeit, auf Hindernisse zu reagieren, bevor der Bugbot kräftige Stöße abbekommt.

Abbildung 7.6 Bugbot Schritt 6

7.2 RCX-Code-Blöcke

Bevor wir in die Details zum Schreiben eines Programms für Bugbot gehen, müssen wir den RCX-Code näher erläutern. Ein RCX-Code-Programm besteht aus einzelnen **Codeblöcken**. Diese Blöcke sind in **Stapeln** gruppiert.

Das RCX-Code-Konzept eines Stapels darf nicht mit dem traditionelleren Konzept eines Stapels (Stack) der Informatik verwechselt werden. In RCX-Code ist ein Stapel lediglich eine Gruppe einzelner Codeblöcke.

Alle Programme beginnen mit einem **Programmblock**, der den Namen des Programms enthält. Der unter dem Programmblock stehende Stapel wird bei jeder Ausführung des Programms ausgeführt. Die übrigen Codeblöcke fallen in vier Kategorien: **Befehle**, **Sensor Watcher**, **Stack Controller** und **My Commands**.

Befehle sind grün gefärbt und repräsentieren eine einzelne Aktion, wie z.B. Einschalten eines Motors oder Wiedergeben eines Klangs. Befehle erledigen gewissermaßen die gesamte eigentliche Arbeit eines Programms, während die anderen Blocktypen lediglich dazu dienen, die Befehle zu organisieren und zu koordinieren.

Sensor Watcher sind blau gefärbt. Sie werden zur Überwachung eines Sensors (oder einer anderen Eingangssignalquelle, wie z.B. Timer oder Zähler) verwendet. Der RCX prüft ständig alle Sensor Watcher. Wenn die entsprechende Bedingung erfüllt ist, wird der Stapel unter dem Watcher ausgeführt. Unter einigen Sensor Watchern steht ein einziger Stapel; andere lassen zwei verschiedene Bedingungen zu und können zwei Stapel haben. Sensor Watcher stehen immer am Anfang von Stapeln; sie können nicht unter einen anderen Block gesetzt werden.

Die rot gefärbten **Stack Controller** ähneln Sensor Watchern. Viele Stack Controller prüfen auf ähnliche Bedingungen wie ein Sensor Watcher. Diese Bedingungen können verwendet werden, um einen von zwei Ausführungspfaden (**Check & Choose**) zu wählen, eine Gruppe von Blöcken wiederholt auszuführen (**Repeat while**) oder auf die Erfüllung einer Bedingung zu warten (**Wait until**). Es gibt auch Stack Controller, die eine Gruppe von Befehlen wiederholen, ohne Sensoren zu prüfen (**Repeat** und **Repeat forever**). Die Wiederholung einer Gruppe von Befehlen wird üblicherweise **Schleife** genannt. Im Gegensatz zu Sensor Watchern stehen Stack Controller in der Mitte (oder am Ende) von Stapeln, nicht am Anfang.

Die 4. Blockkategorie ist **My Commands**. Sie ist gelb gefärbt. **My Commands** ermöglicht es Ihnen, einem RCX-Code-Programm eigene Befehle hinzuzufügen und diese Befehle dann ähnlich wie normale Befehle zu verwenden. In der ursprünglichen Version von RCX-Code beginnt die Definition eines **My Command** mit einem Block, der einem Programmblock sehr ähnlich sieht. Der Block ist jedoch gelb gefärbt und enthält den Text »my commands« gefolgt von dem Namen des Befehls (den Sie angeben). Unterhalb dieses Blocks kann ein Stapel mit normalen Befehlen und Stack Controllern erstellt werden. In Version 1.5 von RCX-Code hat ein **My Command** laut Definition einen Anfangs- und Endeblock (ebenfalls gelb), und Befehle werden zwischen diese Blöcke gesetzt. Abgesehen vom äußeren Erscheinungsbild besteht der große Unterschied darin, dass in Version 1.5 eine Befehlsdefinition mitten in einen anderen Stapel gesetzt werden kann.

Das Gegenstück zu einem Definitionsblock ist ein Aufrufblock, der sehr ähnlich wie ein normaler Befehlsblock aussieht. Der Aufrufblock enthält den Namen des Befehls und kann anderen Stapeln hinzugefügt werden. Sie können sogar denselben **My Command** mehrmals verwenden, indem Sie mehrere Aufrufblöcke in die anderen Stapel setzen. Bei Verwendung von Version 1.5 kann die Definition selbst in einen anderen Stapel gesetzt werden; in einigen Fällen werden daher keine

Aufrufblöcke verwendet. Ein Beispiel einer Befehlsdefinition (in RCX-Code 1.0 und 1.5) und eines Aufrufs finden Sie weiter unten. Im weiteren Verlauf des Buches werden Darstellungen aus der Version 1.0 verwendet.

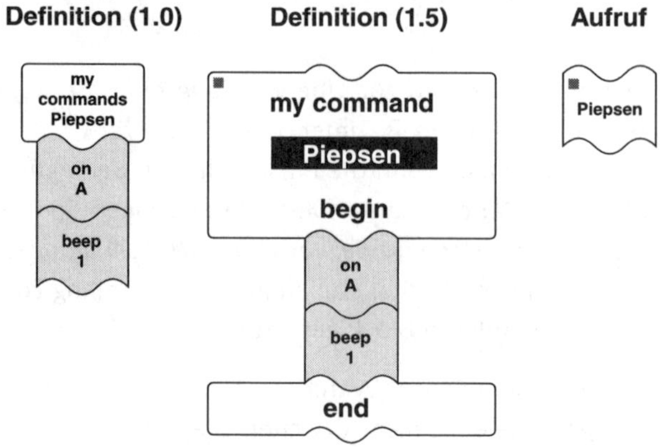

Abbildung 7.7 »My Commands«

Wenn Sie Version 1.0 verwenden, gibt es zwei erhebliche Einschränkungen, wenn Blöcke in RCX-Code-Programme gesetzt werden sollen. Die erste Einschränkung besteht darin, dass ein Stapel nicht mehr als einen Stack Controller enthalten kann. So darf zum Beispiel ein **Check & choose**-Controller nicht in denselben Stapel wie ein **Repeat forever**-Controller gesetzt werden. Die zweite Einschränkung besteht darin, dass ein **My Command** keinen anderen **My Command** (oder sich selbst) aufrufen darf. Die Version 1.5 kennt keine solchen Beschränkungen.

7.3 Mehrere Watcher

Das Ziel des Bugbot-Programms liegt darin, Bugbot vorwärts fahren zu lassen, bis er auf einen Gegenstand stößt. Wenn das Hindernis vom rechten Fühler entdeckt wird, sollte der Bugbot etwas zurückfahren und nach links schwenken. Wenn sich das Hindernis links befindet, sollte der Bugbot zurückfahren und nach rechts schwenken. Die naheliegendste Lösung, dieses Ziel in RCX-Code zu erreichen, besteht in der Verwendung eines Sensor Watchers für jeden Fühler. Wie Sie sehen können, erfolgt das Zurückfahren und Schwenken durch Umkehren der Drehrichtung eines Motors, während der andere angehalten wird. Wir fahren zurück und schwenken nur so lange, bis der Fühler das Hindernis nicht mehr berührt.

Um den Ablauf des vorstehenden Programms vollständig zu verstehen, muss man sich ins Gedächtnis rufen, dass der RCX Multitasking unterstützt. Ein Programm kann mehrere Tasks definieren, und eine beliebige Anzahl davon kann gleichzeitig aktiv sein. Wenn nur eine einzige Task aktiv ist, werden ihre Anweisungen nacheinander ausgeführt. Wenn jedoch mehrere Tasks aktiv sind, durchläuft der RCX alle aktiven Tasks, wobei er von jeder Task eine einzige Anweisung ausführt und dann zur nächsten übergeht. Vom Prinzip her ist dies ähnlich wie das Spielen eines Brettspiels mit mehreren Partnern. Jede Person kommt an die Reihe und macht einen Zug, dann geht die Kontrolle an den nächsten Spieler über. Nachdem jeder an der Reihe war, ist wieder der erste Spieler am Zug. Der RCX verfeinert das Ganze noch etwas, indem Tasks beim Ausführen eines Programms aktiv oder inaktiv werden können. Beim Brettspiel gibt es zwei äquivalente Möglichkeiten: Spieler beenden das Spiel (Tasks werden inaktiv) oder neue Spieler nehmen Teil (Tasks werden aktiv).

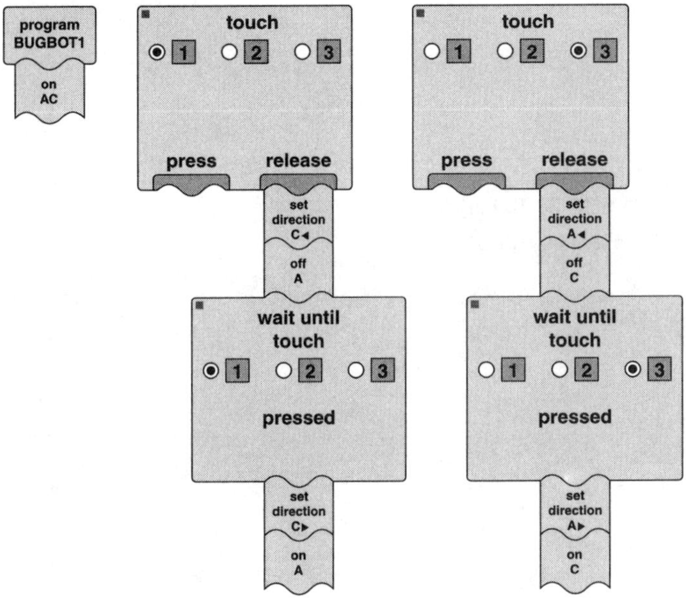

Abbildung 7.8 Mehrere Watcher in RCX-Code

In RCX-Code werden die Sensor Watcher selbst in einer Task überwacht, während die Stapel unterhalb der Watcher in eigenen separaten Tasks ausgeführt werden (eine Task pro Stapel). Im obigen Beispiel kann der RCX den Stapel unter dem ersten Sensor Watcher ausführen, während er gleichzeitig prüft, ob der zweite Sensor Watcher ausgelöst wurde.

Eine NQC-Version dieses Programms finden Sie weiter unten. Beachten Sie, dass jeder Watcher seine eigene Task hat (innerhalb einer `while`-Schleife), und die `main`-Task die Watcher-Tasks nach erfolgter Initialisierung (Konfigurieren der Sensoren und Starten der Motoren) startet. Dies ist sicherlich umständlicher als die

Verwendung von if-Anweisungen (wie bei Bumpbot), doch entspricht dieses Programm dem RCX-Code-Programm viel genauer. Und die Verwendung separater Tasks ist für unsere Diskussion wichtig.

```
// bugbot1.nqc - Verwenden mehrerer Tasks

// Sensoren
#define LTREFFER SENSOR_1
#define RTREFFER SENSOR_3

// Motoren
#define LINKS OUT_A
#define RECHTS OUT_C

task main()
{
   // Konfiguriert den Sensor
   SetSensor(LTREFFER,  SENSOR_TOUCH);
   SetSensor(RTREFFER,  SENSOR_TOUCH);

   // Beginnt Vorwärtsfahrt
   On(LINKS+RECHTS);

   start Linker_Watcher;
   start Rechter_Watcher;
}
task Linker_Watcher()
{
   while(true)
   {
      until(LTREFFER == 0);
      Off(LINKS);
      Rev(RECHTS);

      until(LTREFFER == 1);
      On(LINKS);
      Fwd(RECHTS);
   }
}
task Rechter_Watcher()
{
```

```
    while(true)
    {
        until(RTREFFER == 0);
        Off(RECHTS);
        Rev(LINKS);

        until(RTREFFER == 1);
        On(RECHTS);
        Fwd(LINKS);
    }
}
```

Versuchen Sie, beide Programme auf Bugbot auszuführen, und Sie werden sehen, wie gut er manövrieren kann. Es scheint eigentlich alles prima zu funktionieren, wenn er mit einem der Fühler auf ein Hindernis trifft, wenn er sich zum Beispiel einer Wand in einem Winkel nähert. Wenn er jedoch geradeaus auf eine Wand zufährt, bleibt er meistens regungslos stehen. Woher kommt das? An keiner Stelle im Programm haben wir Bugbot gesagt, dass er beide Motoren abschalten soll.

Das Problem kommt daher, dass die mit den rechten und linken Sensoren verknüpften Aktionen simultan (gleichzeitig) ausgeführt werden können. Im NQC-Programm sind die Tasks `Linker_Watcher` und `Rechter_Watcher` beide aktiv. Im RCX-Code-Programm sind die zwei Sensor Watcher gleichzeitig aktiv. Lassen Sie uns jetzt überlegen, was passiert, wenn die zwei Fühler ungefähr gleichzeitig mit einem Hindernis in Kontakt kommen. Nehmen wir an, der linke Fühler schlägt zuerst an. Die Task `Linker_Watcher` (oder der Watcher an Sensor 1 in RCX-Code) hält den linken Motor an, kehrt die Drehrichtung des rechten Motors um und wartet darauf, dass der Fühler in die Normalstellung zurückkehrt. Was passiert aber, wenn plötzlich der rechte Fühler bemerkt wird (da ihn die Task `Rechter_Watcher` oder der zweite Sensor Watcher abgefragt hat)? Der rechte Motor wird angehalten, und der linke Motor kehrt seine Drehrichtung um. Natürlich ist der linke Motor bereits angehalten, sodass die Umkehrung keine Wirkung hat. Das Endergebnis ist, dass beide Motoren angehalten sind und beide Watcher darauf warten, dass Sensoren gedrückt werden, was natürlich nicht passieren wird, da Bugbot sich nicht vom Hindernis wegbewegt. Dies ist ein Beispiel für versteckte Probleme, die das Programmieren und Debuggen simultaner Systeme schwierig machen.

Nun könnten Sie denken, das Problem ließe sich beheben, indem die Tasks (oder Watcher) vor dem Warten auf den Sensor nicht nur die Drehrichtung des Motors ändern, sondern ihn auch noch einschalten. In NQC könnte das Programm zum Beispiel so geändert werden:

```
task Linker_Watcher()
{

   while(true)
   {
      until(LTREFFER == 0);
      Off(LINKS);
      Rev(RECHTS);
      On(RECHTS);

      until(LTREFFER == 1);
      On(LINKS);
      Fwd(RECHTS);
   }
}

task Rechter_Watcher()
{
   while(true)
   {
      until(RTREFFER == 0);
      Off(RECHTS);
      Rev(LINKS);
      On(LINKS);

      until(RTREFFER == 1);
      On(RECHTS);
      Fwd(LINKS);
   }
}
```

Zwar verhindert dies, dass Bugbot für immer anhält, doch können immer noch Probleme auftreten, wenn beide Fühler auf ein Hindernis treffen. Im Grunde genommen kämpfen die Watcher gegeneinander. Jeder versucht, seine eigene Lage zu verbessern, bringt dadurch jedoch den anderen in eine schlimmere Lage. So kommt es, dass Bugbot zurück und vor hüpft, bis einer der Watcher schließlich »gewinnt« und Bugbot zu seinem normalen Verhalten zurückkehrt. In einigen Fällen mag dies angebracht sein, manchmal ist jedoch ein zuverlässigeres Verhalten erforderlich.

7.4 Synchrones Verhalten

Eine Alternativlösung des Problems mit mehreren Watchern besteht darin, sicherzustellen, dass immer nur auf einen Fühler reagiert wird und wir den Zustand dieses Fühlers »vergessen«, bevor der andere überprüft wird. Dies wird **synchrones**

Verhalten genannt. Dazu bauen wir in unser Programm eine Schleife ein (manchmal **Hauptschleife** genannt), die prüft, ob Sensoren ausgelöst werden, und dann auf diese Ereignisse durch Ausführen des entsprechenden Codes reagiert.

In RCX-Code besteht die Hauptschleife aus einem **Repeat forever** im Programmstapel, und die Sensoren werden mithilfe von Stack Controllern (statt Sensor Watchern) überprüft. Der Anfang eines solchen Programms könnte ungefähr wie hier aussehen (es überprüft bisher nur einen Sensor):

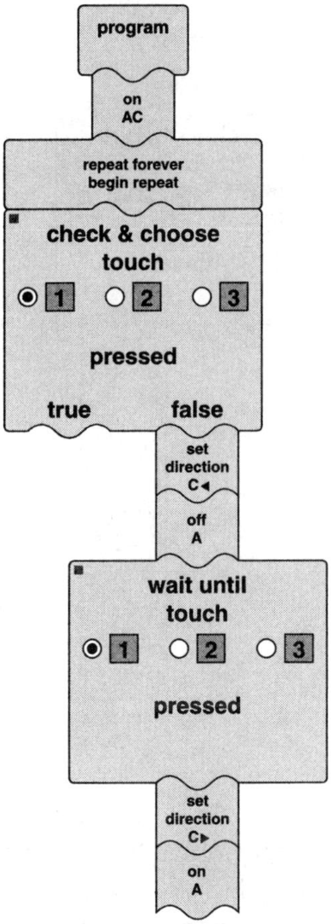

Abbildung 7.9 Erstellen einer Hauptschleife in RCX-Code

Leider lässt sich dieser Code in RCX-Code 1.0 nicht verwenden. Eine Einschränkung von RCX-Code 1.0 ist, dass ein Stapel maximal einen Stack Controller enthalten kann. Der oben gezeigte Programmstapel hat aber drei (**Repeat forever**, **Check & choose** und **Wait until**), und wir haben noch nicht einmal den anderen Sensor berücksichtigt. Wir können einen Teil dieses Problems lösen, indem wir **Check & choose** (und den Stapel darunter) in ein **My Command** verschieben und dann den **My Command** unter **Repeat forever** aufrufen. Leider hätte dann der

My Command immer noch zwei Stack Controller (**Check & choose** und **Wait until**). Es liegt nahe, denselben »Trick« erneut zu versuchen, d. h. **Wait until** in einen neuen **My Command** zu verschieben und diesen zweiten Befehl innerhalb des ersten aufzurufen. Leider steht dem eine weitere Beschränkung von RCX-Code 1.0 im Wege: **My Commands** lassen sich nicht innerhalb von anderen **My Commands** aufrufen. Angesichts dieser Einschränkung müssen wir unser Programm nur ein wenig anpassen und den Motor eine feste Zeitspanne drehen lassen, statt auf das Drücken des Sensors zu warten. Das vollständige Programm ist unten gezeigt:

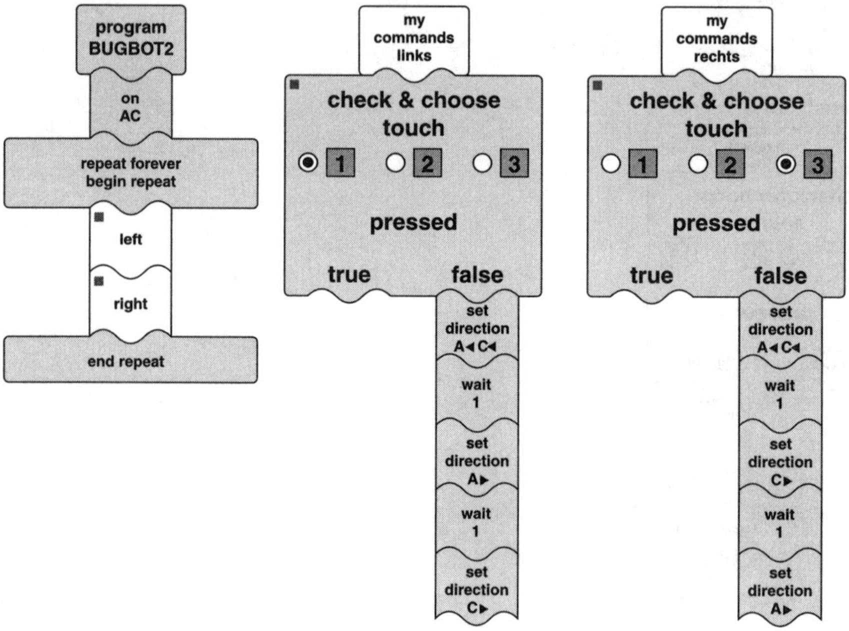

Abbildung 7.10 Synchrones Verhalten in RCX-Code

NQC leidet nicht unter denselben Einschränkungen wie RCX Code 1.0: Die diversen Steuerungsstrukturen wie `if` und `while` können beliebig verwendet werden. Um das Programm übersichtlicher zu machen, führen wir jedoch die Überprüfung des linken und rechten Sensors weiterhin in separaten Funktionen mit den Namen `Links_pruefen` und `Rechts_pruefen` durch. Das überarbeitete Programm wird im Folgenden aufgezeigt:

```
// bugbot2.nqc - Synchrones Verhalten

// Sensoren
#define LTREFFER SENSOR_1
#define RTREFFER SENSOR_3
```

```
// Motoren
#define LINKS  OUT_A
#define RECHTS OUT_C

void Links_pruefen()
{
   if (LTREFFER == 0)
   {
      Off(LINKS);
      Rev(RECHTS);
      until(LTREFFER == 1);
      On(LINKS);
      Fwd(RECHTS);
   }
}

void Rechts_pruefen()
{
   if (RTREFFER == 0)
   {
      Off(RECHTS);
      Rev(LINKS);
      until(RTREFFER == 1);
      On(RECHTS);
      Fwd(LINKS);
   }
}

task main()
{
   // Sensor konfigurieren
   SetSensor(LTREFFER,  SENSOR_TOUCH);
   SetSensor(RTREFFER,  SENSOR_TOUCH);

   On(LINKS+RECHTS);

   while(true)
   {
      Links_pruefen();
      Rechts_pruefen();
   }
}
```

7.5 Steckenbleiben in Ecken

Bugbot neigt dazu, in einer Ecke stecken zu bleiben. Dies liegt daran, dass Bugbot sich nach links dreht, wenn der rechte Fühler anschlägt. Daraufhin schlägt der linke Fühler an, und Bugbot dreht sich nach rechts usw. Um das Eckenproblem zu lösen, sind zwei Dinge erforderlich: Es muss erkannt werden, dass sich Bugbot in einer Ecke befindet, woraufhin eine Korrekturaktion erfolgen muss. Die Korrekturaktion ist relativ einfach: Zurückfahren und ein wenig drehen sollte Bugbot aus der Ecke befreien.

Das Erkennen der Ecke ist jedoch etwas problematischer. Die Fühler kennen den Unterschied zwischen einer Ecke und einem anderen Hindernis nicht. Alles, was sie wissen, ist, ob sich das Hindernis rechts, links oder sogar auf beiden Seiten befindet. Auf Ecken kann das alles zutreffen. Wir benötigen also eine andere Möglichkeit, um zu entscheiden, ob wir uns in einer Ecke befinden.

Wenn Bugbot auf ein Hindernis trifft, kann er das normalerweise bewältigen. Er wird den Kurs ein wenig nach rechts oder links korrigieren – manchmal sind sogar mehrere solcher Korrekturen erforderlich – doch letztendlich bewegt sich Bugbot vom Hindernis weg. Eine Ecke bringt Bugbot jedoch in eine schwierige Lage; er dreht sich nach rechts, dann nach links, wieder nach rechts und kommt kaum voran. Vielleicht können wir auf diese Weise feststellen, ob sich Bugbot in einer Ecke befindet: Wir müssen lediglich feststellen, ob sich Bugbot dreht und windet. Anstatt uns auf die Suche nach der Ursache zu begeben (in einer Ecke sein), versuchen wir, das Symptom zu erkennen (hin und her stoßen).

Eine Möglichkeit besteht darin, zu prüfen, wie oft Bugbot an etwas stößt. Sobald wir eine große Anzahl von Treffern innerhalb einer festen Zeitspanne erkennen, nehmen wir an, dass Bugbot feststeckt und Hilfe benötigt. Um diese Feststellung treffen zu können, müssen wir zwei neue Programmierfeatures einführen: **Variablen** und **Timer**.

Der RCX enthält 32 Variablen, die eine Art von Speicher sind. Jede Variable kann einen ganzzahligen Wert im Bereich von –32.768 bis +32.767 aufnehmen. Der RCX hat auch Funktionen, die auf den Variablen operieren. So können Sie z. B. eine Variable auf einen bestimmten Wert setzen, eine Zahl zu einer Variablen addieren oder prüfen, ob der Wert einer Variablen gleich einem anderen Wert ist.

RCX-Code erlaubt dem Programmierer nur die Verwendung einer einzigen Variablen – **Zähler** genannt –, und die auf dem Zähler erlaubten Operationen sind auf folgende beschränkt:

- Zähler zurücksetzen (auf Null setzen)
- Zähler erhöhen (erhöht den Wert um 1)
- prüfen, ob sich der Zähler in einem bestimmten Bereich befindet

NQC erlaubt Programmierern die Verwendung von bis zu 32 Variablen und bietet Zugriff auf einen vollständigen Satz arithmetischer Operationen einschließlich Addition, Subtraktion, Multiplikation und Division. Die Operanden für diese Operationen können Konstanten, andere Variablen oder sogar dynamische Werte wie die Messwerte eines Sensors oder eine Zufallszahl sein.

Wir können eine Variable verwenden, um festzustellen, wie oft Bugbot auf ein Hindernis traf, indem wir einfach den Wert der Variablen erhöhen, wenn der rechte oder linke Fühler ausgelöst wird. Damit unsere Eckenerkennung funktioniert, benötigen wir auch eine Möglichkeit, die Variable gegebenenfalls auf 0 zurücksetzen zu können. Hier kommen Timer ins Spiel.

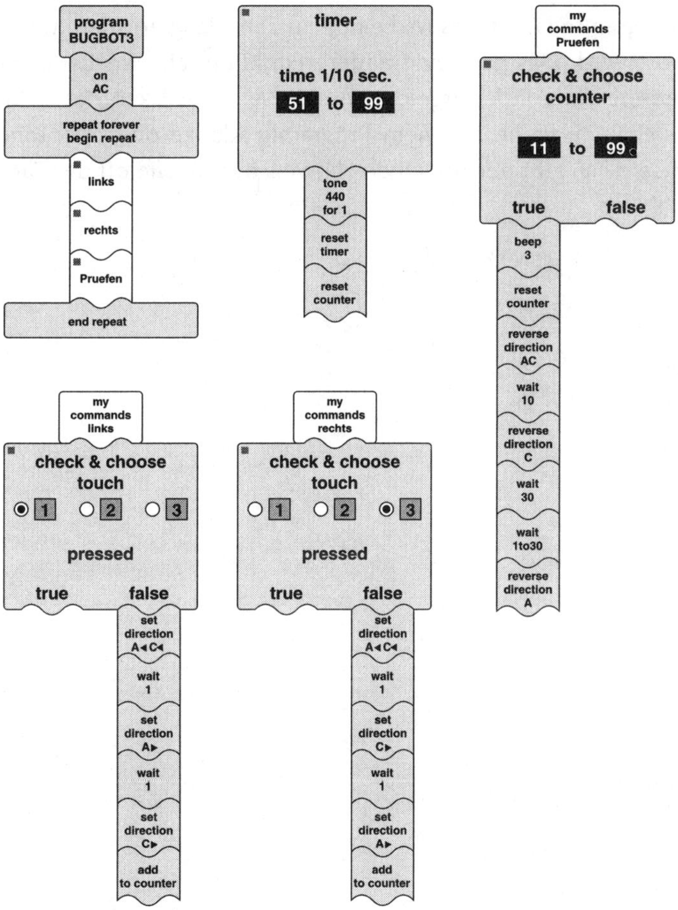

Abbildung 7.11 Eckenerkennung in RCX-Code

Der RCX enthält vier Timer. Diese sind genau wie Variablen Speicherpositionen, die einen Wert enthalten, der abgefragt werden kann. Im Gegensatz zu Variablen ändern Timer ihren Wert automatisch; jede Zehntelsekunde wird jeder Timer um 1 hochgezählt. Ein Programm kann jeden Timer jederzeit auf 0 zurücksetzen. Danach beginnt der Timer einfach die Zählung wieder bei 0. So können wir periodische Tasks erledigen: Wenn wir etwas alle drei Sekunden tun müssen, erstellen wir eine Task, die wartet, bis der Wert eines Timers 30 oder höher ist, setzen den Timer zurück, führen die gewünschte Aktion durch und warten wieder auf den Timer. NQC ermöglicht den Zugriff auf alle vier Timer, während RCX-Code nur auf einen einzigen Timer Zugriff bietet.

Unser neues Programm für Bugbot mit Variablen und Timern sehen Sie auf der nächsten Seite. Das Programm lässt jedes Mal einen kurzen Klang ertönen, wenn die Timertask ausgelöst wird. Das hat keine andere Funktion, als den Benutzer wissen zu lassen, dass die Timertask ausgelöst wurde. Manchmal kann es beim Debuggen sehr hilfreich sein, wenn in einem Programm Klänge oder Pieptöne eingebaut sind. In diesem Fall gibt der Ton einen Hinweis darauf, wie oft der Zähler zurückgesetzt wird.

```
// bugbot3.nqc - Jetzt mit Eckenerkennung

// Sensoren
#define LTREFFER SENSOR_1
#define RTREFFER SENSOR_3

// Motoren
#define LINKS  OUT_A
#define RECHTS OUT_C

#define TIMER_LIMIT   50
#define ZAEHLER_LIMIT 10

int Zaehler;

void Links_pruefen()
{
   if (LTREFFER == 0)
   {
      Off(LINKS);
      Rev(RECHTS);
      until(LTREFFER==1);
      On(LINKS);
```

```
      Fwd(RECHTS);
      Zaehler += 1;
   }
}

void Rechts_pruefen()
{
   if (RTREFFER == 0)
   {
      Off(RECHTS);
      Rev(LINKS);
      until(RTREFFER == 1);
      On(RECHTS);
      Fwd(LINKS);
      Zaehler += 1;
   }
}

void Zaehler_pruefen()
{
   if (Zaehler > ZAEHLER_LIMIT)
   {
      // Wir sind in einer Ecke...
      PlaySound(SOUND_DOWN);
      Zaehler = 0;

      // zurückfahren, drehen und weiterfahren
      Rev(RECHTS+LINKS);
      Wait(100);
      Fwd(RECHTS);
      Wait(300 + Random(300));
      Fwd(LINKS);
   }
}

task main()
{
   Zaehler = 0;

   // Sensor konfigurieren
   SetSensor(LTREFFER,  SENSOR_TOUCH);
```

```
    SetSensor(RTREFFER, SENSOR_TOUCH);

    On(LINKS+RECHTS);
    start Timer_abfragen;

    while(true)
    {
        Links_pruefen();
        Rechts_pruefen();
        Zaehler_pruefen();
    }
}

task Timer_abfragen()
{
    while(true)
    {
        until(Timer(0) > TIMER_LIMIT);
        PlayTone(440, 10);
        ClearTimer(0);
        Zaehler = 0;
    }
}
```

Sie sehen, dass der Zähler in der Hauptschleife überprüft wird, der Timer jedoch in seiner eigenen Task. Dies geschieht, weil das Programm nach dem Überprüfen des Zählers möglicherweise die Motoren steuern muss. Wenn diese Überprüfung in ihrer eigenen Task erfolgte, würden ähnliche Probleme wie im allerersten Bugbot-Programm auftreten. Lassen Sie uns zum Beispiel darüber nachdenken, was passierte, wenn Bugbot in einer Ecke stecken bliebe. Die Hauptschleife würde die rechten und linken Fühler überprüfen und reagieren, indem sie Bugbot entsprechend dreht und den Zähler erhöht. Zu einem bestimmten Zeitpunkt würde der Zähler das zur Eckenerkennung eingestellte Limit überschreiten. Der zur Überprüfung der Zähler verantwortliche Code würde Bugbot jetzt gerne aus der Ecke zurückfahren lassen. Wenn dieser Code jedoch in seiner eigenen Task wäre, würde die Hauptschleife die Fühler weiter überprüfen, während dies passiert. Nun könnte jedoch einer der Fühler auf ein Hindernis treffen, bevor die Task zur Zählerüberprüfung die Drehrichtung der Motoren umgekehrt hat. In diesem Fall würde der Code zur Fühlerüberprüfung gegen den Code zur Zählerüberprüfung »kämpfen«. Wenn jedoch zwei Tasks um die Kontrolle kämpfen, sind die Ergebnisse besonders willkürlich, wie wir im ersten Bugbot-Beispiel gesehen haben.

Der Timer interagiert jedoch nicht direkt mit den Motoren. Es hat daher keine negativen Nebenwirkungen, wenn er in seiner eigenen Task bleibt. Wenn er in einer separaten Task steht, wird das Programm sogar übersichtlicher.

7.6 Tunen der Eckenerkennung

Unser Algorithmus zur Eckenerkennung verlässt sich auf zwei Parameter: wie viele Hindernistreffer eine »Ecke« definieren und wie oft dieser Zähler zurückgesetzt werden soll. Das oben stehende Programm verwendet ein Limit von zehn Treffern innerhalb von fünf Sekunden. Je nach Art der Hindernisse, mit denen es Bugbot zu tun hat, müssen Sie eventuell etwas experimentieren, um die richtigen Werte zu ermitteln. Die folgenden Absätze beziehen sich auf diese Werte unter Verwendung ihrer NQC-Namen: `ZAEHLER_LIMIT` und `TIMER_LIMIT`. Wenn Sie RCX-Code verwenden, ist `ZAEHLER_LIMIT` die im **Check & choose**-Block verwendete Untergrenze, während `TIMER_LIMIT` die im Timer Watcher verwendete Untergrenze ist.

Um einen Satz Werte zu finden, wählen Sie zunächst einen Zeitraum, in dem Bugbot in einer Ecke hängen darf, bevor er Hilfe benötigt, und verwenden ihn, um `TIMER_LIMIT` zu setzen (im schlimmsten Fall hängt Bugbot doppelt so lange in der Ecke). Setzen Sie jetzt `ZAEHLER_LIMIT` auf einen großen Wert (99 klingt gut), und lassen Sie Bugbot in eine Ecke laufen. Achten Sie auf die Töne, die das Auslösen des Timers anzeigen, und zählen Sie die Anzahl der Kollisionen, die zwischen diesen Tönen auftreten. Für ein optimales Ergebnis sollten Sie dies mehrmals wiederholen und dann `ZAEHLER_LIMIT` auf einen Wert setzen, der um 1 kleiner als Ihre niedrigste Zählung ist.

Lassen Sie jetzt Bugbot im Zimmer herumfahren, und achten Sie darauf, wie er sich verhält. Versuchen Sie, ihn in eine Ecke zu schicken, und achten Sie auf sein Hilfesignal. Wenn Sie das Hilfesignal nicht hören, ist `ZAEHLER_LIMIT` zu hoch; versuchen Sie es mit einem etwas niedrigeren Wert. Wenn Bugbot sogar um Hilfe ruft, wenn er es mit normalen Hindernissen, wie zum Beispiel einer Wand, zu tun hat, muss `TIMER_LIMIT` erhöht und ein neuer Wert für `ZAEHLER_LIMIT` gefunden werden.

Wenn Bugbot immer noch zu oft um Hilfe ruft, kann eine kurze Verzögerung in den Drehcode eingebaut werden, sodass sich Bugbot nach jeder Kollision etwas mehr dreht und Hindernisse vermutlich mit weniger Kollisionen umschifft. So könnte zum Beispiel die `Links_pruefen`-Funktion für das NQC-Programm wie folgt geändert werden (mit einer ähnlichen Änderung für `Rechts_pruefen`):

```
#define DREH_VERZOEGERUNG 10

void Links_pruefen()
{
   if (LTREFFER == 0)
```

```
    {
        Off(LINKS);
        Rev(RECHTS);
        until(LTREFFER == 1);
        Wait(DREH_VERZOEGERUNG); // ein wenig mehr drehen
        On(LINKS);
        Fwd(RECHTS);
        Zaehler += 1;
    }
}
```

7.7 Zusammenfassung

Der mechanische Aufbau von Bugbot war recht einfach, bescherte uns jedoch einige ziemlich komplizierte Programmierprobleme. Insbesondere führte ein simultanes Verhalten zu einigen versteckten Problemen, die sich mit einem synchronen Verhalten vermeiden ließen. Außerdem wurden die Timer- und Zählerfunktionen des RCX eingeführt, um das Problem zu lösen, in einer Ecke stecken zu bleiben.

Wir stießen auch auf einige Beschränkungen von RCX-Code. In einigen Fällen ließen sich diese Beschränkungen mit etwas Einfallsreichtum umgehen, doch bietet NQC in vielen Fällen elegantere Methoden, um das volle Potenzial des RCX auszuschöpfen.

8 Linebot

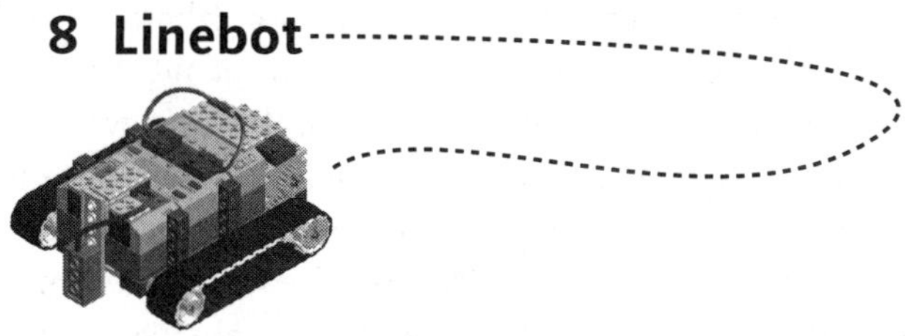

Der Linebot ist ein Roboter, der einer auf dem Boden gezogenen Linie folgen kann. Aufgrund dieser relativ einfachen Fertigkeit ist er vor allem als Grundstein bei der Konstruktion komplexerer Roboter geeignet. Mit dem Linebot wird der Lichtsensor eingeführt, das Konzept der Rückkopplung erklärt und ihre Verwendung bei der Programmierung von Robotern erläutert.

8.1 Aufbau

Beim Folgen einer gezogenen Linie sind noch präzisere Bewegungsabläufe als bei den bisher vorgestellten Robotern erforderlich, weshalb das Fahrgestell des Tankbots geringfügig abgeändert werden muss. Anstatt die Ketten im Übersetzungsverhältnis 1:1 anzutreiben, verwendet der Linebot ein Verhältnis von 3:2, wodurch die Geschwindigkeit leicht verringert wird. Ein weiteres für den Linebot typische Merkmal ist der vorne angebrachte Lichtsensor.

Bei der Konstruktion wird ein Tankbot verwendet, der lediglich aus dem unteren Fahrgestell besteht (Tankbot Schritt 3 ohne die 2x8-Platte).

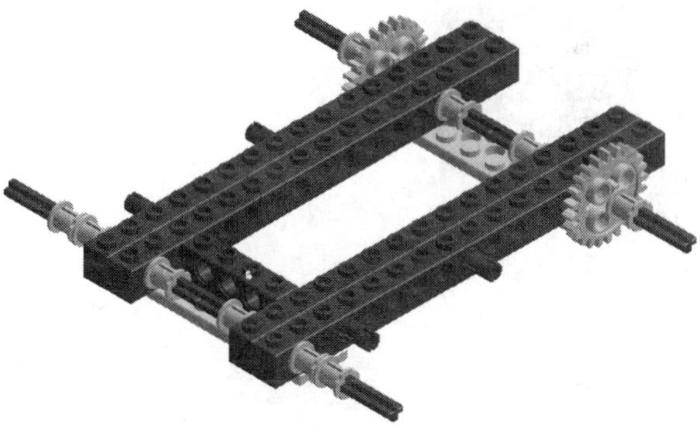

Abbildung 8.1 Linebot Schritt 1

Der Tankbot verwendet 24er-Zahnräder auf den hinteren Wellen und an den Motoren (1:1-Übersetzungsverhältnis). Da für den Linebot eine Untersetzung benötigt wird, werden 16er-Zahnräder an den Motoren verwendet, während an den Wellen weiterhin die 24er-Zahnräder eingesetzt werden (3:2-Untersetzung). Da die 16er-Zahnräder über einen kleineren Radius als die 24er-Zahnräder verfügen, müssen die Motoren etwas niedriger angebracht werden, damit die Zahnräder problemlos miteinander verbunden werden können. Der Abstand zwischen dem Fahrgestell und den Motoren entspricht nun der Höhe von einer Platte anstelle von zwei. In Schritt 2 und 3 wird die geänderte Positionierung des Motors erläutert. Beachten Sie, dass aufgrund der um eine Plattendicke niedrigeren Positionierung der Motoren eine weitere 1x4-Platte (insgesamt zwei) oberhalb des Motors angebracht werden muss, damit dieser bündig mit dem RCX ausgerichtet ist.

Abbildung 8.2 Linebot Schritt 2

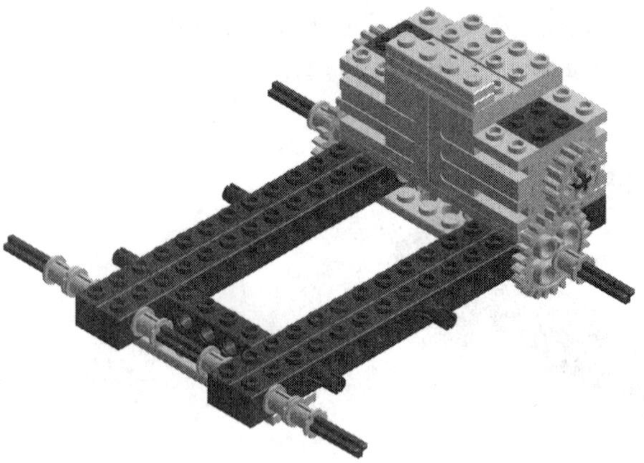

Abbildung 8.3 Linebot Schritt 3

Der Lichtsensor selber wird direkt über dem Boden angebracht. Der Lichtsensor reagiert auf das Umgebungslicht (das im gesamten Raum vorherrschende Licht) sowie auf das reflektierte Licht der eigenen LED. Durch Positionieren des Lichtsensors in der Nähe des Bodens wird das Umgebungslicht auf ein Minimum reduziert, und das reflektierte Licht kann mit größerer Zuverlässigkeit gemessen werden. Der Sensor sollte so nah wie möglich an das abzutastende Objekt herangeführt werden, um das reflektierte Licht optimal zu erkennen.

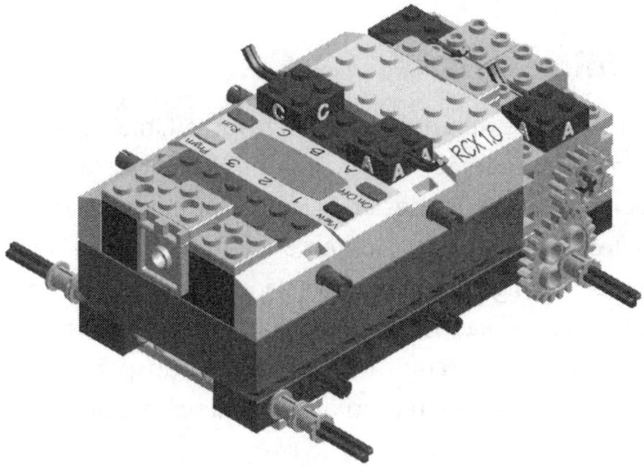

Abbildung 8.4 Linebot Schritt 4

Abbildung 8.5 Linebot Schritt 5

Der Linebot ist, im Gegensatz zu einigen der bereits beschriebenen Modelle (wie z. B. dem Bumpbot), etwas weniger stoßfest (vor allem der am Linebot montierte Lichtsensor). Der Lichtsensor wird bereits beim leichtesten Aufprall losgerissen. Eine stabilere Befestigung, z. B. mit Kreuzträgern oder einer vertikalen Verklammerung, wäre denkbar; da der Linebot jedoch normalerweise nicht als Rammbock eingesetzt wird, verwenden wir in unserem Beispiel den folgenden, relativ einfachen (aber wenig stabilen) Aufbau. Bitte beachten Sie die folgende Vorsichtsmaßnahme: Verwenden Sie den Linebot nicht auf einem Teppich. Der Lichtsensor des Linebots kann sich beim Fortbewegen auf dem rauhen Teppich leicht lösen.

8.2 Lokalisieren der Linie

Der Linebot ist so konzipiert, dass er eine durchgezogene schwarze Linie auf weißem Untergrund lokalisieren und dieser folgen kann. Um eine geeignete Teststrecke zu entwerfen, verwenden Sie entweder das im Lieferumfang des Robotics Invention Systems verwendete Testmaterial, oder richten Sie einen eigenen Testparcours ein. Dazu sollte eine vollständig schwarze Linie verwendet werden, die mindestens 1,25 cm breit ist. Die Strecke kann zwar mit Markern aufgezeichnet werden, ich empfehle jedoch, in Streifen geschnittenes Konstruktionspapier auf einen Karton zu heften oder zu kleben. Die Linie erhält eine gleichmäßige Färbung und glatte Kanten.

Die Aufgabe des Roboters besteht nun darin, der Linie zu folgen, wobei der Lichtsensor direkt über dieser Linie zentriert sein muss. Da der Lichtsensor problemlos zwischen schwarz und weiß unterscheiden kann, erkennt der Roboter schnell, ob er weiterhin der Linie folgt oder vom Kurs abgekommen ist. Sobald der Roboter nicht mehr den Kurs einhält, müssen Maßnahmen ergriffen werden. Es muss z. B. ermittelt werden, ob eine Rechts- oder Linkskorrektur notwendig ist. Da zwischen der links- und der rechtsseitigen Umgebung der Linie keine Unterschiede bestehen (weißer Untergrund), muss der RCX entsprechende Anweisungen erhalten.

Eine Antwort auf diese Frage wird durch die Art gegeben, in der der Lichtsensor Objekte unterscheidet. Dabei führt der Sensor eine komplette Messung des auf ihn fallenden Lichts aus. Was den Linebot angeht, stammt das Licht überwiegend von der eingebauten LED, die von der Oberfläche des Untergrunds reflektiert wird. Das Licht wird vom weißen Papieruntergrund überwiegend reflektiert, während es von der schwarzen Linie absorbiert wird. Das Sichtfeld des Lichtsensors ist nicht nur auf einen einzelnen Punkt beschränkt, der sich direkt unterhalb befindet; auch das im nächsten Bereich einfallende Umgebungslicht veranlasst den Lichtsensor zu reagieren. Die vom Lichtsensor gemessenen Werte sind sehr hoch, wenn sich das Sichtfeld vollständig über dem weißen Papier befindet. Befindet sich das Sichtfeld über der schwarzen Linie, wird ein sehr niedriger Wert gemessen. Ein Zwischenwert wird gemessen, wenn sich das Sichtfeld nur teilweise über der schwarzen Linie befindet.

Aufgrund dieser Tatsachen können wir unsere Strategie leicht variieren. Anstatt den Lichtsensor direkt über der Linie zu zentrieren, wird er über der Kante positioniert, die die weiße Oberfläche von der Linie trennt. Bei korrekter Ausrichtung wird ein Zwischenwert angezeigt. Bewegt sich der Roboter zu weit nach links, wird ein hoher Wert gemessen, bewegt er sich zu weit nach rechts, wird ein niedriger Wert gemessen. Dies kann über das Programm durch leichtes Drehen in die entgegengesetzte Richtung korrigiert werden. Bei diesem Beispiel eines **Rückkopplungssystems** handelt es sich um ein grundlegendes Konzept, das im Folgenden detailliert erläutert wird.

8.3 Rückkopplung

Stellen Sie sich einen im Haushalt verwendeten Thermostat vor, der nur eine Temperatureinstellung hat. Dieser Thermostat ist auf 21 Grad eingestellt, und da es Winterzeit ist, muss das Haus beheizt werden. Wenn die Temperatur niedriger als 21 Grad ist, wird über den Thermostat die Heizung eingeschaltet, die das Haus allmählich beheizt. Die Heizung bleibt eingeschaltet, bis die Temperatur 21 Grad übersteigt, dann wird sie über den Thermostat ausgeschaltet. Die Heizung wird durch dieselben Bedingungen (Temperatur) gesteuert, die auch von der Heizung beeinflusst werden. Bei diesem als Rückkopplung bezeichneten Prinzip handelt es sich um eine leistungsfähige Technik zum Programmieren von Robotern. Die Funktionsweise dieses Thermostats wird weiter unten beschrieben:

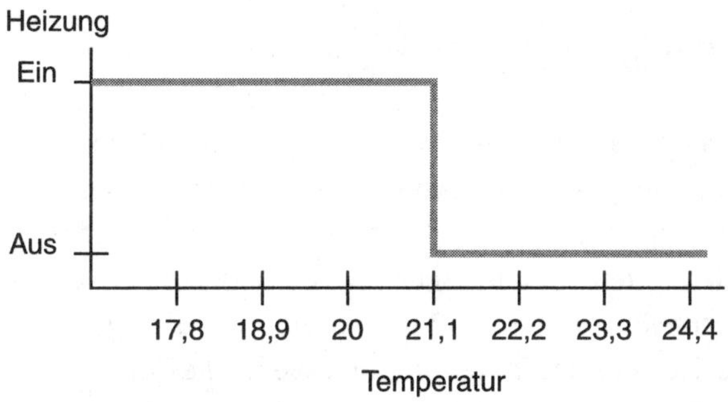

Abbildung 8.6 Thermostatbetrieb

Durch die Verwendung des Rückkopplungsprinzips soll vor allem verhindert werden, dass das System zu schnell reagiert. Übertragen auf das Thermostatbeispiel würde dies bedeuten, dass die Heizung jedes Mal eingeschaltet wird, wenn die Temperatur 20,9999 Grad erreicht, und sofort ausgeschaltet wird, sobald die Temperatur 21,0000 Grad beträgt. Die Heizung würde sich andauernd ein- bzw. ausschalten, sobald auch nur ein leichter Luftstrom eine Temperaturänderung herbeiführt.

Durch die Tatsache, dass die Temperatur des Hauses ständig zwischen ein paar Grad unter- bzw. oberhalb von 21 Grad schwankt, wird die Angelegenheit noch komplizierter. Da Häuser selten gleichmäßig beheizt werden, ist normalerweise zum Ermitteln der durchschnittlichen Lufttemperatur eine geregelte Luftzirkulation erforderlich. Darüber hinaus dauert es einen gewissen Zeitraum, bis sich die Heiztätigkeit am Thermostat bemerkbar macht.

Eine geeignete Lösung besteht darin, den Schwellenwert zum Einschalten der Heizung ein paar Grad niedriger einzustellen als den Schwellenwert zum Ausschalten. Beispielsweise würde die Heizung bei 20 Grad eingeschaltet und bei 22 Grad ausgeschaltet. Die Heizung bliebe bei Temperaturschwankungen innerhalb dieses Bereichs (z.B. bei einer Temperatur von 21 Grad) im bisherigen Zustand. Diese als **Hysterese** bezeichnete Technik wird im Folgenden beschrieben:

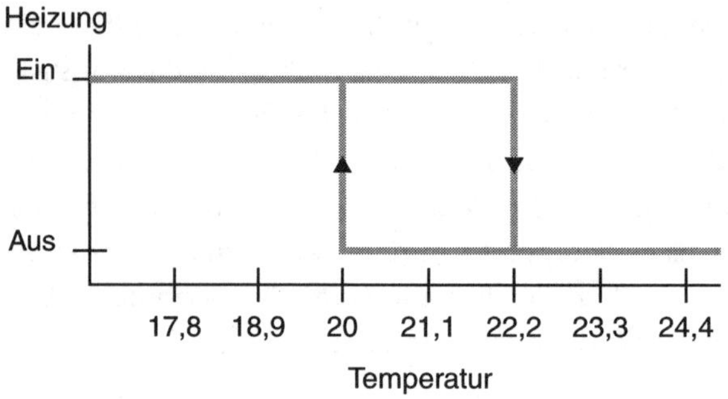

Abbildung 8.7 Hinzufügen einer Hysterese zu einem Thermostat

Besonderheit dieses Diagramms ist, dass die Heizung bei einer Temperatur im Bereich von 20 bis 22 Grad sowohl ein- als auch ausgeschaltet sein kann. Das Einbzw. Ausschalten der Heizung hängt sowohl von der gegenwärtigen Temperatur als auch davon ab, ob die Heizung bereits eingeschaltet ist. Was geschieht beispielsweise, wenn die Temperatur 18 Grad beträgt? Die Heizung wird eingeschaltet und beheizt das Haus. Die Heizung läuft weiter, auch wenn die Temperatur 21 Grad beträgt. Erst wenn die Temperatur 22 Grad übersteigt, wird die Heizung ausgeschaltet. Während die Temperatur im Hause allmählich sinkt, wird die Heizung erst eingeschaltet, wenn am Thermostat ein Absinken der Temperatur auf 20 Grad gemessen wird.

Zwar handelt es sich bei diesem Beispiel um einen Extremfall, doch wird die Technik der Hysterese auf fast alle Thermostate angewendet.

8.4 Folgen der Linie

Wie bereits erwähnt, liest der Lichtsensor einen niedrigen Wert ab, wenn er sich vollständig über der schwarzen Oberfläche befindet. Wenn sich die Lichtquelle über der weißen Oberfläche befindet, wird ein deutlich höherer Wert gemessen. Befindet sie sich teils über der schwarzen Linie und teils über der weißen Oberfläche, wird ein Wert im mittleren Bereich gemessen. Da wir einen Rückkopplungsalgorithmus für die Hysterese verwenden, brauchen wir zwei Schwellenwerte: einen für den Links- und einen für den Rechtsschwenk.

Solange der Sensor diese beiden Schwellenwerte liest, führt der Roboter die Vorwärtsbewegung fort. Bei einem zu niedrigen vom Sensor gemessenen Wert befindet sich der Roboter zu weit rechts, der Kurs muss dann durch Navigieren nach links korrigiert werden. Dies erfolgt einfach durch Ausschalten des linken Motors. Wenn der Sensor einen zu hohen Wert liest, wird der rechte Motor ausgeschaltet.

Mit Hilfe der Anzeigefunktion des RCX können Sie anhand festgelegter Schwellenwerte den Wert des Lichtsensors überwachen, während Sie ihn manuell über der weißen Oberfläche bzw. über der schwarzen Linie positionieren. Um den vom Sensor gemessenen Wert anzuzeigen, muss der RCX zunächst darüber informiert werden, dass Sensor 2 ein Lichtsensor ist. Eine Möglichkeit besteht darin, ein Programm zu übertragen und auszuführen, das Sensor 2 als Lichtsensor ausführt – alle in diesem Kapitel vorgestellten Programme funktionieren auf diese Weise problemlos. Die Programmausführung ist nicht aufwendig; der RCX wird beim Startvorgang entsprechend konfiguriert. Durch zweimaliges Drücken auf die Taste **View** schaltet der RCX vom Standardanzeigemodus zur Sensor-2-Anzeige.

Der Schwellenwert für das Drehen nach links sollte ein wenig höher sein als der vom Sensor bei der Positionierung über der schwarzen Linie gemessene Wert. Der Schwellenwert für das Drehen nach rechts sollte ein wenig niedriger sein als der vom Sensor bei der Positionierung über der weißen Oberfläche gemessene Wert. Wenn der Sensor einen Wert von 56 über der weißen Oberfläche und von 39 über der schwarzen Linie misst, sollten Schwellenwerte von 53 und 42 eingestellt werden. Bei nahe beieinander liegenden Schwellenwerten geht der Linebot schnell davon aus, bereits »außerhalb der Linie« zu sein, und führt möglicherweise zahlreiche Anpassungsvorgänge aus, um der Linie wieder zu folgen. Andererseits können Schwellenwerte, die zu weit auseinander liegen, dazu führen, dass der Linebot vom Kurs abkommt. Die gemessenen Werte des Lichtsensors hängen von vielen Faktoren ab, u.a. vom Umgebungslicht des Raumes, vom Batteriezustand des RCX und von der genauen Farbgebung der verwendeten Oberflächen. Aus diesem Grund müssen Sie eventuell etwas experimentieren, um die richtigen Schwellenwerte einzustellen. Wenn Sie beobachten, dass der Linebot ständig Anpassungen in beide Richtungen vornimmt, auch wenn er einen geraden

Kurs einhält, liegen die Schwellenwerte eventuell zu nahe beieinander. Wenn Linebot vollständig vom Kurs abkommt (sich vielleicht sogar im Kreis dreht), liegen die Schwellenwerte wahrscheinlich zu weit auseinander.

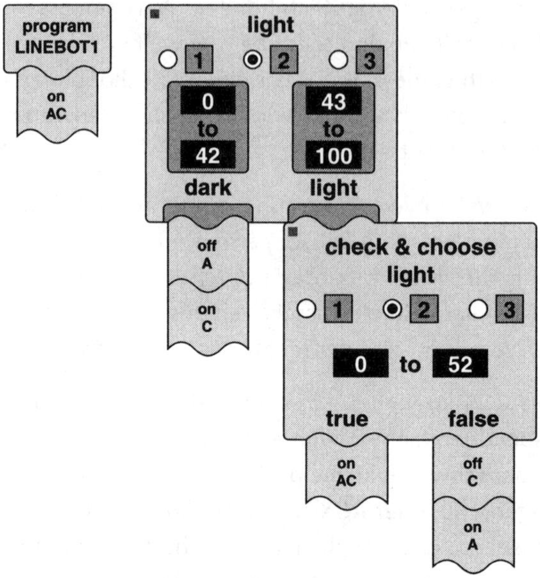

Abbildung 8.8 Linebot-Programm 1 in RCX-Code

```
//linebot1.nqc
//Drehen durch Anhalten einer Kette

// Sensoren und Motoren
#define AUGE SENSOR_2
#define LINKS   OUT_A
#define RECHTS  OUT_C

//Schwellenwerte
#define SCHWELLENWERT_LINKS  42
#define SCHWELLENWERT_RECHTS 53

task main()
{
   SetSensor(AUGE, SENSOR_LIGHT);
   On(LINKS+RECHTS);

   while(true)
```

```
    {
        if (AUGE <= SCHWELLENWERT_LINKS)
        {
            Off(LINKS);
            On(RECHTS);
        }
        else if (AUGE >= SCHWELLENWERT_RECHTS)
        {
            Off(RECHTS);
            On(LINKS);
        }
        else
        {
            On(LINKS+RECHTS);
        }
    }
}
```

Je nach Zustand der Batterien und der Beschaffenheit der Oberfläche, auf der Linebot sich bewegt, erfolgt der Drehvorgang möglicherweise unregelmäßig. Dies liegt daran, dass die Ketten seitwärts über den Boden gleiten müssen. Kontrollierter läuft der Drehvorgang ab, wenn beide Ketten in Bewegung sind. Eine Möglichkeit besteht darin, eine Kette vorwärts laufen zu lassen, während die andere rückwärts läuft. Wenn Sie NQC verwenden, ändern Sie das Programm `linebot1.nqc` folgendermaßen ab (Hinweis: Verwenden Sie innerhalb der `while`-Schleife `Rev` und `Fwd` anstelle von `Off` und `On`).

Dies bewirkt, dass der Linebot sich schnell hin und her dreht, ohne sich vorwärts zu bewegen. Ein solches Verhalten weist auf ein zu schnelles und/oder überempfindliches Rückkopplungssystem hin. Bei ausreichendem Kontrast zwischen schwarzer Linie und weißem Hintergrund reicht es möglicherweise aus, die Schwellenwerte in einem größeren Bereich einzustellen.

Die zweite Möglichkeit besteht darin, nach jeder erforderlichen Kurskorrektur eine kurze Vorwärtsbewegung ausführen zu lassen und dann den Sensor erneut zu überprüfen. Die Rückkopplungsschleife wird verlangsamt und reagiert nicht mehr so schnell (ein weiteres Beispiel einer Hysterese). Die NQC-Version dieses Programms finden Sie weiter unten. Beachten Sie, dass Linebot sich nun schneller dreht und langsamer reagiert als im vorhergehenden Beispiel, was unter Umständen die Verwendung einer breiteren Linie erforderlich macht. Wenn die Linie zu dünn ist, schießt der Linebot möglicherweise darüber hinaus und verliert die Orientierung.

```
//linebot2.nqc
// Drehen durch Umkehren einer Kette

// Sensoren und Motoren
#define AUGE SENSOR_2
#define LINKS   OUT_A
#define RECHTS  OUT_C

// Schwellenwerte
#define SCHWELLENWERT_LINKS  42
#define SCHWELLENWERT_RECHTS 53

#define GERADEAUS_ZEIT  10

task main()
{
   SetSensor(AUGE, SENSOR_LIGHT);
   On(LINKS+RECHTS);

   while(true)
   {
      if (AUGE <= SCHWELLENWERT_LINKS)
      {
         Rev(LINKS);
         until(AUGE >= SCHWELLENWERT_LINKS);
         Fwd(LINKS);
         Wait(GERADEAUS_ZEIT);
      }
      else if (AUGE >= SCHWELLENWERT_RECHTS)
      {
         Rev(RECHTS);
         until(AUGE < SCHELLENWERT_RECHTS);
         Fwd(RECHTS);
         Wait(GERADEAUS_ZEIT);
      }
   }
}
```

Beachten Sie, dass die Drehbewegungen, die mit den einzeln festgelegten until-Bedingungen ausgeführt werden, die Wiederaufnahme des vorgesehenen Kurses ermöglichen. Anschließend führt der Linebot während einer bestimmten Dauer eine Vorwärtsbewegung aus (durch die Konstante GERADEAUS_ZEIT gesteuert), bevor der Sensor erneut überprüft wird. Ein hoher Wert für GERADEAUS_ZEIT ist vorteilhaft bei relativ geraden Kursen, während für scharfe Kurven niedrigere Werte eingestellt werden sollten. Bei der Roboterkonstruktion sollte diese Konstante mit den entsprechenden Werten programmiert werden.

Die Implementation desselben Algorithmus in den RCX-Code 1.0 gestaltet sich schon etwas schwieriger (er kann jedoch problemlos in RCX-Code der Version 1.5 implementiert werden). Aufgrund der Einschränkungen bei der Verschachtelung von Stack Controllern können wir die »Drehbewegung nach rechts« und die »Drehbewegung nach links« nicht in demselben Stapel ausführen. Sie müssen als separate Stapel unter dem Sensor Watcher eingerichtet werden. Das entsprechende Programm ist weiter unten aufgeführt:

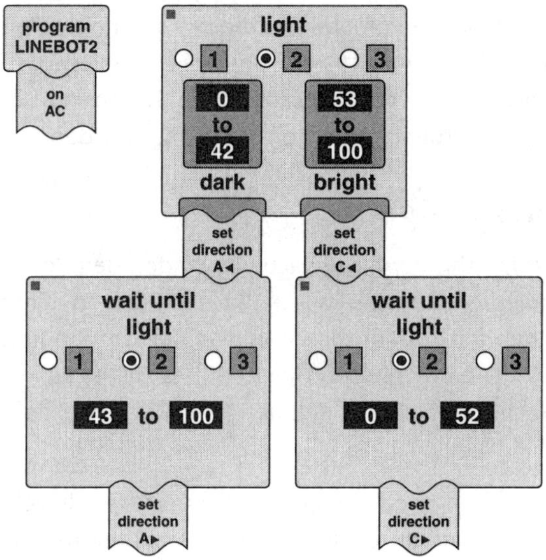

Abbildung 8.9 Linebot-Programm 2 in RCX-Code

Im Gegensatz zum NQC-Programm wird im Anschluss an die Drehbewegungen kein **wait**-Befehl ausgeführt. Ein solcher Befehl würde in einem Programm wie dem oben beschriebenen keine Auswirkungen haben. Beachten Sie, dass unter einem Sensor Watcher ausgeführte Stapel eigene Tasks ausführen. Zum Implementieren des Watchers wird eine eigene Task benötigt, die in unserem Beispiel die Bezeichnung »A« erhält. Bei einer für den Linebot typischen Situation, dem Driften über die Linie, wird daraufhin am Sensor ein Wert unterhalb des Schwellenwerts gemessen. Task »A« registriert, dass sich der aktuelle Wert des Lichtsensors im Bereich von 0 bis 41 befindet, und startet daraufhin die Task, die mit der linken Hälfte der Sensor Watchers verknüpft ist und die Bezeichnung »B« trägt. Motor A beginnt sofort, sich rückwärts zu drehen, und Task »B« wartet auf höhere

Messwerte des Lichtsensors. Wenn der Linebot eine ausreichende Drehbewegung ausgeführt hat und ein höherer Lichtwert gemessen wird, beginnt Motor A wieder, vorwärts zu laufen. Wird der **wait**-Befehl am Ende des Stapels verwendet, muss Task »B« eine bestimmte Zeitdauer warten, bis sie fortfährt. Task »A« kann während dieser Zeit hingegen beliebige Aktionen ausführen. Task »C« wird vor allem gestartet, wenn der Messwert des Lichtsensors zu hoch ist; sie führt dann die Aktionen aus, die mit der rechten Hälfte des Sensor Watchers zusammenhängen. Als Folge davon wird sich Linebot schnell vorwärts und rückwärts bewegen, und wir können ihn nicht daran hindern.

Mit dem optimalen Schwarzweißkontrast und den geeigneten Schwellenwerten ist das oben beschriebene Programm zuverlässig auszuführen. Mitunter reagiert das RCX-codierte Programm innerhalb der Wait-until-Blöcke zu langsam und tendiert zu einer Überkompensation der Lenkung. Der Linebot wird dann die meiste Zeit im Zickzack rückwärts und vorwärts fahren, anstatt sich vorwärts zu bewegen. In diesen Fällen kann die Motorgeschwindigkeit reduziert (über den **Set-power**-Befehl) oder statt dessen die ursprüngliche Programmversion verwendet werden.

8.5 Genaueres Folgen der Linie

Der zuvor beschriebene Tracking-Algorithmus wurde dazu verwendet, den Roboter über einer Kante zu positionieren, die eine weiße Oberfläche von einer schwarzen Linie abgrenzt. Es können auch Algorithmen verwendet werden, mit denen lediglich auf die Linie Bezug genommen wird. Hierzu ist das Festlegen unterschiedlicher Variablen erforderlich, die nicht im Rahmen von RCX-Code definiert werden können.

Diese komplexere Programmierweise bringt jedoch auch einige Vorteile mit sich. Wenn die Linie grau statt schwarz ist und ein entsprechender Algorithmus verwendet wird, können schwarze **Stopper** entlang der Linie positioniert werden, und Linebot kann angewiesen werden, bestimmte Aktionen auszuführen, sobald er auf einen Stopper trifft. Diesem Algorithmus liegt das Prinzip zugrunde, dass Linebot so lange vorwärts fährt, bis der Lichtsensor das Überschreiten eines festgelegten Schwellenwerts misst. Dies ist ein Hinweis darauf, dass der Roboter über die Linie hinausgefahren ist. Der Roboter nimmt daraufhin die Suche nach der Linie auf, indem er abwechselnd nach rechts und links fährt. Sobald er die Linie findet, setzt er die Vorwärtsbewegung fort.

```
// linebot3.nqc
// Genauerer Tracking-Algorithmus unter Verwendung von Stoppern

// Sensoren und Motoren
#define AUGE SENSOR_2
```

```
#define LINKS   OUT_A
#define RECHTS  OUT_C

// Schwellenwerte des Lichtsensors
#define SCHWELLENWERT_LINIE  51
#define SCHWELLENWERT_STOPPER   42

// weitere Konstanten
#define DREH_VERZOEGERUNG 3
#define ANFANGSZEIT

int Richtung, Zeit, Auge, Stopp_OK;

void Linie_folgen()
{
   // Variablen initialisieren
   Richtung = 1;
   Zeit = ANFANGSZEIT;
   Stopp_OK = 0;

   // Losfahren
   OnFwd(LINKS+RECHTS);

   while(true)
   {
      // Sensorwert lesen
      Auge = AUGE;

      if (AUGE < SCHWELLENWERT_LINIE)
      {
         // wir befinden uns über der Linie oder einem Stopper
         if (Auge > SCHWELLENWERT_STOPPER)
            Stopp_OK = 1;
         else if (Stopp_OK == 1)
         {
            // Stopper gefunden
            Off(RECHTS+LINKS);
            return;
         }
      }
      else
```

```
        {
            // Linie muss wiedergefunden werden
            ClearTimer(0);
            if (Richtung == 1)
            {
                SetPower(RECHTS+LINKS, DREHGESCHWINDIGKEIT);
                Rev(LINKS);
            }
            else
            {
                SetPower(RECHTS+LINKS, DREHGESCHWINDIGKEIT);
                Rev(RECHTS);
            }

            while(true)
            {
                // Linie gefunden?
                if (AUGE < SCHWELLENWERT_LINIE)
                {
                    Zeit = ANFANGSZEIT;
                    break;
                }

                if (Timer(0) > Zeit)
                {
                    // andere Richtung versuchen
                    Richtung *= -1;
                    Zeit *= 2;
                    break;
                }
            }
            SetPower(LINKS+RECHTS, OUT_FULL);
            Fwd(RECHTS+LINKS);
        }
    }
}
```

Zunächst werden, wie üblich, die Konstanten und Variablen des Programms definiert. Der Tracking-Algorithmus ist in der Funktion Linie_folgen enthalten, die eine Linie verfolgt, die Motoren anhält und umdreht, sobald sie auf einen Stopper trifft. Die Hauptfunktion von Linie_folgen ist das Initialisieren der Variablen, das

Starten der Vorwärtsbewegung und das Auslösen der Hauptschleife. Mit dieser Schleife wird der Wert des Lichtsensors gemessen und ermittelt, ob sich der Sensor außerhalb der Linie befindet. Befindet er sich außerhalb der Linie, muss überprüft werden, ob ein Stopper angetroffen wurde. Befindet er sich nicht außerhalb der Linie, muss er nach dieser suchen.

Das Auffinden eines Stoppers ist zwar einfach festzustellen (überprüfen Sie, ob der Schwellenwert des Lichtsensors unterschritten wurde), dieser Vorgang setzt aber einige komplexere Maßnahmen voraus. Stellen Sie sich vor, was geschehen würde, wenn der Linebot auf den ersten Stopper trifft. Die `Linie_folgen`-Funktion würde die Motoren anhalten und zur aufrufenden Anweisung zurückkehren. Nehmen wir nun an, dass die aufrufende Anweisung bis zum nächsten Stopper fahren möchte. Sie ruft dann sofort erneut `Linie_folgen` auf. Da sich aber der Lichtsensor noch über dem Stopper befindet, kehrt die Funktion sofort zurück. Es muss nun mithilfe einer Methode ermittelt werden, ob es sich bei dem Stopper noch um denselben oder bereits um den nächsten handelt. Zu diesem Zweck verwendet der Algorithmus die Variable `Stopp_OK`, mit der diese Informationen aufgezeichnet werden. Die Variable `Stopp_OK` ist standardmäßig auf 0 gesetzt (Anhalten nicht gewünscht). Sobald der Lichtsensor einen Wert zwischen `SCHWELLENWERT_LINIE` und `SCHWELLENWERT_STOPPER` liest, befindet sich Linebot zum Teil über der Linie und zum Teil über dem Stopper, und der Wert von `Stopp_OK` wird auf 1 gesetzt. Der Algorithmus beachtet nur Stopper, wenn `Stopp_OK` auf 1 gesetzt ist; die Stoppererkennung bleibt dann deaktiviert, bis wieder ein vom Stopper abweichender Teil der Linie erkannt wird.

Jede Suche nach der Linie hat eine Drehbewegung (entweder nach links oder nach rechts) zur Folge, die entweder anhält, bis die Linie entdeckt wird, oder bis eine bestimmte Zeitspanne abgelaufen ist. Jeder weitere Schritt verlängert die Maximaldauer einer Drehbewegung in die entgegengesetzte Richtung. Mit den Variablen `Richtung` und `Zeit` wird der aktuelle Wert für Suchrichtung und -dauer festgelegt. Die Suche beginnt mit einem Zurücksetzen des Timers und der Anweisung an den Motor, sich zu drehen. Der Motor dreht sich mit verringerter Leistung, wobei eine Kette in entgegengesetzter Richtung läuft. Nach dem Starten dieses Vorgangs wird über eine Schleife ermittelt, ob entweder das Entdecken der Linie oder das Ablaufen der festgelegten Zeitdauer vorliegt. Wenn die Linie entdeckt wurde, wird die Variable `Zeit` auf ihren Ursprungswert zurückgesetzt, sodass die nächste Suche wieder mit kleinen Drehbewegungen ausgeführt wird. Wenn die Zeitdauer überschritten wird, wird für die Variable `Richtung` ein umgekehrter Wert eingestellt und die Variable `Zeit` verdoppelt, sodass der nächste Schleifendurchgang in einer größeren Drehbewegung in die entgegengesetzte Richtung resultiert.

Das Umkehren des Wertes für Richtung und das Verdoppeln des Wertes für Zeit setzt eine etwas außergewöhnliche Operation voraus:

```
Richtung *= -1;
Zeit *= 2;
```

Der *=-Operator ist ein spezieller Operator, der eine Variable mit einem Wert multipliziert und das Ergebnis wieder in die Variable einfügt. Entsprechende Operatoren gibt es auch für andere grundlegende arithmetische Operationen (+=, -= und /=).

Diese Anweisungen können auch folgendermaßen lauten:

```
Richtung = Richtung * -1;
Zeit = Zeit * 2;
```

Viele C-Programmierer (mich eingeschlossen) verwenden spezielle Operatoren, wie z. B. *=, da diese kompakter und einfacher zu programmieren sind (wenn Sie eine Variable modifizieren möchten, brauchen Sie die Änderung nur einmal und nicht an beiden Vorkommen der Variable einzugeben).

Die Verwendung des Algorithmus ist relativ einfach; dazu ist nur das Konfigurieren des Lichtsensors und das bedarfsabhängige Aufrufen von Linie_folgen erforderlich. Mit dem unten aufgeführten Code wird Linebot programmiert, die folgenden Aufgaben auszuführen: Folgen einer Linie, Wiedergeben eines Klanges sowie Pausieren für eine Sekunde beim Treffen auf einen Stopper.

```
task main()
{
   SetSensor(AUGE, SENSOR_LIGHT);

   while(true)
   {
      Linie_Folgen();
      PlaySound(SOUND_FAST_UP);
      Wait(100);
   }
}
```

Wie bei den vorhergehenden Linebot-Programmen, bedarf das Erstellen einer entsprechenden Teststrecke und das Festlegen der korrekten Schwellenwerte einiger Versuche. Bei der Teststrecke sollte ein guter Kontrast zwischen der weißen Oberfläche, der zu befahrenden Linie und den Stoppern bestehen. Die Drehbewegungen sollten außerdem stufenweise und kontrolliert ausgeführt werden. Bei einer scharfen Drehbewegung könnte der Linebot aus dem Kurs geraten. Für die von mir erstellte Teststrecke wurde weißer Karton, grünes Konstruktionspapier für die Linie und schwarzes Papier für die Stopper verwendet. Die Linien waren 1,9 cm dick, und die schärfste Drehung hatte einen Radius von 15 cm. Die Stopper hatten die Größe 1,9 cm x 1,9 cm. Wenn Sie die Stopper in der Nähe einer Kurve anbringen, müssen sie ein wenig länger als 1,9 cm sein.

Was die Schwellenwerte betrifft, so sollte für SCHWELLENWERT_LINIE ein Mittelwert zwischen dem Schwellenwert für die weiße Oberfläche und dem für die Linie festgelegt werden. Der Wert für SCHWELLENWERT_STOPPER sollte aus dem Mittelwert von Linien- und Stopper-Schwellenwert bestehen. Wenn z.B. für die Oberfläche der Wert 56, für die Linie der Wert 46 und für den Stopper der Wert 39 festgelegt wurde, können die Schwellenwerte 51 und 42 für SCHWELLENWERT_LINIE bzw. für SCHWELLENWERT_STOPPER verwendet werden. Wenn Linebot sich durch Hin- und Herdrehen mit zeitaufwendigem Suchen der Linie aufhält, ist der Schwellenwert für SCHWELLENWERT_LINIE möglicherweise zu niedrig. Wenn er andererseits in aller Ruhe die Linie verlässt, ohne den Versuch einer Kurskorrektur auszuführen, ist der Wert für SCHWELLENWERT_LINIE wahrscheinlich zu hoch. Der Wert SCHWELLENWERT_STOPPER ist zu niedrig, wenn Linebot die Stopper auf seiner Strecke nicht lokalisiert, er ist dagegen zu hoch, wenn Linebot gelegentlich anhält, ohne auf einen Stopper zu treffen.

8.6 Zusammenfassung

Es wurden verschiedene Algorithmen zum Folgen einer Linie besprochen sowie die Konzepte der Rückkopplung und der Hysterese vorgestellt. Das Verhalten beim Folgen einer Linie ist eine wichtige Grundlage für die Konstruktion komplizierterer Roboter. Stellen Sie sich beispielsweise ein als Müllwagen verwendetes Roboterfahrzeug vor, das einem Pfad auf dem Boden folgt und dabei alle an der Strecke befindlichen Mülltonnen leert. Ein anderes Beispiel wäre ein Postauto, das an jedem Haltepunkt entlang der Route die Post verteilt. Im folgenden Kapitel wird Dumpbot gebaut, ein Roboterkipplaster, bei dessen Konstruktion Linebot zugrunde gelegt wird.

9 Dumpbot

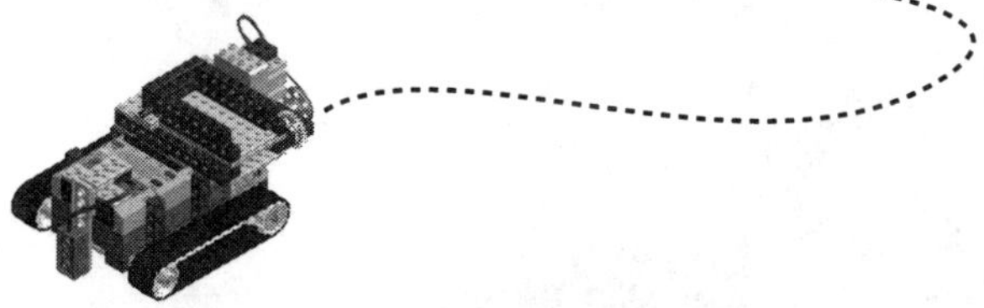

Dumpbot ist ein Roboterkipplaster, der auf Linebot basiert. Wie sein Vorgänger kann er einer Linie folgen, um von einer Stelle zu einer anderen zu fahren. Zusätzlich verfügt er über einen motorbetriebenen Behälter, der zum Transportieren von Ladung dient, die auf Wunsch ausgeleert werden kann. Zwar kann Dumpbot mithilfe von RCX-Code programmiert werden, doch lässt sich mit NQC ein besserer Algorithmus implementieren.

Erforderliche Zusatzteile:

1 Motor

Informationen darüber, wo Sie die Zusatzteile beziehen können, finden Sie in Anhang B.

9.1 Aufbau

Da Dumpbot auf Linebot basiert, besteht die erste Aufbauphase darin, am Linebot die entsprechende Stütze und Verbindungskabel zu montieren, sodass der Lastbehälter später befestigt werden kann.

Abbildung 9.1 Dumpbot Schritt 1

Die Schritte 3 und 4 zeigen den Aufbau des Ablademechanismus. Die 1x4-Träger werden später am Lastbehälter selbst befestigt. Die 10er-Achse wird von einem Motor angetrieben (mit geeigneter Untersetzung). Die in Schritt 4 hinzugefügten oval geformten Teile werden 1x3-Hebearme genannt. Sie sind bemerkenswert vielseitig. In diesem Fall werden sie genau so verwendet, wie durch ihre Bezeichnung bereits impliziert: als Arm, um etwas zu heben. In späteren Kapiteln werden Hebearme auch für Klammern und andere Strukturaufgaben eingesetzt.

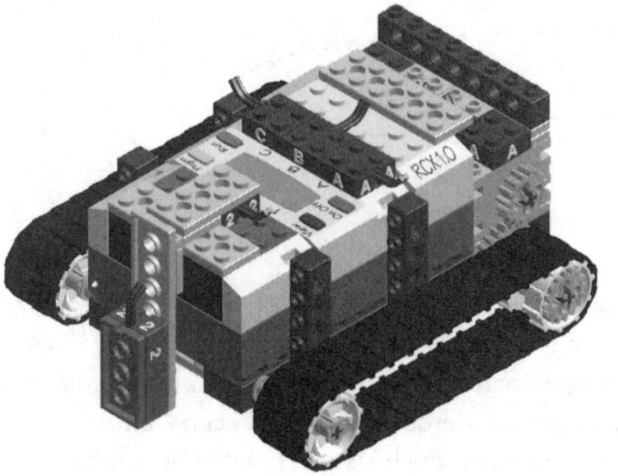

Abbildung 9.2 Dumpbot Schritt 2

Abbildung 9.3 Dumpbot Schritt 3

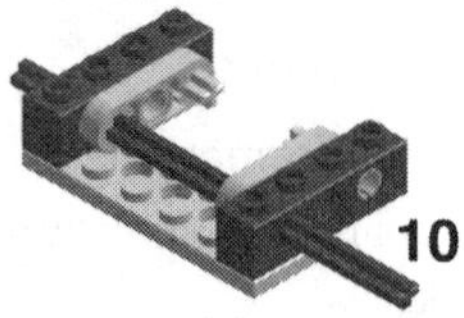

Abbildung 9.4 Dumpbot Schritt 4

Der Rahmen des Abladmechanismus wird in den Schritten 5 bis 8 gebaut. Die beiden 1x2-Platten nahe der Rückseite des Rahmens dienen als Stopper, um später die Bewegung des Frachtbehälters zu beschränken.

Abbildung 9.5 Dumpbot Schritt 5

Abbildung 9.6 Dumpbot Schritt 6

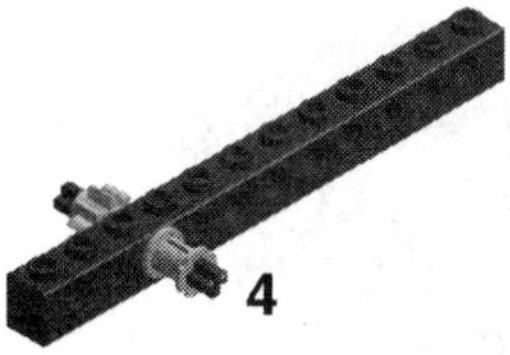

Abbildung 9.7 Dumpbot Schritt 7

Abbildung 9.8 Dumpbot Schritt 8

Die in Schritt 9 hinzugefügten 1x4-Platten werden zur Aufnahme des Motors verwendet. Wie üblich müssen wir die ungewöhnliche Form des Motorbodens berücksichtigen, indem wir die Stützen nur entlang der Kanten des Motors anbringen.

Abbildung 9.9 Dumpbot Schritt 9

Der Frachtbehälter selbst wird in den Schritten 10 bis 12 gebaut. Die in Schritt 10 gezeigte Verbindungsnoppe stößt auf die in Schritt 6 angebrachten 1x2-Stopperplatten. Eine 1x4-Platte dient als Verschluss für den Frachtbehälter, sodass Fracht erst herausfällt, wenn der Behälter gekippt wird. Je nach transportierter Last kann ein größerer Verschluss gebaut werden (z. B. aus zwei 1x4-Platten oder sogar einem Träger).

Abbildung 9.10 Dumpbot Schritt 10

Abbildung 9.11 Dumpbot Schritt 11

Abbildung 9.12 Dumpbot Schritt 12

In Schritt 13 wird der Frachtbehälter mit den 1x4-Trägern des Ablademechanismus verbunden. Auch der Motor wird eingebaut, mit einem blauen Riemen zur Verbindung der Riemenscheiben. Die Riemenscheiben ergeben eine Untersetzung von etwa 7:2. In Kombination mit der 3:1-Getriebeuntersetzung ergibt dies eine Gesamtuntersetzung von 21:2. Diese ist geeignet, um eine leichte Last rasch zu heben und auszuleeren. Der Riemenantrieb gibt dem Motor außerdem Schlupf, wenn die Bewegung des Frachtbehälters vom Stopper begrenzt wird.

Abbildung 9.13 Dumpbot Schritt 13

Abbildung 9.14 Dumpbot Schritt 14

In Schritt 14 wird der Ablademechanismus an der Rückseite von Linebot angebracht. Es sind eventuell kleinere Änderungen der Kettenmotorkabel (Ausgänge A und C) erforderlich, um den Ablademechanismus sicher zu fixieren. Der Ablader-motor wird mit Ausgang B verbunden. Dieses Kabel wird am besten direkt nach hinten verlegt (über den 1x8-Träger hinweg) und dann nach oben und um den Motor gewickelt.

9.2 Ein einfaches Programm

Da der Aufbau von Dumpbot auf Linebot basiert, ist es sinnvoll, auch seine Programme auf Linebot-Programmen basieren zu lassen. Unser erstes Programm ist sehr einfach: 5 Sekunden einer Linie folgen und dann den Frachtbehälter ausleeren. Um den Frachtbehälter auszuleeren, läuft der Motor 0,7 Sekunden vorwärts, um den Behälter zu kippen, und dann 1,0 Sekunden rückwärts, um den Behälter wieder in die horizontale Position zu bringen. Der Motor läuft länger rückwärts als vorwärts, da die Kippgeschwindigkeit immer etwas anders ist. Wenn die Vorwärts- und Rückwärtszeiten genau gleich sind, ist es möglich, dass der Behälter nicht vollständig in seine horizontale Position zurückkehrt. Der Stopper (die Verbindungsnoppe, die auf die 1x2-Platten trifft) verhindert, dass der Behälter sich zu weit bewegt, und das Gummiband sorgt in diesem Fall für Schlupf.

Der folgende NQC-Code definiert die entsprechenden Konstanten und eine Funktion, um den Frachtbehälter zu leeren:

```
// Abladermotor und Konstanten
#define ABLADER OUT_B
#define ABLADEZEIT  70
#define HORIZONTAL_ZEIT 100

void Abladen()
{
   OnFwd(ABLADER);
   Wait(ABLADEZEIT);
   Rev(ABLADER);
   Wait(HORIZONTAL_ZEIT);
   Off(ABLADER);
}
```

Der ursprüngliche Algorithmus von Linebot zum Folgen der Linie entspricht mit einer Ausnahme unseren Anforderungen: Wir müssen ihn nach fünf Sekunden anhalten können. Dies kann erreicht werden, indem wir die folgen-Routine in ihre eigene Task setzen. Die main-Task kann dann die folgen-Task starten, fünf Sekunden warten, die folgen-Task stoppen und dann die Fracht entleeren. Das vollständige Programm ist unten gezeigt:

```
// dumpbot1.nqc
//5 Sekunden einer Linie folgen und dann die Fracht ausleeren

// Linebot-Sensor, -Motoren und -Konstanten
#define AUGE SENSOR_2
#define LINKS   OUT_A
#define RECHTS  OUT_C
#define SCHWELLENWERT_LINKS  42
#define SCHWELLENWERT_RECHTS 53

// Abladermotor und Konstanten
#define ABLADER OUT_B
#define ABLADEZEIT 70
#define HORIZONTAL_ZEIT  100

#define FOLGEN_ZEIT   500 // vor dem Abladen fünf Sekunden fahren

void Abladen()
{
   OnFwd(ABLADER);
   Wait(ABLADEZEIT);
   Rev(ABLADER);
   Wait(HORIZONTAL_ZEIT);
   Off(ABLADER);
}

task main()
{
   SetSensor(AUGE, SENSOR_LIGHT);

   start folgen;
   Wait(FOLGEN_ZEIT);
   stop folgen;
   Off(LINKS+RECHTS);
   Abladen();
}

task folgen()
{

   On(LINKS+RECHTS);
   while(true)
```

```
    {
        if (AUGE <= SCHWELLENWERT_LINKS)
        {
            Off(LINKS);
            On(RECHTS);
        }
        else if (AUGE >= SCHWELLENWERT_RECHTS)
        {
            Off(RECHTS);
            On(LINKS);
        }
        else
        {
            On(LINKS+RECHTS);
        }
    }
}
```

Ein ähnliches Programm kann in RCX-Code erstellt werden. Auch hier beginnen wir wieder mit dem ursprünglichen Linebot-Programm, dem wir die Möglichkeit hinzufügen, den Frachtbehälter auszuleeren und den Code zum Folgen der Linie zu beenden. RCX-Code ermöglicht nicht die direkte Kontrolle von Tasks, sodass wir eine andere Möglichkeit benötigen, um das Folgen der Linie zu beenden. Einfaches Ausschalten der Motoren A und C würde meistens funktionieren. Wenn jedoch der Lichtsensor-Watcher zur Unzeit ausgelöst wird, kann er einen oder beide Motoren wieder einschalten. Stellen Sie sich Folgendes vor: Dumpbot marschierte soeben ein wenig zu weit über die Linie. Dies löst den Stapel unter dem »Dark«-Teil des Sensor Watchers aus. Dieser Stapel beginnt mit der Ausführung und schaltet Motor A aus. Bevor es jedoch zum nächsten Schritt gelangt, bemerkt das Hauptprogramm, dass fünf Sekunden verstrichen sind, und schaltet die Motoren A und C manuell aus. Nun beendet die Lichtsensor-Task die Ausführung und schaltet Motor C wieder ein. Dies ist ein weiteres Beispiel der versteckten Probleme in simultanen Systemen, wie sie in Kapitel 7 behandelt wurden.

Eine Lösung besteht darin, die Motoren A und C ausgeschaltet zu lassen, falls einer der anderen Stapel noch ausgeführt wird. Der Zähler wird verwendet, um zu entscheiden, ob die Motoren ein- oder ausgeschaltet werden müssen. Das Hauptprogramm erhöht den Zähler, der den Zähler-Watcherstapel auslöst, um die Motoren ausgeschaltet zu lassen. Das vollständige Programm wird in Abbildung 9.15 gezeigt.

Dieses Programm lässt sich etwas vereinfachen. So ist z. B. das erste **Set direction** in dem **Abladen**-Befehl nicht wirklich erforderlich, da sich die Motoren beim Starten eines Programms immer in die Vorwärtsrichtung drehen. Wenn Sie den **Set**

direction-Befehl in den **Abladen**-Befehl aufnehmen, wird dieser jedoch universeller, da er in einem Programm mehrmals aufgerufen werden kann. Und da der Zähler innerhalb des Programms niemals zurückgesetzt wird, ließe sich der Zähler-Watcher vereinfachen, indem das **Repeat while** in ein **Repeat forever** geändert und der **On**-Befehl entfernt würde. Ein komplexeres Programm könnte jedoch beschließen, nach dem Abladen der Fracht weiter der Linie zu folgen. Dies kann durch Zurücksetzen des Zählers erreicht werden.

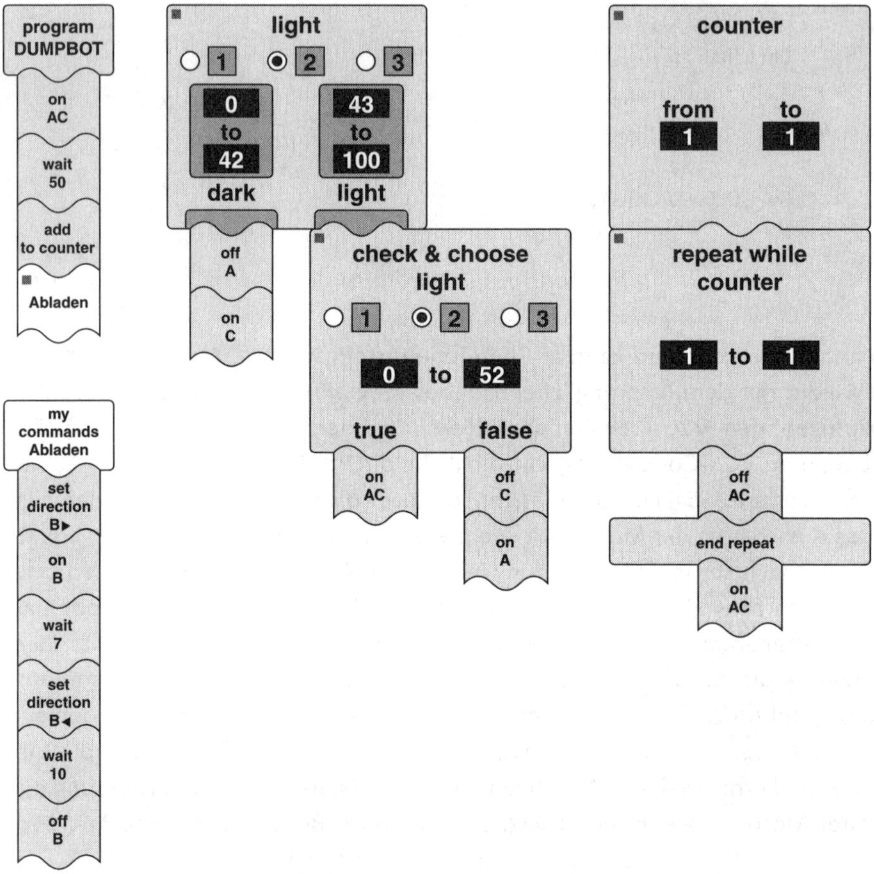

Abbildung 9.15 Dumpbot-Programm in RCX-Code

Welche Programmiersprache auch immer Sie verwenden (NQC oder RCX-Code), Sie müssen eine Linie ziehen, der Dumpbot folgt. Sie können die im Robotics Invention System enthaltene Testmatte verwenden oder Ihre eigene herstellen. Die zum Testen der ersten Version von Linebot verwendete Matte funktioniert in jedem Fall auch für Dumpbot.

Wie bei Linebot müssen eventuell Schwellenwerte angepasst werden. Sensorwerte lassen sich mit der Taste View des RCX bestimmen. Wenn Sie das NQC-Programm verwenden, setzen Sie SCHWELLENWERT_LINKS auf einen etwas höheren Wert als den Sensorwert über der schwarzen Linie. Setzen Sie SCHWELLENWERT_RECHTS auf einen etwas niedrigeren Wert als den Sensorwert über der leeren Fläche. Wenn z. B. der Sensor über der Linie 39 und über der leeren Fläche 56 misst, versuchen Sie es mit einem SCHWELLENWERT_LINKS von 42 und einem SCHWELLENWERT_RECHTS von 53. Die RCX-Code-Version des Programms enthält drei Werte, die eventuell angepasst werden müssen. Der erste Wert ist der höchste Messwert, der vom Sensor Watcher als dunkel angesehen wird (in der Abbildung die 42). Dieser sollte auf denselben Wert wie SCHWELLENWERT_LINKS im NQC-Programm gesetzt werden. Er muss etwas höher als der Messwert direkt über der schwarzen Linie sein. Der zweite Wert ist der kleinste Messwert, der vom Sensor Watcher als Licht angesehen wird. Er sollte gleich dem obigen Wert plus 1 sein (in der Abbildung die 43). Der dritte Wert ist der obere Wert des im **Check & choose**-Block getesteten Bereichs. Dieser sollte um 1 kleiner als SCHWELLENWERT_RECHTS sein, in jedem Fall jedoch ein wenig niedriger als der Messwert über der leeren Fläche. Im vorhergehenden Kapitel über Linebot finden Sie weitere Informationen über das Anpassen der Schwellenwerte.

9.3 Abliefern der Fracht

Unser zweites Programm für Dumpbot ist etwas komplexer. Es basiert auf dem verbesserten Algorithmus zum Folgen einer Linie. Dieser kann in RCX-Code nicht implementiert werden. Daher finden Sie hier nur NQC-Beispielcode. Ziel des zweiten Programms ist es, einer grauen Linie zu folgen, bis ein Ende erreicht ist, und dort die Fracht abzuladen. Der Dumpbot wendet dann und folgt der Linie zurück zum anderen Ende. Die Enden der Linie sind durch schwarze Quadrate gekennzeichnet, Stopper genannt.

Der meiste Code für dieses Programm wurde bereits geschrieben. Das Programm **linebot3.nqc** enthält die Funktion `Linie_folgen`, und das Programm **dumpbot1.nqc** enthält die Funktion Abladen zum Ausladen der Fracht. Die einzige neue für Dumpbot benötigte Aktion ist die Fähigkeit, zu wenden. Dazu kann eine Wenden-Funktion geschrieben werden.

```
void Wenden()
{
    // Wenden beginnen
    OnRev(LINKS);
    OnFwd(RECHTS);
```

```
    // warten, bis Linie verlassen
    until(AUGE >= SCHWELLENWERT_LINIE);
    // warten, bis wieder auf Linie
    until(AUGE < SCHWELLENWERT_LINIE);

    Off(LINKS+RECHTS);
}
```

Zum Wenden werden die Ketten in entgegengesetzten Richtungen angetrieben. Da Dumpbot vermutlich bereits auf der Linie ist, wartet er zunächst, bis er keine Linie sehen kann und setzt die Drehung fort, bis er die Linie wieder sieht. Wenn wir diesen Programmteil mit dem Code aus linebot3.nqc, dumpbot1.nqc und einer geeigneten main-Task kombinieren, erhalten wir dieses Programm:

```
// dumpbot2.nqc
// einer Linie folgen, die Fracht abladen und dann zurückkehren

// Linebot-Sensor, -Motoren und -Konstanten
#define AUGE SENSOR_2
#define LINKS   OUT_A
#define RECHTS  OUT_C
#define SCHWELLENWERT_LINIE  51
#define SCHWELLENWERT_STOPPER   42
#define DREHGESCHWINDIGKEIT     3
#define ANFANGSZEIT   4
// Abladermotor und Konstanten
#define ABLADER OUT_B
#define ABLADEZEIT 70
#define HORIZONTAL_ZEIT  100

void Abladen()
{
    // Frachtbehälter ausschütten
    OnFwd(ABLADER);
    Wait(ABLADEZEIT);
    Rev(ABLADER);
    Wait(HORIZONTAL_ZEIT);
    Off(ABLADER);
}

int Richtung, Zeit, Auge, Stopp_OK;
```

```
sub Linie_Folgen()
{
   // Variablen initialisieren
   Richtung = 1;
   Zeit = ANFANGSZEIT;
   Stopp_OK = 0;

   // Losfahren
   OnFwd(LINKS+RECHTS);

   while(true)
   {

      // Sensorwert lesen
      Auge = AUGE;

      if (AUGE < SCHWELLENWERT_LINIE)
      {
         // wir befinden uns über der Linie oder einem Stopper
         if (Auge > SCHWELLENWERT_STOPPER)
            Stopp_OK = 1;
         else if (Stopp_OK == 1)
         {
            // Stopper gefunden
            Off(RECHTS+LINKS);
            return;
         }
      }
      else
      {
         // Linie muss wiedergefunden werden
         ClearTimer(0);
         if (Richtung == 1)
         {
            SetPower(RECHTS+LINKS, DREHGESCHWINDIGKEIT);
            Rev(LINKS);
         }
         else
         {
            SetPower(RECHTS+LINKS, DREHGESCHWINDIGKEIT);
```

```
            Rev(RECHTS);
         }

         while(true)
         {
            // Linie gefunden?
            if (AUGE < SCHWELLENWERT_LINIE)
            {
               Zeit = ANFANGSZEIT;
               break;
            }
            if (Timer(0) > Zeit)
            {
               // andere Richtung versuchen
               Richtung *= -1;
               Zeit *= 2;
               break;
            }
         }
         SetPower(LINKS+RECHTS, OUT_FULL);
         Fwd(RECHTS+LINKS);
      }
   }
}

void Wenden()
{
   // Wenden beginnen
   OnRev(LINKS);
   OnFwd(RECHTS);

   // warten, bis Linie verlassen
   until(AUGE >= SCHWELLENWERT_LINIE);

   // warten, bis wieder auf Linie
   until(AUGE < SCHWELLENWERT_LINIE);
   Off(LINKS+RECHTS);
}
task main()
{
   SetSensor(AUGE, SENSOR_LIGHT);
```

```
    Linie_Folgen();
    Abladen();
    Wenden();
    Linie_Folgen();
}
```

Die Testfläche für diese Version von Dumpbot sollte dieselben Kriterien wie für Linebot erfüllen. Insbesondere muss eine graue oder grüne ca. 1,9 cm starke Linie auf einer weißen Fläche vorhanden sein. Kurven müssen einen Radius von mindestens 15 cm haben, und Stopper müssen mindestens 1,9 cm lang sein. Zeichnen Sie den Pfad Ihrer Wahl (ich verwendete eine große »U«-Form) mit einem Stopper an jedem Ende. Platzieren Sie Dumpbot in der Nähe eines Endes mit dem Lichtsensor dicht an der Linie und geeigneter Fracht im Frachtbehälter, und führen Sie dann das Programm aus. Wenn alles gut läuft, sollte Dumpbot der Linie ans andere Ende folgen, die Fracht abladen, wenden und zum ersten Ende zurückkehren. Wie bei allen Robotern, die den Lichtsensor verwenden, sind eventuell einige Anpassungen der Lichtschwellenwerte (SCHWELLENWERT_LINIE und SCHWELLENWERT_STOPPER) erforderlich. Beginnen Sie mit einem SCHWELLENWERT_LINIE, der auf einen Wert gesetzt ist, der ungefähr in der Mitte zwischen den Messwerten über der leeren Fläche und denen direkt über der Linie liegt. Setzen Sie SCHWELLENWERT_STOPPER auf einen Wert, der ungefähr in der Mitte zwischen den Messwerten für die Linie und einen Stopper liegt. Weitere Tipps zum Setzen und Anpassen dieser Schwellenwerte hatten wir bereits bei Linebot gegeben.

9.4 Zusammenfassung

Dumpbot zeigt, wie das Folgen einer Linie als Grundstein für kompliziertere Roboter verwendet werden kann. Selbst mit dem einfachen Algorithmus zum Folgen einer Linie kann sich Dumpbot schon recht klug verhalten. Anstatt sich auf die Zeit zu verlassen (fünf Sekunden nach Programmstart abladen), könnte ein Stoßfänger verwendet werden, um das Ende der Linie zu erkennen. Der verbesserte Algorithmus zum Folgen einer Linie bietet eine höhere Flexibilität, da Dumpbot damit die Fähigkeit erhält, zwischen zwei verschiedenen Farben auf der Linie zu unterscheiden.

Dumpbot wird in Kapitel 17 als Beispiel dafür verwendet, wie zwei Roboter miteinander kommunizieren können.

10 Scanbot

Scanbot ist ein Roboter, der helle Lichtquellen erkennt. Wenn Sie beispielsweise auf der anderen Seite des Raums stehen und eine Taschenlampe auf Scanbot richten, dreht er sich in Ihre Richtung. Wenn Sie sich im Raum bewegen, richtet er sich weiterhin nach Ihrem Standort aus. Scanbot besitzt sogar einen Kopf, der sich beim Suchen nach hellen Lichtquellen zur Seite dreht, sodass er seinen aktuellen Kurs beibehalten kann, während er gleichzeitig nach einer besseren Alternative sucht.

Erforderliche Zusatzteile:

1 Rotationssensor

1 Motor

Informationen darüber, wo Sie die Zusatzteile beziehen können, finden Sie in Anhang B.

10.1 Aufbau

Auch hier verwenden wir wieder das Tankbot-Fahrgestell (mit dem Original-1:1-Getriebe). Schritt 1 zeigt Tankbot mit einem zusätzlichen Kabel am Motoranschluss B.

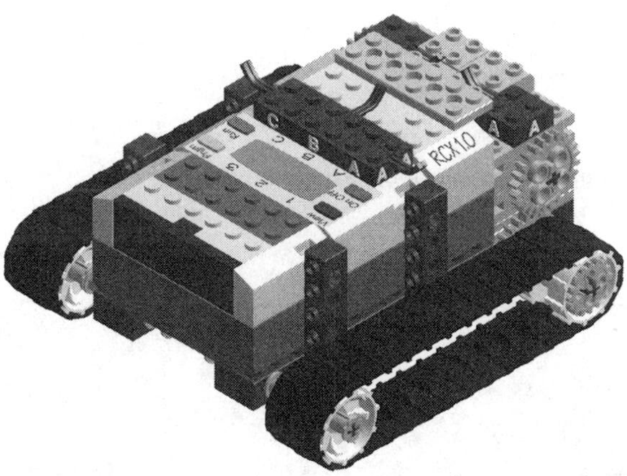

Abbildung 10.1 Scanbot Schritt 1

Scanbot bekommt einen Lichtsensor als Teil eines Kopfes, der auf der Suche nach Licht hin und her schauen kann. Der Kopf selbst wird von einem Motor angetrieben, und die Position des Kopfes wird von einem Rotationssensor bestimmt. In den Schritten 2 und 3 wird mithilfe von breiten Trägern ein Rahmen zur Aufnahme dieses Motors und des Rotationssensors gebaut. Sie sehen auch eine 6er-Achse, die für Scanbot als Hals dient. Keine Sorge, er bleibt nicht lange ohne Kopf.

Abbildung 10.2 Scanbot Schritt 2

Abbildung 10.3 Scanbot Schritt 3

Der Hals wird in den Schritten 4 und 5 fixiert. Nun sollten zwei Halbbuchsen auf der Achse stecken, eine oberhalb und eine unterhalb der Platte. Stellen Sie sicher, dass diese Buchsen nahe genug an der Platte sind, damit die Achse nicht mehr wackelt, aber nicht so nahe, dass sie sich nicht frei drehen kann.

Anstatt den Motor direkt mit dem Hals zu verzahnen, wird eine Riemen/Riemenscheibe-Kombination zur Kraftübertragung verwendet. Die hier verwendete Riemenscheibe wird wegen des darin enthaltenen kleinen Gummirings **Reibungsriemenscheibe** genannt. Für unsere Zwecke ist die Reibungseigenschaft unwichtig; wir verwenden sie nur, weil sie die richtige Größe hat.

Abbildung 10.4 Scanbot Schritt 4

Abbildung 10.5 Scanbot Schritt 5

Die Schritte 6 und 7 zeigen die Montage der Antriebswelle mithilfe einer 8er-Achse, die durch den Rotationssensor geht. Die zwei Halbbuchsen werden als Abstandhalter zwischen dem Rotationssensor und dem Schneckenrad verwendet.

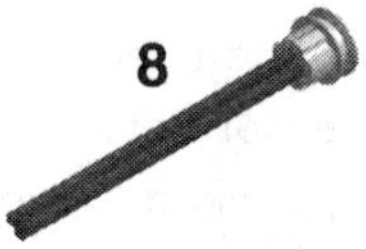

Abbildung 10.6 Scanbot Schritt 6

Abbildung 10.7 Scanbot Schritt 7

In Schritt 8 wird die Antriebswelle auf dem Rahmen montiert. Zur Verbindung der beiden Riemenscheiben (am Motor und an der Antriebswelle) muss ein weißes Gummiband verwendet werden. Das Schneckenrad ist etwas kleiner als zwei LEGO-Einheiten; daher wackelt es eventuell etwas. Um dieses Problem zu beheben, schieben Sie das Schneckenrad vollständig gegen den 1x6-Träger und schieben dann die Halbbuchsen dicht gegen das Schneckenrad. Daraus resultiert ein geringer Abstand zwischen den Buchsen und dem Rotationssensor. Kombinieren Sie, wie üblich, alle Teile so, dass sie zwar nicht wackeln, aber doch lose genug sind und sich alles leicht drehen kann. Wegen des Problems mit dem Schneckenrad werden zwei Halbbuchsen statt einer einzigen normalen Buchse verwendet. Obwohl der insgesamt benötigte Platz in beiden Fällen gleich ist, hat ein Paar Halbbuchsen eine höhere Reibung als eine normale Buchse und fixiert das Schneckenrad besser.

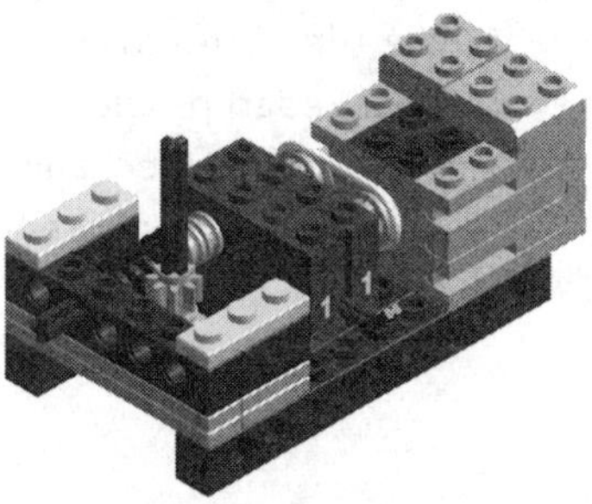

Abbildung 10.8 Scanbot Schritt 8

Dieser Antriebsmechanismus erfüllt zwei wesentliche Aufgaben: Er verringert die Drehgeschwindigkeit des Halses (8:1-Untersetzung mithilfe des Schneckenrads), und er lässt Schlupf zu, wenn der Hals hängen bleibt. Die Position des Rotationssensors ist sehr wichtig. Der Rotationssensor selbst hat eine Auflösung von 16 Einheiten pro Umdrehung. Für Scanbot hätten wir gern genauere Drehwerte; daher wird der Sensor vor die Untersetzung gesetzt. Dadurch hat der Sensor eine effektive Auflösung von 128 Einheiten pro Umdrehung des Halses (16 Einheiten pro

Umdrehung mal 8:1-Untersetzung). Da der Sensor einen genauen Messwert der Halsposition liefern soll, ist es wichtig, dass Schlupf nur zwischen dem Motor und dem Rotationssensor auftritt und nicht zwischen dem Rotationssensor und dem Hals (auf dem der Lichtsensor montiert ist).

Der Rotationssensor misst die relative Drehung und nicht die absolute Drehung. Beim Starten des Programms wird die Position, an der sich der Sensor befindet, als Wert 0 gelesen. Drehen in eine Richtung erhöht diesen Wert, Drehen in die andere Richtung verringert ihn. Damit Scanbot funktioniert, müssen wir bestimmen können, ob der Kopf nach links, rechts oder geradeaus zeigt. Dazu müssen wir statt einer relativen die absolute Drehung kennen. Dies lässt sich erreichen, indem der Kopf in eine bekannte Position gedreht und dann der Rotationssensor zurückgesetzt wird (dadurch wird der Wert auf 0 gesetzt). In Schritt 9 wird dem Hals ein kleiner Ausleger hinzugefügt. Ein ¾-Zapfen dient als Stopper. Wir können jetzt den Hals auf eine bekannte Position drehen, indem wir einfach den Motor einige Sekunden laufen lassen. Unabhängig davon, wo der Hals ursprünglich war, stößt er schließlich auf den Stopper und verweilt dort. Daraus folgt, dass wir den Motor manchmal laufen lassen, wenn der Hals sich nicht drehen kann; dies ist der Grund für die Verwendung des Riemenantriebs, der Schlupf zulässt.

Ein weiteres unscheinbares Detail in Schritt 9 ist die Ausrichtung der Buchse am oberen Ende des Halses. Die zwei Seiten einer Buchse sind nicht identisch: eine ist rund, die andere eingekerbt. Die eingekerbte Seite passt genau zwischen vier Noppen auf einem LEGO-Teil. Wir nutzen diese Eigenschaft später aus; es ist daher wichtig, dass die eingekerbte Seite der Buchse nach oben zeigt (siehe unten).

Eine weitere Buchse kommt an das Ende der Antriebswelle (der 8er-Achse mit dem Schneckenrad). Diese Buchse ermöglicht es, den Hals bei Bedarf problemlos manuell auszurichten. Da das Schneckenrad eine Art von »Einbahn«-Mechanismus ist, lässt sich der Hals selbst nicht drehen. Statt dessen muss das Schneckenrad gedreht werden, das seinerseits den Hals dreht.

Abbildung 10.9 Scanbot Schritt 9

Abbildung 10.10 Scanbot Schritt 10

Der Kopf von Scanbot wird in Schritt 10 gezeigt. Er ist um einen Lichtsensor herum gebaut, mit einem 1x2-Träger davor, um sein Sichtfeld einzuengen (und damit seine Selektivität zu erhöhen).

Der Kopf wird (mit der Oberseite nach unten) auf dem Hals montiert. Es ist wichtig, dass der Kopf die richtige Ausrichtung in Bezug auf den kleinen Ausleger am Hals hat. Wenn der Ausleger direkt vom Stopperzapfen wegzeigt, muss der Kopf nach vorne zeigen. Die Sensorkabel der Rotations- und Lichtsensoren müssen an den RCX-Anschlüssen 1 bzw. 3 angeschlossen werden. Der Sensorrahmen sitzt nun über den Kabelanschlüssen der Sensoren und Motoren.

Abbildung 10.11 Scanbot Schritt 11

10.2 Schauen und lenken

Die Grundfunktion von Scanbot ist wie folgt: vorwärts fahren bei gleichzeitigem Hin- und Herschauen, bis ein helles Licht entdeckt wird, dann ein wenig in die Richtung des Lichtes drehen und wieder hin und her schauen.

Mit dem Rotationssensor kann der aktuelle Winkel des Kopfes bestimmt werden. Da der Rotationssensor jedoch die relative Drehung misst, müssen wir erst zu einer bekannten Position drehen und den Sensor zurücksetzen. Ich nenne dies den Kopf **ausrichten**. Eine einfache Möglichkeit dazu besteht darin, den Kopf eine feste Zeitspanne zu drehen, anzuhalten und den Sensor zurückzusetzen. Solange die feste Zeitspanne ausreicht, um den Kopf von einem Extrem zum anderen zu bewegen, führt dies zu einer Ausrichtung des Kopfes. Drei Sekunden sollten genügen.

Um hin und her zu schauen, müssen wir die Drehrichtung des Motors umkehren, sobald der Kopf seine äußerste rechte oder linke Stellung erreicht hat. Es stellte sich heraus, dass die Mittelposition für den Kopf am Rotationssensor einen Wert von 53 ergibt (nachdem der Kopf ausgerichtet wurde). Ich entschied mich dafür, den Kopf einen Bereich von 270 Grad (je 135 Grad links und rechts) überwachen zu lassen. Da der Rotationssensor 16 Schritte pro Drehung zählt und der Kopf um 8:1 untersetzt ist, besteht eine vollständige Drehung (360 Grad) aus 128 Schritten. So ist die äußerste linke Drehung um 48 kleiner als die Mittelposition (53 – 48 = 5), und die äußerste rechte Drehung um 48 größer als die Mittelposition (53 + 48 = 101). Immer wenn der Rotationssensor weniger als 5 abliest, hat sich der Kopf zu weit nach links gedreht, und der Motor muss in die Vorwärtsrichtung geschaltet werden. Immer wenn der Sensor mehr als 101 abliest, befindet sich der Kopf zu weit rechts, und der Motor muss rückwärts laufen.

Während der Kopf hin und her schaut, muss der Lichtsensor überwacht werden. Wenn ein helles Licht entdeckt wird, wird der Kopf angehalten, was sich im »Einfrieren« des Wertes des Rotationssensors niederschlägt. Dieser Wert kann überprüft werden, um festzustellen, ob es sich rechts oder links der Mitte befindet. Um unnötiges Zickzack fahren zu vermeiden, ist in die Prüfungen eine kleine Toleranz eingebaut. Jede Abweichung bis zu 2 von der Mitte wird nicht als Grund für eine Drehung angesehen. Die Drehung selbst ist recht einfach: eine Kette läuft eine halbe Sekunde lang rückwärts. Hier sehen Sie eine vollständige Implementation in NQC:

```
// scanbot1.nqc
// Einfaches Verfolgungsprogramm für Scanbot

// Sensoren
#define AUGE SENSOR_3
#define WINKEL SENSOR_1

// Motoren
#define LINKS  OUT_A
#define KOPF OUT_B
#define RECHTS OUT_C

// Weitere Konstanten
#define TOLERANZ 2

#define MITTE 53
#define SUCHBEREICH 48     // 135 Grad
```

```
#define AUSRICHT_ZEIT 300    // 3 Sekunden
#define DREH_ZEIT  50        // 1/2 Sekunde

#define SCHWELLE   65

void Ausrichten()
{
   Rev(KOPF);   // Drehung nach links beginnen
   OnFor(KOPF, AUSRICHT_ZEIT);
   Off(KOPF);              // Drehen anhalten
   Fwd(KOPF);              // spätere Aktivierung vorbereiten
   ClearSensor(WINKEL);    // diese Position zur Nullstellung machen
}

task main()
{
   // Sensoren konfigurieren
   SetSensor(AUGE, SENSOR_LIGHT);
   SetSensor(WINKEL, SENSOR_ROTATION);

   Ausrichten();

   // Schauen und lenken...
   On(LINKS+RECHTS+KOPF);

   // jetzt können wir die Lenkungstask starten
   start Lenken;

   // weiter hin und her schauen
   while(true)
   {
      if (WINKEL < MITTE-SUCHBEREICH)
      {
         Fwd(KOPF);
      }
      else if (WINKEL > MITTE+SUCHBEREICH)
      {
         Rev(KOPF);
      }
   }
}
```

```
task Lenken()
{
   while(true)
   {
      if (AUGE >= SCHWELLE)
      {
         Off(KOPF);   // Nicht mehr schauen
         PlaySound(SOUND_CLICK);

         if (WINKEL < MITTE-TOLERANZ)
         {
            // nach links drehen
            Rev(LINKS);
            Wait(DREH_ZEIT);
            Fwd(LINKS);
         }
         else if (WINKEL > MITTE+ TOLERANZ)
         {
            // nach rechts drehen
            Rev(RECHTS);
            Wait(DREH_ZEIT);
            Fwd(RECHTS);
         }

         On(KOPF);    // wieder schauen
      }
   }
}
```

Dasselbe Verhalten kann in RCX-Code implementiert werden. Standardmäßig zeigt die Robotics Invention System-Software die Sensor Watcher und Stack Controller optionaler Sensoren (z. B. des Rotationssensors) nicht an. Um diese Blöcke zu aktivieren, müssen Sie eine bestimmte Option ändern. Um den Optionsbildschirm anzuzeigen, wählen Sie im Hauptmenü **Einführung und Aufbau** und dann **Einstellungen**. Nun versucht die Software, mit dem RCX zu kommunizieren. Wenn ein Dialogfeld meldet, dass der RCX nicht gefunden werden kann, klicken Sie auf **Weiter** – für diese spezielle Option ist der RCX nicht erforderlich. Klicken Sie auf die Schaltfläche **Erweitert** am Fuß des Bildschirms, um auf die zweite Seite der Optionen zu gelangen, und klicken Sie dann auf die Option zum Entsperren des Rotationssensors (hier **Drehsensor** genannt). Nun können Sie zum Hauptmenü zurückkehren und ein Programm erstellen, das den Rotationssensor verwendet.

Wir beginnen damit, den Kopf so zu programmieren, dass er sich selbst ausrichtet und sich dann hin und her dreht. Der zugehörige RCX-Code wird unter dem Programmstapel selbst ausgeführt und verwendet einige **My Commands**. Der Befehl **Add to counter** scheint hier nicht hinzugehören, sein Zweck wird jedoch später erläutert.

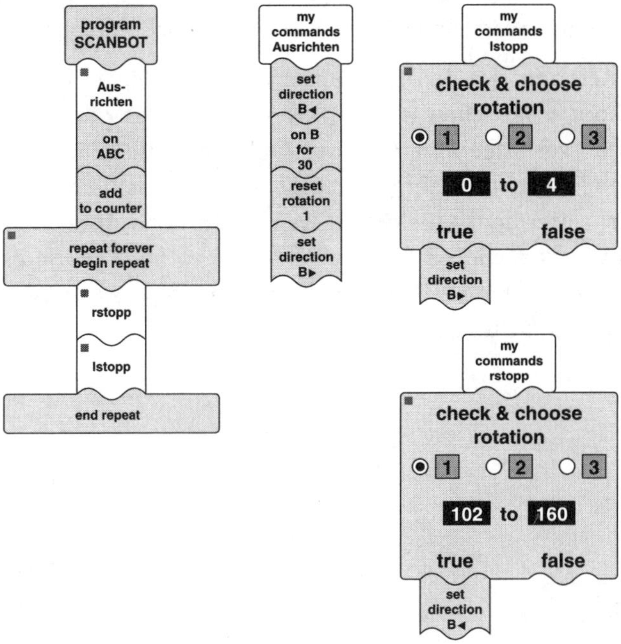

Abbildung 10.12 Kopfdrehung in RCX-Code

Der Code zum Lenken des Roboters muss auf einen Lichtsensor reagieren. Ein erster Versuch könnte ungefähr so aussehen:

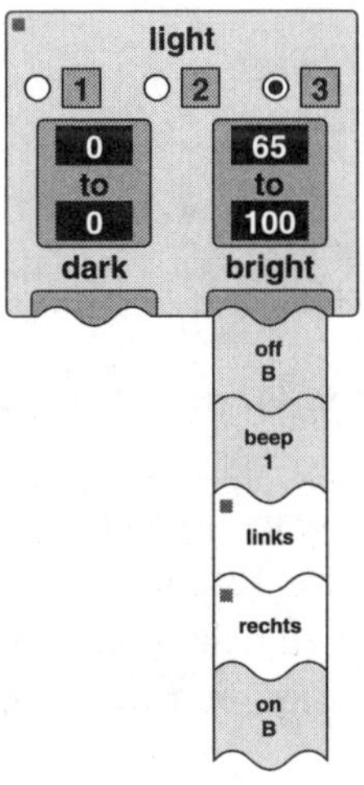

Abbildung 10.13 Ein fast schon funktionierendes RCX-Code-Programm

Das Problem ist, dass der Sensor Watcher auch dann aktiv ist, wenn der Kopf gerade ausgerichtet wird. In diesem Fall besteht die Möglichkeit, dass ein helles Licht entdeckt wird und der Sensor Watcher den Kopf anhält, während dieser versucht, sich zu drehen. Wenn Sie richtig Pech haben, löst der Sensor Watcher beim Ausrichten des Kopfes sogar mehr als einmal aus. Dies kann verhindern, dass sich der Kopf ganz nach links dreht, sodass eine völlige Ausrichtung nicht möglich ist.

Wir brauchen also eine Methode, um den Lichtsensor dazu zu bringen, erst zu reagieren, nachdem der Kopf ausgerichtet ist. Dies kann mithilfe des Zählers erfolgen. Wenn das Programm gestartet wird, wird der Zähler mit Null initialisiert. Wir können ihn auf 1 erhöhen, nachdem der Kopf ausgerichtet wurde (von daher der Befehl **Add to counter** unter dem **Ausrichten**). Wir fügen dann unter dem Lichtsensor-Watcher ein **Check & choose** für den Zähler hinzu und ignorieren so beim Ausrichten alle hellen Lichtquellen. Den überarbeiteten Sensor Watcher finden Sie auf der nächsten Seite.

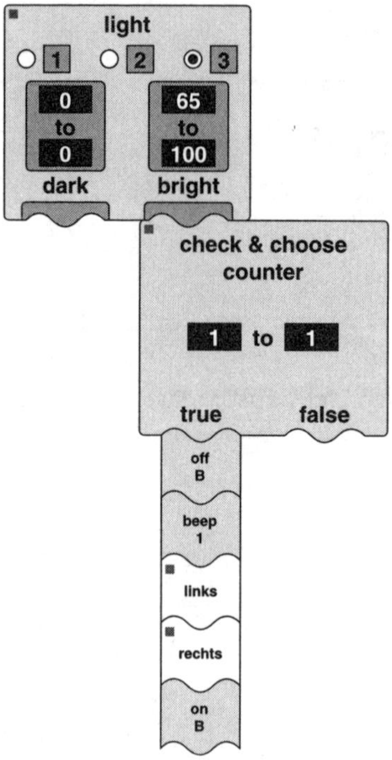

Abbildung 10.14 Verbesserter RCX-Code für Scanbot

Jetzt sind Sie bereit zum Testen von Scanbot. Eine Möglichkeit wäre, irgendwo in einem Raum in Bodennähe ein helles Licht anzubringen, das Scanbot finden soll. Eine andere Möglichkeit wäre, eine Taschenlampe auf Scanbot zu richten und im Raum umherzulaufen (dabei die Taschenlampe immer auf den Roboter richten), während Scanbot versucht, Sie zu fangen.

Wenn der Kopf auf einer Seite hängen bleibt, ist möglicherweise das Kabel für Motor B nicht richtig angeschlossen. Wenn das passiert, hat das Vorwärts- (oder Rückwärts-)drehen des Motors nicht den erwarteten Effekt auf den Rotationssensor, und Scanbot gerät durcheinander. Eine Lösung wäre, die Motorrichtung innerhalb des Programms zu wechseln. Eine einfachere Lösung besteht jedoch darin, sicherzustellen, dass der Motor richtig verkabelt ist. Bewegen sie den Kopf bei ausgeschaltetem RCX manuell in die Mitte, indem Sie die Buchse am vorderen Ende der Antriebswelle (die Welle, auf der das Schneckenrad sitzt) drehen. Wenn der Kopf zentriert ist, schalten Sie den RCX ein und führen das Scanbot-Programm aus. Zunächst versucht das Programm, den Kopf auszurichten, indem es den Motor rückwärts dreht. Dies sollte eine Drehung des Kopfes entgegen dem Uhrzeigersinn bewirken. Wenn sich der Kopf in die andere Richtung dreht, müssen die Kabel am Motor vertauscht werden. Verwenden Sie für das Kabel am RCX oder am Motor selbst eine andere Polung.

Unter der Voraussetzung, dass die Verkabelung stimmt, können Sie jetzt Scanbot ein wenig laufen lassen. Scanbot lässt immer einen kurzen Piepston ertönen, wenn er ein helles Licht entdeckt hat. Wenn dieser Ton zu oft zu hören ist, müssen Sie den Schwellenwert des Lichtsensors vergrößern. Wenn Scanbot Ihr Licht niemals entdeckt, muss der Schwellenwert verringert werden.

Sie können auch die Zeitspanne anpassen, während der sich Scanbot dreht, wenn er ein Licht ausmacht. Kleinere Werte führen zu einem langsameren, stufenweisen Verfolgen. Größere Werte bewirken oft, dass Scanbot Zickzack fährt, wenn er sich einem Licht nähert.

10.3 Verbessern des Scanbot-Programms

Das Programm für Scanbot ist noch reichlich beschränkt. Zunächst einmal braucht der Kopf immer drei Sekunden bis zur Ausrichtung, selbst wenn er sich bereits in der ganz linken Position befindet. Zweitens muss ein Lichtschwellenwert ausdrücklich gesetzt werden. Es wäre viel schöner, wenn Scanbot dem **hellsten** Objekt folgen würde, nicht nur irgendeinem Objekt, das heller als ein bestimmter Schwellenwert ist. Das dritte Problem besteht darin, dass Scanbot sich immer um denselben Winkel dreht, ob das Licht nun wenig oder stark von der Mitte entfernt scheint. Wenn man Scanbot so programmierte, dass er leichte und starke Kurven fahren kann, ergäbe dies eine viel bessere Verfolgung. All diese Punkte können in der NQC-Version unseres Programms gelöst werden. Leider ist RCX-Code zu eingeschränkt, um diese Anpassungen vorzunehmen.

Das Ausrichtungsproblem kann einfach gelöst werden. Wir können mit dem Rotationssensor feststellen, wann sich der Kopf nicht mehr bewegt, und an dieser Stelle nehmen wir an, dass der Kopf ausgerichtet ist. Eine überarbeitete Version der Funktion Ausrichten sehen Sie hier:

```
void Ausrichten()
{
   int vorheriger;

   OnRev(KOPF);                    // Drehung nach links beginnen
   do
   {
      vorheriger = WINKEL;         // aktuelle Position speichern
      Wait(10);
   } while(WINKEL != vorheriger);  // wenn Position geändert, weiterdrehen

   Off(KOPF);
   ClearSensor(WINKEL);            // diese Position zur Nullstellung
machen
}
```

Die oben stehende Funktion führt eine Variable namens vorheriger zur Speicherung eines Sensorwerts ein, der später mit einem neueren Messwert verglichen wird. Dies wird **Zwischenspeichern** des Wertes genannt. Beachten Sie, dass eine kurze Verzögerung zwischen dem Zwischenspeichern der Variablen und dem Vergleich mit einem zweiten Wert erforderlich ist. Ohne die Verzögerung würde der RCX die Sensoren so kurz hintereinander lesen, dass der Sensor möglicherweise den Wert auch dann nicht ändert, wenn sich der Kopf bewegt. Nachdem nun der Kopf ausgerichtet ist, können wir überlegen, wie wir ihn zum Suchen nach einer Lichtquelle verwenden können.

Eine einfache Methode wäre, mit dem Kopf in der äußersten linken Position zu starten, dann nach rechts zu schwenken und die Position festzuhalten, in der das hellste Licht gefunden wurde.

```
int max, Staerke, Ziel;

void Suchen()
{
   // Kopf nach links drehen
   OnRev(KOPF);
   until(WINKEL <= MITTE-SUCHBEREICH);
```

```
    // nach rechts schauen
    max = 0;
    Fwd(KOPF);
    while(WINKEL < MITTE+SUCHBEREICH)
    {
        Staerke = AUGE;
        if (Staerke > max)
        {
            Ziel = WINKEL;
            max = Staerke;
        }
    }
    Off(KOPF);
}
```

Leider hat dieses Programm einige Schwachpunkte. Der Messwert vom Lichtsensor wird in der Variablen Staerke zwischengespeichert, bevor er mit max verglichen und max möglicherweise zugewiesen wird. Daraus ergibt sich das Problem, dass sich der tatsächliche Wert des Lichtsensors in der kurzen Zeit bis zur Ausführung der folgenden Anweisungen ändern kann. Es ist wichtig, dass max auf genau denselben Wert wie der im Test verwendete gesetzt wird, da andernfalls die maximale Helligkeit übersehen werden könnte.

Der zweite Punkt ist, dass der Rotationssensor nicht zwischengespeichert wird. Da sich der Kopf bewegt, scheint es eine gute Idee zu sein, auch den Winkel zwischenzuspeichern. Der Wert würde jedoch selbst bei Zwischenspeicherung etwas später als der Lichtsensor geprüft, und die zusätzliche Anweisung würde die Schleife verlangsamen (wodurch sich die Chance erhöht, ein kleines, helles Licht zu verpassen). Als Kompromiss wird der Winkel nicht zwischengespeichert, sondern vor der Aktualisierung von max aufgezeichnet. So wird die Zeitspanne zwischen der Abfrage des Lichtsensors und des Rotationssensors minimiert. Insgesamt hat diese leichte Ungenauigkeit beim Ablesen des Winkels wenig Auswirkung.

Der Code ist immer noch nicht perfekt, da er bei jedem Aufruf möglicherweise bis zur Hälfte der Zeit damit verbringt, den Kopf auf die äußerste linke Position zu bringen. Wir möchten eigentlich Suchen aufrufen können, wenn sich der Kopf entweder in der ganz linken oder in der ganz rechten Position befindet, sodass er seine Suche von links nach rechts oder von rechts nach links durchführt. Da der Code zum Aktualisieren der maximalen Lichtstärke (und des Winkels, an der sie gefunden wurde) in beiden Fällen gleich ist, wird er in seine eigene Funktion gesetzt.

```
int Ziel, max;

void Pruefen()
{
   int Staerke = AUGE;
   if (Staerke > max)
   {
      Ziel = WINKEL;
      max = Staerke;
   }
}

void Suchen()
{
   max = 0;

   if (WINKEL > MITTE)
   {
      // nach links schauen
      OnRev(KOPF);
      until(WINKEL > MITTE-SUCHBEREICH)
      Pruefen();
   }
   else
   {
      // nach rechts schauen
      OnFwd(KOPF);
      while(WINKEL < MITTE+SUCHBEREICH)
      Pruefen();
   }
   Off(KOPF);
}
```

Jetzt können wir das Problem mit der Lenkung angehen. Anstelle einer konstanten Drehzeit hängt sie proportional davon ab, wie weit das helle Licht von der Mitte entfernt war.

```
#define TOLERANZ 2
#define DREHUNG 4

void Lenken()
{
```

```
    int Zeit;
    Ziel -= MITTE;

    if (Ziel > TOLERANZ)
    {
       Rev(RECHTS);
       Zeit = DREHUNG * Ziel;
    }
    else if (Ziel < -TOLERANZ)
    {
       Rev(LINKS);
       Zeit = -DREHUNG * Ziel;
    }
    else
       return; // lenken nicht nötig, jetzt einfach zurückkehren

    // noch ein Weilchen drehen, dann wieder vorwärts gehen
    Wait(Zeit);
    Fwd(LINKS+RECHTS);
}
```

Wie im ersten Scanbot-Programm ermöglicht es TOLERANZ, dass Scanbot geradeaus weiterfährt, wenn sich das Ziel in der Nähe der Mitte befindet. Der Betrag der proportionalen Drehung kann durch die Konstante DREHUNG gesteuert werden. Der oben stehende Code verwendet für DREHUNG den Wert 4; in Ihren eigenen Aufbauten müssen Sie diesen Wert jedoch möglicherweise leicht anpassen. Kleinere Werte bewirken, dass der Scanbot weicher in Richtung Ziel kurvt, während größere Werte Scanbot veranlassen könnten, bei seinen Drehungen übers Ziel hinauszuschießen und hin und her zu wackeln.

Jetzt fehlen nur noch einige Details, z. B. Initialisierung und Hauptschleife. Hier ist das fertige Programm:

```
// scanbot2.nqc
// Ein besseres Scanbot-Programm

// Sensoren
#define AUGE    SENSOR_3
#define WINKEL SENSOR_1

// Motoren
#define LINKS   OUT_A
```

```
#define KOPF OUT_B
#define RECHTS  OUT_C

// weitere Konstanten
#define TOLERANZ 2
#define DREHUNG 4

#define MITTE 53
#define SUCHBEREICH 48                  // 135 Grad

// Variablen
int Ziel, max;

void Ausrichten()
{
   int vorheriger;
   OnRev(KOPF); // Drehung nach links beginnen

   do
   {
      vorheriger = WINKEL;         // aktuelle Position speichern
      Wait(10);
   } while(WINKEL != vorheriger); // wenn Position geändert, weiter drehen

   Off(KOPF);
   ClearSensor(WINKEL); // diese Position zur Nullstellung machen
}

void Pruefen()
{
   int Staerke = AUGE;
   if (Staerke > max)
   {
      Ziel = WINKEL;
      max = Staerke;
   }
}

void Suchen()
{
   max = 0;
```

```
    if (WINKEL > MITTE)
    {
        // nach links schauen
        OnRev(KOPF);
        while(WINKEL > MITTE-SUCHBEREICH)
                Pruefen();
    }
    else
    {
        // nach rechts schauen
        OnFwd(KOPF);
        while(WINKEL < MITTE+SUCHBEREICH)
                Pruefen();
    }
    Off(KOPF);
}

void Lenken()
{
    int Zeit;

    Ziel -= MITTE;

    if (Ziel > TOLERANZ)
    {
        Rev(RECHTS);
        Zeit = DREHUNG * Ziel;
    }
    else if (Ziel < -TOLERANZ)
    {
        Rev(LINKS);
        Zeit = -DREHUNG * Ziel;
    }
    else
    return; // lenken nicht nötig, jetzt einfach zurückkehren

    // noch ein Weilchen drehen, dann wieder vorwärts gehen
    Wait(Zeit);
    Fwd(LINKS+RECHTS);
}
```

```
task main()
{
   // Sensoren konfigurieren
   SetSensor(AUGE, SENSOR_LIGHT);
   SetSensor(WINKEL, SENSOR_ROTATION);

   Ausrichten();

   // Schauen und lenken...
   On(LINKS+RECHTS);
   while(true)
   {
      Suchen();
      Lenken();
   }
}
```

10.4 Verwenden von Scanbot bei Platzmangel

Scanbot braucht zur Ausführung des oben stehenden Programms eine große Bodenfläche. Mit einigen Änderungen können wir dafür sorgen, dass Scanbot in beengteren Verhältnissen besser zurechtkommt. Zwei grundlegende Änderungen müssen wir vornehmen: Da Scanbot die hellste Lichtquelle als Ziel wählt, ist immer **irgendein** Ziel verfügbar. Wir können Scanbot selektiver machen, indem wir einen **Umgebungslicht-Schwellenwert** einführen. Das ist einfach ein Fantasiename für den kleinsten Lichtsensorwert, den Scanbot als gültiges Ziel ansieht. Er ist dem im allerersten Scanbot-Programm verwendeten Schwellenwert sehr ähnlich, nur programmieren wir jetzt keinen bestimmten Wert ein, sondern lassen Scanbot ein wenig umherschauen und den Wert selbst wählen. Sobald dieser Schwellenwert gesetzt ist, kann Scanbot anhalten, wenn kein geeignetes Ziel gefunden wird, anstatt das zweithellste Objekt im Raum zu wählen und darauf zuzusteuern.

Des Weiteren bewegt sich Scanbot ständig, auch wenn er keine Lichtquelle entdeckt hat. Wir ändern das Programm so, dass sich Scanbot nur dann vorwärts bewegt, wenn er ein Ziel erkannt hat.

Der Umgebungslicht-Schwellenwert kann berechnet werden, indem von einer Seite zur anderen geblickt und der höchste Lichtsensorwert aufgezeichnet wird. Um das Ganze etwas zuverlässiger zu machen, sollte dieser Wert ein wenig vergrößert werden, um sicherzustellen, dass Scanbot nur Lichtquellen beachtet, die deutlich heller als die normale Hintergrundbeleuchtung sind. Die folgende NQC-Funktion berechnet einen akzeptablen Schwellenwert (davon ausgehend, dass der Kopf ganz links beginnt):

```
#define UMGEBUNGSTOLERANZ 2

int Umgebung;

void Licht_messen()
{
   // maximale Umgebungslichtstärke ermitteln
   Umgebung = 0;
   OnFwd(KOPF);
   while(WINKEL < MITTE+SUCHBEREICH)
   {
      int Staerke = AUGE;
      if (Staerke > Umgebung) Umgebung = Staerke;
   }
   Off(KOPF);
   Umgebung += UMGEBUNGSTOLERANZ;
}
```

In Einklang mit unserer neuen Strategie soll Scanbot nur dann vorwärts fahren, wenn er ein Ziel erkannt hat. Dies erfordert einige Änderungen an der Funktion Lenken:

```
void Lenken()
{
   int Zeit;

   if (Staerke <= Umgebung)
   {
      Off(LINKS + RECHTS);
      return;
   }

   Ziel -= MITTE;

   if (Ziel > TOLERANZ)
   {
      OnFwd(LINKS);
      OnRev(RECHTS);
```

```
        Zeit = DREHUNG * Ziel;
    }
    else if (Ziel < -TOLERANZ)
    {
        OnFwd(RECHTS);
        OnRev(LINKS);
        Zeit = -DREHUNG * Ziel;
    }
    else
    {
        // Ziel erfasst... geradeaus fahren
        OnFwd(LINKS+RECHTS);
        return; // lenken nicht nötig, jetzt einfach zurückkehren
    }

    Wait(Zeit);
    Off(LINKS+RECHTS);
}
```

Sie sehen, dass die Funktion zuerst prüft, ob der maximale Lichtwert den Umgebungslicht-Schwellenwert übersteigt. Ist dies nicht der Fall, werden die Motoren abgeschaltet, und die Funktion kehrt sofort zurück. In diesem Fall bleibt Scanbot still sitzen und sucht, bis ein helles Licht erscheint.

Bei einer Drehung (nach links oder rechts) werden die Fahrtmotoren in entgegengesetzte Richtungen gedreht. Die Funktion wartet dann die entsprechende Zeitspanne und hält die Motoren an.

Der letzte Fall ist der, wenn Scanbot direkt auf das Ziel losfährt. In diesem Fall werden die Motoren eingeschaltet, und die Funktion kehrt sofort zurück. So kann Scanbot seinen nächsten Suchlauf durchführen, während er Richtung Ziel fährt.

Nun bleiben nur noch einige kleinere Änderungen an der `main`-Task, damit sie zur richtigen Zeit `Licht_messen` aufruft und die Fahrtmotoren anfangs nicht einschaltet. Das vollständige Programm sehen Sie hier:

```
// scanbot3.nqc
// Scanbot-Programm mit Umgebungslicht-Schwellenwert

// Sensoren
#define AUGE    SENSOR_3
#define WINKEL  SENSOR_1
```

```
// Motoren
#define LINKS   OUT_A
#define KOPF    OUT_B
#define RECHTS  OUT_C

// weitere Konstanten
#define TOLERANZ 2

#define SCHWENKEN     4
#define MITTE         53
#define SUCHBEREICH   48 // 135 Grad

// ein wenig zusätzlicher Bereich für Umgebungslicht
#define UMGEBUNGSTOLERANZ 2

// Variablen
int Ziel, max;
int Umgebung;

void Ausrichten()
{
   int vorheriger;

   OnRev(KOPF);  // Drehung nach links beginnen

   do
   {
      vorheriger = WINKEL; // aktuelle Position speichern
      Wait(10);
   }  while(WINKEL != vorheriger); // wenn Position geändert, weiterdrehen

   Off(KOPF);
   ClearSensor(WINKEL);  // diese Position zur Nullstellung machen
}

void Licht_messen ()
{
   // maximale Umgebungslichtstärke ermitteln
   Umgebung = 0;
   OnFwd(KOPF);
   while(WINKEL < MITTE+SUCHBEREICH)
```

```
    {
        int Staerke = AUGE;
        if (Staerke > Umgebung) Umgebung = Staerke;
    }
    Off(KOPF);
    Umgebung += UMGEBUNGSTOLERANZ;
}

void Pruefen()
{
    int Staerke = AUGE;
    if (Staerke > max)
    {
        Ziel = WINKEL;
        max = Staerke;
    }
}

void Suchen()
{
    max = 0;

    if (WINKEL > MITTE)
    {
        // nach links schauen
        OnRev(KOPF);
        until(WINKEL > MITTE-SUCHBEREICH)
                Pruefen();
    }
    else
    {
        // nach rechts schauen
        OnFwd(KOPF);
        while(WINKEL < MITTE+SUCHBEREICH)
                Pruefen();
    }

    Off(KOPF);
}
```

```
void Lenken()
{
   int Zeit;
   if (Staerke <= Umgebung)
   {
      Off(LINKS + RECHTS);
      return;
   }

   Ziel -= MITTE;

   if (Ziel > TOLERANZ)
   {
      OnFwd(LINKS);
      OnRev(RECHTS);
      Zeit = DREHUNG * Ziel;
   }
   else if (Ziel < -TOLERANZ)
   {
      OnFwd(RECHTS);
      OnRev(LINKS);
      Zeit = -DREHUNG * Ziel;
   }
   else
   {
      // Ziel erfasst... geradeaus fahren
      OnFwd(LINKS+RECHTS);
      return; // lenken nicht nötig, jetzt einfach zurückkehren
   }

   Wait(Zeit);
   Off(LINKS+RECHTS);
}

task main()
{
   // Sensoren konfigurieren
   SetSensor(AUGE, SENSOR_LIGHT);
   SetSensor(WINKEL, SENSOR_ROTATION);
```

```
    Ausrichten();
    Licht_messen();

    // Schauen und lenken...
    while(true)
    {
        Suchen();
        Lenken();
    }
}
```

Dieses Programm funktioniert ziemlich gut, um eine Taschenlampe oder eine andere helle Lichtquelle anzusteuern. Man muss allerdings darauf achten, dass das Ziellicht ausgeschaltet ist, wenn das Programm frisch gestartet wird und den Umgebungslicht-Schwellenwert bestimmt. Sobald der Kopf einen vollständigen Schwenk von links nach rechts gemacht hat, kann die Taschenlampe (oder das andere Licht) eingeschaltet werden, sodass Scanbot sich darauf zu bewegen kann. Wenn Sie nun das Licht ausschalten, hält Scanbot an und wartet darauf, dass das Licht wieder erscheint.

Übrigens kann die Technik, ein Programm in die Lage zu versetzen, seine eigenen Lichtschwellenwerte zu setzen, auf viele Roboter angewendet werden, die ihre Eingangssignale von Lichtsensoren erhalten.

10.5 Zusammenfassung

Es macht großen Spaß, mit Scanbot zu spielen. Im Gegensatz zu den vorherigen Robotern, die ziellos umherirrten, scheint Scanbot einen klareres Ziel zu haben. Der Aufbau von Scanbot erforderte einige neue Elemente: das Schneckenrad und den Riemenscheiben/Riemenantrieb. Er führte auch den Rotationssensor ein, der vielleicht der flexibelste MINDSTORMS-Sensor ist. Damit kann ein Roboter Geschwindigkeit, Entfernung, Position und andere Größen messen. Da der Rotationssensor nicht zum Robotics Invention System gehört, wurde er in diesem Buch möglichst wenig eingesetzt. Wenn Sie jedoch einen Rotationssensor besitzen, werden Sie sicherlich für ihn neue Einsatzzwecke in Ihren eigenen Robotern finden.

Scanbot ist auch unser letzter auf Tankbot basierender Roboter. Dieses vielseitige Fahrgestell hat uns in den letzten Kapiteln wertvolle Dienste geleistet. Jetzt ist es jedoch an der Zeit, zu anderen Fahrzeugtypen, beispielsweise dreirädrigen Fahrzeugen und Lenkmechanismen mit Zahnstange und Ritzel, überzugehen. Das Tankbot-Fahrgestell (in der Form von Dumpbot) begegnet uns noch ein letztes Mal in Kapitel 17.

11 Tribot

Bisher basierten alle Roboter auf dem Tankbot-Fahrgestell, wobei Raupenketten sowohl zum Fahren als auch zum Lenken verwendet wurden. Kettenbasierte Fahrzeuge sind kompakt, können eine Vielzahl von Geländearten überqueren und sind leicht zu manövrieren. Ketten haben aber auch einige Nachteile. Erstens gibt es LEGO-Ketten nur in einer Größe, was Größe und Geschwindigkeit kettenbasierter Roboter beschränkt. Zweitens sind Ketten ein Kompromiss zwischen genügend Traktion zum Vorwärtsbewegen des Fahrzeugs und genügend Schlupf, um Drehen zu erlauben. Außerdem verursacht die Bewegung der Ketten um die Naben ziemlich viel Reibung; so wird Motorenergie verschwendet, was Geschwindigkeit und Leistung solcher Roboter noch mehr beschränkt.

Dieses Kapitel stellt einen dreirädrigen Roboter vor, der genau wie die vorherigen kettenbasierten Aufbauten lenkt, jedoch Räder statt Ketten verwendet. Dem Fahrgestell wird ein einfacher Stoßfänger hinzugefügt, sodass der fertige Roboter als Variante von Bumpbot angesehen werden kann. Natürlich kann das dreirädrige Fahrgestell auch für andere Zwecke angepasst werden.

11.1 Das Schwenkrad

Tribot wird von zwei Hinterrädern angetrieben, von denen jedes seinen eigenen Motor hat. Die Lenkung erfolgt ziemlich gleich wie bei den kettenbasierten Aufbauten. Wenn sich beide Räder mit derselben Geschwindigkeit und in derselben Richtung drehen, wird das Fahrzeug auf einer geraden Linie nach vorne (oder zurück) bewegt. Wenn sich ein Rad schneller als das andere dreht, ändert Tribot die Fahrtrichtung. Sehr enge Kurven können durchfahren werden, indem die Räder in entgegengesetzten Richtungen gedreht werden.

Abbildung 11.1 Schwenkrad

Die zwei Räder allein reichen jedoch nicht aus, um Tribot im Gleichgewicht zu halten – es ist eine dritte Stütze erforderlich. Das Befestigen dieses Rades ist etwas problematisch. Wenn Tribot sich geradeaus bewegt, muss das Rad nach vorne zeigen. Beim Drehen muss dieses Rad in die Drehrichtung zeigen, da sonst die Reibung des schleifenden Rades die Drehung behindern würde. Allerdings müssen wir das Rad nicht selbst ausrichten – wir müssen ihm nur ermöglichen, sich frei zu drehen. Dann richtet es sich selbst in jeder erforderlichen Richtung aus.

Damit das funktioniert, muss sichergestellt werden, dass die Drehwelle von der Radwelle versetzt ist (siehe Abbildung 11.1). Bei einer solchen Anordnung läuft das Rad immer etwas hinter der Drehwelle und richtet sich dann leicht in Fahrtrichtung aus. Diese Art von Radmechanismus findet sich in der realen Welt überall: vom Einkaufswagen bis hin zum Bettrahmen.

11.2 Aufbau

Die Räder von Tribot sind direkt an ihren jeweiligen Motoren befestigt, ohne dazwischen liegende Zahnräder; so drehen sich die Räder wie bei Tankbot mit Motorgeschwindigkeit. Da jedoch die Räder einen größeren Durchmesser und keine so hohe innere Reibung wie Ketten haben, bewegt sich Tribot bedeutend schneller als Tankbot. In den Schritten 1 und 2 werden zwei Räder auf Naben montiert und mit zwei Motoren verbunden. Verwenden Sie unbedingt Räder der richtigen Größe. Sie müssen etwas höher als der Motor sein, damit sie den Boden berühren und Tribot antreiben können. Die Motorgruppe können Sie jetzt erst einmal beiseite legen.

Abbildung 11.2 Tribot Schritt 1

Abbildung 11.3 Tribot Schritt 2

Die Schritte 3 und 4 zeigen die zur Befestigung des Schwenkrads verwendete Halterung. Die Struktur besteht aus einem Paar Hebearme, einer 8er-Achse und einer 6er-Achse. Die Winkelbuchse dient als Montageloch für das Schwenkrad. Vier Buchsen werden als Abstandhalter verwendet. Da alle verwendeten Teile kreuzförmige Löcher haben, ist die ganze Struktur ziemlich stabil.

Abbildung 11.4 Tribot Schritt 3

Abbildung 11.5 Tribot Schritt 4

Die Halterung kommt zwischen zwei Träger (siehe Schritt 5). In den Schritten 6 und 7 wird mit dem Aufbau der Struktur fortgefahren. Die in Schritt 6 hinzugefügten ovalen Teile sind eine andere Art von Hebearm: ein 1x3-Hebearm. Mit ihnen kann eine Struktur sehr kompakt vertikal geklammert werden. In Schritt 7 werden zwei 3er-Achsen durch Träger in die Oberteile der Hebearme eingeführt. Damit ist die vertikale Klammerung fertig gestellt.

Abbildung 11.6 Tribot Schritt 5

Abbildung 11.7 Tribot Schritt 6

Abbildung 11.8 Tribot Schritt 7

Der Bau des Schwenkrads beginnt in Schritt 8. Sie finden hier ein neues Teil, 1er-**Winkelstein** genannt. Wenn wir ihn mit dem 5er-Winkelstein in Schritt 9 kombinieren, erhalten wir ein sehr kompaktes Schwenkrad. Die nach oben gerichtete 6er-Achse dient als Schwenkradachse; sie wird, wie in Schritt 10 gezeigt, eingebaut. Nun ist der Schwenkradteil unseres Roboters fertig. Wir müssen jedoch noch einen Stoßfänger an die Vorderseite bauen.

Abbildung 11.9 Tribot Schritt 8

Abbildung 11.10 Tribot Schritt 9

Abbildung 11.11 Tribot Schritt 10

Der Stoßfänger besteht aus zwei Winkelträgern und zwei 8er-Achsen, die in der Mitte durch eine **Achsenverlängerung** verbunden sind. Die Achsenverlängerung wird häufig verwendet, um eine lange Achse aus zwei kurzen zu bauen. In diesem Fall bekommen wir in der Tat eine 16er-Achse durch Kombinieren von zwei 8er-Achsen. Wie üblich dienen die Buchsen als Abstandhalter. Um problemlos zu arbeiten, muss der Stoßfänger »rechteckig« sein (die Achsen müssen mit dem Winkelträger einen rechten Winkel bilden). Ohne die Abstandhalter müssten die Bauteile manuell rechtwinklig ausgerichtet werden. Ein kleines schwarzes Gummiband wird verwendet, um dem Stoßfänger die richtige Spannung zu geben. Eine kleines Detail fehlt noch: ein Verbindungszapfen auf dem Winkelträger des Stoßfängers (unmittelbar über dem Punkt, an dem das Gummiband eingehängt ist). Wenn der Stoßfänger auf ein Hindernis trifft, dreht er sich so, dass ein Ende des Winkelträgers in Kontakt mit dem Berührungssensor kommt. Der Verbindungszapfen dient dazu, den Berührungssensor gedrückt zu halten, während sich der Winkelträger weiter hinter den Sensor dreht. Insgesamt ragt dieser Stoßfängeraufbau etwas weiter vor als vorherige Aufbauten. Das ist auch gut so, da Tribot viel schneller als unsere anderen Roboter fährt und mehr Reaktionszeit braucht.

Die Achse des Schwenkrads wird von mehreren Buchsen und der 2x6-Technikplatte fixiert. Diese Platte mag Ihnen etwas übertrieben erscheinen, doch ist ihre Funktion ziemlich bedeutend. Ein Teil des Gewichts von Tribot muss vom Schwenkrad getragen werden. In der hier gezeigten Anordnung befindet sich die Achse vor den eigentlichen Rädern. Das bedeutet, dass die nach unten gerichtete Kraft des Gewichts von Tribot die Achse zum Kippen bringt; die Oberseite wird nach vorne gedrückt, während der Boden nach hinten geschoben wird. Durch dieses Kippen entsteht zusätzliche Reibung zwischen der Achse und der Winkelbuchse, durch die sie führt. Die Schwenkfähigkeit wird dadurch geringer. Durch Hinzufügen der oberen Platte wird dieses Problem recht elegant gelöst.

Abbildung 11.12 Tribot Schritt 11

Abbildung 11.13 Tribot Schritt 12

Stoßfänger, Motorgruppe und RCX werden in Schritt 13 zusammengefügt. Der RCX wird an der Stoßfängergruppe mithilfe von zwei 1x6-Trägern befestigt. Die Motoren werden an der Rückseite des RCX montiert. Zum Schluss kann die Verkabelung der Motoren und des Berührungssensors fertig gestellt werden.

Abbildung 11.14 Tribot Schritt 13

11.3 Programmierung

Zum Testen von Tribot schreiben wir ein einfaches Programm, um vorwärts zu fahren, bis er auf ein Hindernis trifft. Dann fährt er etwas zurück, dreht sich ein wenig und fährt weiter. Sie finden weiter unten ein Beispielprogramm in NQC. Inzwischen sollte Ihnen seine Struktur vertraut sein. Sensoren, Motoren und Konstanten werden zu Beginn definiert, und die main-Task hat eine unendliche Schleife, die darauf wartet, dass eine Bedingung wahr wird (der Stoßfänger getroffen wird), und dann entsprechend reagiert (0,50 Sekunden zurückfahren und 0,20 Sekunden drehen).

```
// tribot.nqc
// dreirädriger Roboter

// Motoren und Sensoren
#define LINKS  OUT_A
#define RECHTS OUT_C
#define STOSS SENSOR_1

// Konstanten
#define RUECK_ZEIT 50
#define DREH_ZEIT  20

task main()
{
   SetSensor(STOSS, SENSOR_TOUCH);
```

```
    On(LINKS+RECHTS);

    while(true)
    {
        until(STOSS==1);

        // ein wenig zurückfahren
        Rev(LINKS+RECHTS);
        Wait(RUECK_ZEIT);

        // ein wenig drehen
        Off(LINKS);
        Wait(DREH_ZEIT);

        // wieder vorwärts fahren
        OnFwd(LINKS+RECHTS);
    }
}
```

Ein vergleichbares Programm mit RCX-Code sehen Sie hier:

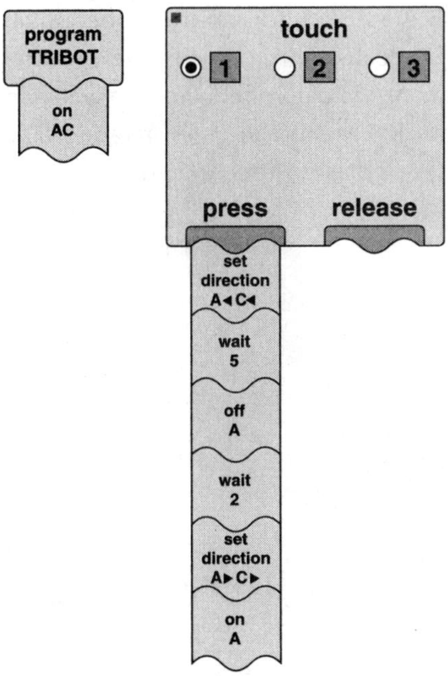

Abbildung 11.15 Tribot-Programm in RCX-Code

11.4 Variationen

Das Tribot-Fahrgestell kann an jeden der vorherigen Tankbot-basierten Roboter angepasst werden. Der Stoßfänger selbst lässt sich leicht in separate linke und rechte Stoßfänger umbauen, jeder mit seinem eigenen Berührungssensor. Das so entstandene Fahrzeug könnte dann ähnlich wie Bugbot programmiert werden.

Für einige Aufgaben, wie z. B. Folgen einer Linie, ist ein langsamerer Roboter erforderlich. Es kann zwar weiterhin der dreirädrige Aufbau verwendet werden, doch ist eine Untersetzung zwischen den Motoren und den Rädern erforderlich. Eine 3:1-Untersetzung ergibt einen sehr leistungsfähigen Roboter, der sich dennoch mit akzeptabler Geschwindigkeit bewegt.

Wird ein schnellerer Roboter benötigt, können die Räder durch größere ersetzt werden, wie z. B. den großen motorradartigen Rädern, die im Robotics Invention System enthalten sind. Bei einem solchen Aufbau haben die Motoren ziemlich viel zu tun. Auf rauen Flächen, wie z. B. Teppichen, blockieren sie möglicherweise sogar. Die Spitzengeschwindigkeit auf einem glatten Boden ist jedoch ziemlich beeindruckend.

Eine Variante von Tribot, die nur einen einzigen Motor zum Fahren und Drehen verwendet, wird im nächsten Kapitel vorgestellt.

Sowohl die dreirädrigen Aufbauten als auch die Aufbauten mit Kette benötigen sauber synchron laufende Motoren zum geradeaus fahren. Wenn die Motoren (oder die Räder oder Ketten) links und rechts nur leicht voneinander abweichen, kann es sein, dass das Fahrzeug eine leichte Kurve statt in einer geraden Linie fährt. Ein alternativer Antriebsmechanismus, der dieses Problem vermeidet, wird in Kapitel 14 vorgestellt.

12 Onebot

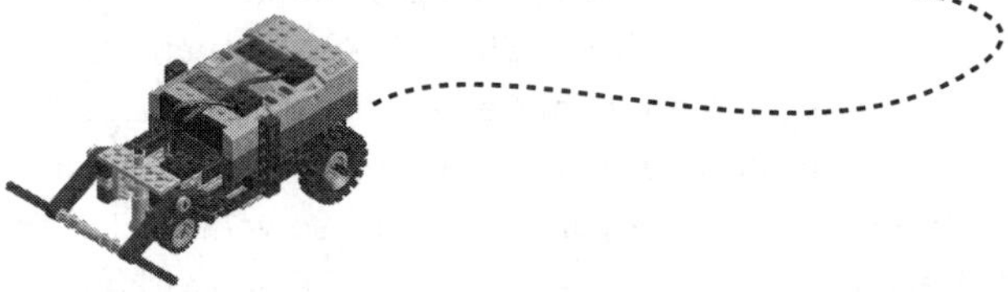

Der RCX besitzt nur drei Ausgänge. Dies kann beim Aufbau eines Roboters zu gravierenden Einschränkungen führen. In den bisherigen Beispielen wurden zwei Motoren ausschließlich für den Bewegungsmechanismus eingesetzt, sodass lediglich ein Ausgang für andere Funktionen frei bleibt. Was aber, wenn diese anderen Funktionen zwei unabhängige Motoren benötigen? **Onebot** ist eine Variation von Tribot, die für die Bewegung einen einzelnen Motor verwendet. Obwohl es sich bei Onebot selbst nur um ein einfaches Stoßfahrzeug handelt, kann der Aufbau als Grundlage für kompliziertere Roboter dienen.

12.1 Antrieb mit einem Motor

Die vorherigen Roboter zeichneten sich durch hohe Flexibilität in Hinblick auf Antrieb und Lenkung aus. Sie konnten sich vor- und rückwärts bewegen, nach links oder rechts schwenken (im Vorwärts- und Rückwärtsgang) oder sich sogar auf der Stelle drehen. Obwohl sehr praktisch, werden diese Funktionen für die meisten Aufgaben nicht benötigt. Die Möglichkeit, geradeaus zu fahren und in der Rückwärtsbewegung zu schwenken, reicht für die meisten Aufgaben aus.

Die Vorwärtsbewegung bei Tribot wurde dadurch erreicht, dass beide Motoren in Vorwärtsrichtung geschaltet wurden. Ein Schwenken wurde erreicht, indem der linke Motor angehalten und der rechte Motor in Rückwärtsrichtung betrieben wurde. (Tribot konnte auch geradeaus rückwärts fahren; diese Betriebsart wurde jedoch bei Onebot vernachlässigt.) Wie Sie sehen können, muss der rechte Motor in beide Richtungen drehen können, während der linke Motor sich lediglich vorwärts zu drehen braucht. Der in Kapitel 4 erläuterte Sperrklinkenmechanismus eignet sich optimal für die Bewegung in einer Richtung, wobei eine Bewegung in die andere Richtung verhindert wird.

Die naheliegendste Möglichkeit, mit einem einzigen Motor beide Räder anzutreiben, besteht darin, beide Räder an einer einzigen Achse zu befestigen und diese Achse mit dem anderen Motor (über Zahnräder oder Riemenscheiben) zu drehen. Wenn mit einer Sperrklinke eine Rückwärtsbewegung des linken Rades verhindert werden soll, wird dadurch leider auch eine Rückwärtsbewegung des rechten Rades verhindert. Die Räder müssen daher an einer eigenen Achse befestigt werden. Dabei bleibt allerdings das Problem bestehen, wie die Motorleistung auf beide Achsen übertragen wird. Beim Einsatz von Zahnrädern verhindert die Sperrklinke die Drehung des rechten Rades, da der gesamte Zahnradmechanismus (einschließlich des Motors selbst) verriegelt wird. Statt dessen können Riemenscheiben und Keilriemen verwendet werden, damit eine Seite des Antriebsmechanismus Schlupf hat, während die andere Seite sich weiter dreht. Obwohl diese Lösung funktioniert, schränkt der Einsatz von Keilriemen sowohl die Leistung ein, die auf die Räder übertragen werden kann, als auch den Gesamtwirkungsgrad des Antriebsmechanismus.

Eine wesentlich elegantere Lösung bildet der Einsatz eines Differenzialgetriebes. Wie in Kapitel 4 erläutert, besteht das Differenzialgetriebe aus einem Ausgleichsgehäuse mit zwei unabhängigen Achsen. Eine Achse kann sich schneller oder langsamer drehen als die andere (sie können sich sogar in unterschiedliche Richtung drehen), die Durchschnittsgeschwindigkeit ist jedoch immer gleich der Umdrehungsanzahl des Ausgleichsgehäuses selbst. Wenn das Ausgleichsgehäuse durch den Motor gedreht wird, drehen sich beide Achsen im Normalfall mit der gleichen Geschwindigkeit. Läuft der Motor in umgekehrter Richtung, drehen sich beide Achsen rückwärts. Wird eine der Achsen mit einer Sperrklinke angehalten, dreht sich das andere Rad doppelt so schnell (sodass die Durchschnittsgeschwindigkeit weiterhin der Geschwindigkeit des Ausgleichsgehäuses entspricht).

Dieser Mechanismus wird für den Antrieb von Onebot verwendet. Er ähnelt dem in Kapitel 4 dargestellten Sperrklinkenverteiler, mit einem wichtigen Unterschied. Der Sperrklinkenverteiler verwendet Sperrklinken an beiden Achsen, während Onebot nur über eine Sperrklinke verfügt. Dies liegt daran, dass der Sperrklinkenverteiler entweder die eine Achse oder die andere dreht, aber niemals beide gleichzeitig. Im Gegensatz dazu muss Onebot immer eine Achse drehen; lediglich die zweite Achse muss manchmal angetrieben oder angehalten werden.

12.2 Aufbau

Onebot verwendet die gleiche Antriebsrad- und Stoßfängeranordnung wie Tribot. Haben Sie Tribot noch aufgebaut, entfernen Sie RCX und die hinteren Motoren. Befolgen Sie andernfalls die Anweisungen in Kapitel 11, Schritte 3 bis 12. Der sich ergebende Aufbau wird in der folgenden Abbildung gezeigt.

Im vorherigen Abschnitt wurden die Grundbegriffe für den Antriebsmechanismus von Onebot erläutert, es gibt jedoch einige wenige Implementierungsdetails seines Aufbaus, die eingehend beschrieben werden müssen. Das Differenzialgetriebe sowie die dazugehörigen Zahnräder werden in den Schritten 2 bis 5 aufgebaut. Beachten Sie, dass sich auf jeder Seite eine eigene 6er-Achse befindet, die an ein Kegelrad im Ausgleichsgehäuse befestigt wird. Ein drittes Kegelrad im Differenzialgetriebe überträgt die Leistung auf die beiden Achsen.

Abbildung 12.1 Onebot Schritt 1

Hinter dem Planrad wird ein Stapel 1x1-Platten befestigt (statt dessen könnte auch ein 1x1-Baustein verwendet werden, im Robotics Invention System-Satz sind jedoch keine enthalten). Dieser Aufbau sorgt für eine feste Stütze hinter dem Planrad. Ohne die Stütze würde das Planrad über ein geringes Spiel verfügen und unter Belastung nicht richtig ineinander greifen. Dies würde zu einem lästigen Klickgeräusch und einem Roboter mit mangelhafter Bewegung führen.

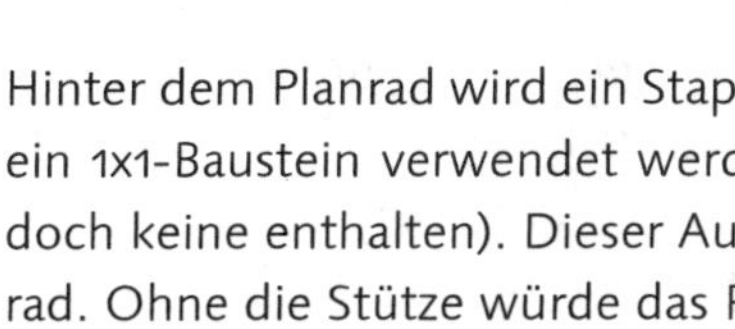

Abbildung 12.2 Onebot Schritt 2

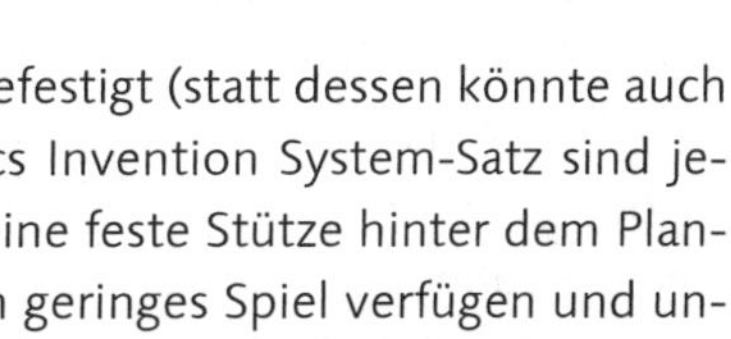

Abbildung 12.3 Onebot Schritt 3

Abbildung 12.4 Onebot Schritt 4

Abbildung 12.5 Onebot Schritt 5

Motor und Sperrklinke werden in den Schritten 6 bis 8 hinzugefügt. Am Motor wird ein 8er-Zahnrad befestigt, das in das Planrad (24 Zähne) eingreift, um eine Untersetzung von 3:1 zu erreichen. Tribot konnte wirkungsvoll ohne Einsatz einer Untersetzung angetrieben werden, allerdings wurden auch zwei Motoren verwendet. Bei Onebot muss die Leistung von einem Motor aus auf zwei Räder aufgeteilt werden. Mithilfe einer Untersetzung wird daher die Leistung auf die Räder erhöht (auf Kosten der Geschwindigkeit).

Der Motor selbst wird an speziellen Montagehalterungen befestigt. Die Halterungen werden über und unter den 1x12-Trägern befestigt. Der Motor wird dann an die vorgesehene Stelle geschoben und mit einer 1x4-Platte gesichert. So wird ein kompakter, aber stabiler Zusammenbau für den Motor erreicht. Es gibt einige wenige Situationen, in denen mit diesen Halterungen Motoren an Stellen positioniert werden können, bei denen herkömmliche Aufbautechniken nicht funktionieren.

Der Aufbau der Sperrklinke ist relativ einfach: Schwerkraftbedingt fällt die Winkelbuchse nach unten, sodass sie auf den Zähnen des 16er-Zahnrads zu liegen kommt. Wird die Achse im Uhrzeigersinn gedreht, blockieren die Zähne die Winkelbuchse. Wenn Sie nun die Achse langsam gegen den Uhrzeigersinn drehen, heben die Zähne die Winkelbuchse an und drücken sie aus dem Weg. Wenn Sie die Achse schnell ruckartig gegen den Uhrzeigersinn drehen, werden Sie feststellen, dass die Winkelbuchse nach oben schnellt. Wird die Achse schnell genug gedreht, schnellt die Winkelbuchse herum und fällt auf die andere Seite. Dieses potenzielle Problem wird später dadurch gelöst, dass der RCX so platziert wird, dass ein Umkippen der Winkelbuchse verhindert wird.

Abbildung 12.6 Onebot Schritt 6

Abbildung 12.7 Onebot Schritt 7

Abbildung 12.8 Onebot Schritt 8

Die abschließenden Schritte für Onebot bestehen darin, die vordere Stoßfängeranordnung am Antriebsmechanismus zu befestigen und den RCX sowie die Kabel zu verbinden.

Abbildung 12.9 Onebot Schritt 9

Abbildung 12.10 Onebot Schritt 10

12.3 Programmierung

Das Programm für Onebot ähnelt dem Programm von Tribot. Die Unterschiede bestehen darin, dass nur ein einzelner Motor gesteuert werden muss und das Fahrzeug keinen Rückwärtsbetrieb aufweist, sondern nur vorwärts fahren sowie rückwärts schwenken kann. Ein NQC-Beispielprogramm folgt:

```
// onebot.nqc
// Ein von einem einzigen Motor angetriebener Roboter

// Motor und Sensor
#define ANTRIEB OUT_A
#define STOSS SENSOR_1

// Konstante
#define RUECK_ZEIT 40

task main
{
   SetSensor(STOSS, SENSOR_TOUCH);

   On(ANTRIEB);
   while(true)
   {
      until(STOSS==1);

      // Zurückfahren, ein wenig drehen
      Rev(ANTRIEB);
      Wait(RUECK_ZEIT);

      //  Wieder vorwärts fahren
      Fwd(ANTRIEB);
   }
}
```

Ein vergleichbares Programm für RCX-Code wird unten gezeigt:

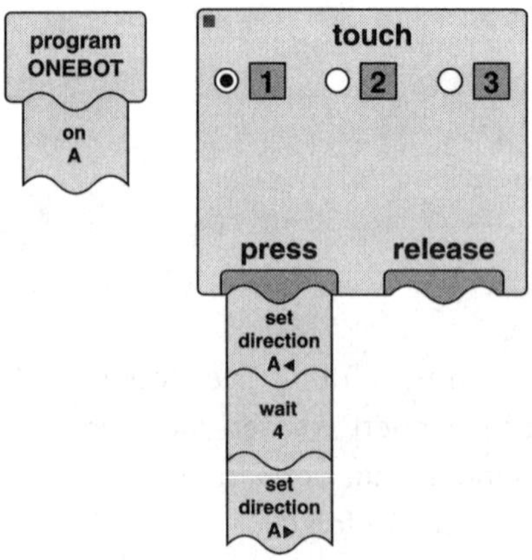

Abbildung 12.11 Onebot-Programm in RCX-Code

12.4 Zusammenfassung

Obwohl der gesamte Bewegungsspielraum etwas eingeschränkt ist, kann sich der Aufbau mit einem Motor bei Onebot als nützlich erweisen, wenn die beiden anderen Motoren für Hilfsfunktionen benötigt werden. Der Antriebsmechanismus kann auch an andere Räder oder Raupenketten angepasst werden.

13 Steerbot

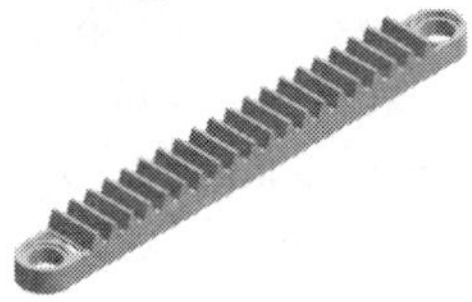

Erforderliche Zusatzteile:

2 Zahnradlager zur Lenkung

1 Zahnstange (1x10) mit 20 Zähnen

Informationen darüber, wo Sie die Zusatzteile beziehen können, finden Sie in Anhang B.

13.1 Lenkung mit Zahnstange und Ritzel

Viele der vorherigen Roboter basieren auf dem Fahrgestell mit Raupenkettenantrieb, das bei Tankbot eingeführt wurde. Obwohl eine solche Konstruktion problemlos aufgebaut und programmiert werden kann, ist sie durch Größe und gewünschte Reibung der Raupenketten eingeschränkt. Dies führt zu einer praktischen Einschränkung hinsichtlich Größe und Geschwindigkeit von Robotern, die mit den Standardraupenketten von LEGO aufgebaut werden können.

In der Praxis ist ein anderer Lenkmechanismus, der unter **Lenkung mit Zahnstange und Ritzel** bekannt ist, weit gebräuchlicher. Dieser Mechanismus wird in nahezu allen Automobilen eingesetzt. Die Lenkung mit Zahnstange und Ritzel bietet vollständige Flexibilität hinsichtlich Form und Größe der Reifen und stellt daher eine gute Lösung für Fahrzeuge dar, die bei Fahrspuren nicht angemessen funktionieren. Bei Steerbot erfolgt die Lenkung über die Vorderräder, und das Antriebswerk treibt die Hinterräder an. Andere Kombinationen sind ebenfalls möglich: Bei Gabelstaplern erfolgt die Lenkung oftmals über die Hinterräder, bei Geländefahrzeugen werden alle 4 Räder angetrieben, und einige Autos verfügen sogar über Vierradlenkung; das Grundprinzip ist jedoch immer das gleiche.

Beim Geradeausfahren stehen die Räder eines Fahrzeugs zueinander parallel. Zur Schwenkung wird der Winkel der Vorderräder leicht verstellt. Dieser Winkel führt das Vorderteil des Fahrzeugs nach rechts oder links. Solange der Winkel der Räder so bleibt, dreht das Fahrzeug weiter.

Damit die Räder nicht rutschen, müssen sich die äußeren Räder geringfügig schneller drehen als die inneren Räder. Dabei handelt es sich um denselben Effekt, der auch schon bei den Laufradkonstruktionen untersucht wurde; in diesem Fall verhalten sich jedoch Ursache und Wirkung umgekehrt. Während vorher die Geschwindigkeit einer Seite geändert wurde, um eine Schwenkung zu erreichen, bedingt die Schwenkung (aufgrund der Winkelstellung der Räder) einen Unterschied in der erforderlichen Geschwindigkeit. Auch wenn zwei Motoren eingesetzt werden sollen (jeweils einer für das rechte und für das linke Hinterrad), hängt der erforderliche Unterschied in der Geschwindigkeit von der Schärfe der Schwenkung ab und ist recht kompliziert.

Die Lösung besteht in der Verwendung eines **Differenzialgetriebes**, das in Kapitel 4 beschrieben wurde. Mit einem Motor kann das Ausgleichsgehäuse des Differenzialgetriebes gedreht werden. Im Differenzialgetriebe wird die Leistung so auf beide Räder verteilt, dass die Gesamtreibung minimiert wird. Beim Geradeausfahren drehen sich beide Räder mit der gleichen Geschwindigkeit. Bei einer Schwenkung dreht sich das innere Rad etwas langsamer als das Differenzialausgleichsgehäuse und das äußere Rad etwas schneller. Diese Veränderung der Geschwindigkeit erfolgt ohne direkten Eingriff – lediglich das Differenzialgetriebe selbst muss gedreht werden.

13.2 Aufbau des Fahrgestells

Steerbot bildet mechanisch gesehen den bisher kompliziertesten Roboter. Bei genauer Betrachtung werden Sie jedoch feststellen, dass dieselben vertrauten Techniken eingesetzt werden wie bei früheren Robotern. Der einzig wirklich einmalige Teil von Steerbot ist die Lenkung mit Zahnstange und Ritzel. Der Aufbau eines Lenkmechanismus mit Zahnstange und Ritzel kann sich als recht kompliziert (und sperrig) erweisen. Glücklicherweise gibt es einige spezielle LEGO-Teile, die diese Aufgabe wesentlich vereinfachen. In Abbildung 13.1 wird gezeigt, wie die Spezialteile für einen Lenkmechanismus mit Zahnstange und Ritzel zusammengebaut werden.

Führen Sie für den Aufbau des Mechanismus eine **3er-Achse mit Noppen** durch ein **Lenkgestänge** (auch als 1x3-Winkelbuchse bekannt). Das Lenkgestänge greift dann in ein **Lenkgestängelager**, das ein Vor- und Zurückdrehen des Lenkgestänges ermöglicht. Anschließend muss eine Standardachse, z. B. eine 2er- oder 3er-Achse, in die Rückseite des Lenkgestänges eingesetzt werden. Mithilfe der Zahnstange mit 20 Zähnen kann dann ein Paar dieser Lenkvorrichtungen verbunden werden. Wenn sich die Zahnstange vor- und zurückbewegt, drehen die Lenkgestänge entsprechend.

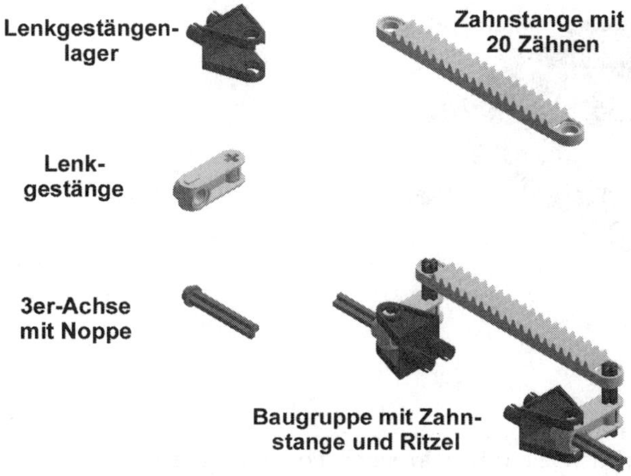

Abbildung 13.1 Lenkung mit Zahnstange und Ritzel

Die Schritte 1, 2 und 3 beginnen den Aufbau des Fahrgestells von Steerbot, einschließlich Differenzialgetriebe und der Spezialhalterungen für die Befestigung des Motors. Die neuen Teile in der Nähe der Vorderseite des Rahmens (linke Seite der Abbildung) sehen aus wie eine Hacke. In diesem Bereich muss die Zahnstange vor- und zurückgleiten; daher ist eine glatte Oberfläche erforderlich. Idealerweise werden mehrere **Kachelsteine** (Platten ohne Noppen auf der Oberseite) verwendet. Da im Robotics Invention System keine normalen Kachelsteine enthalten sind, werden statt dessen diese merkwürdigen Teile verwendet.

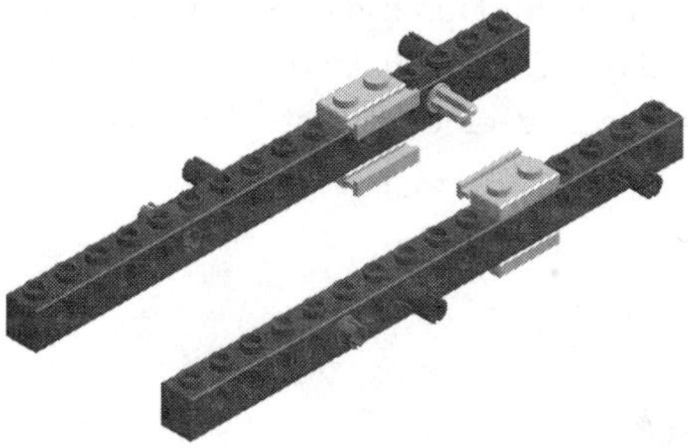

Abbildung 13.2 Steerbot Schritt 1

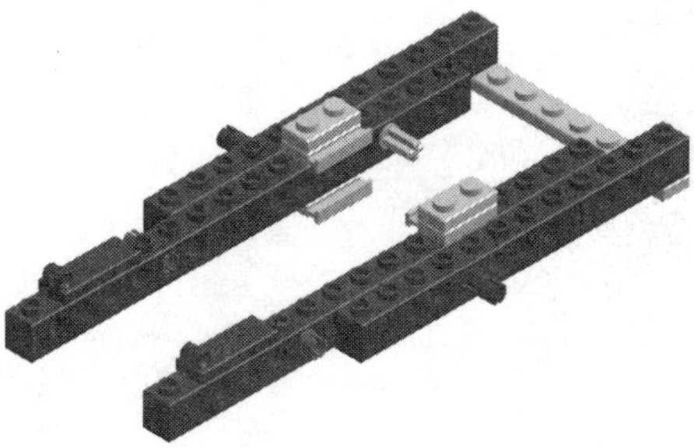

Abbildung 13.3 Steerbot Schritt 2

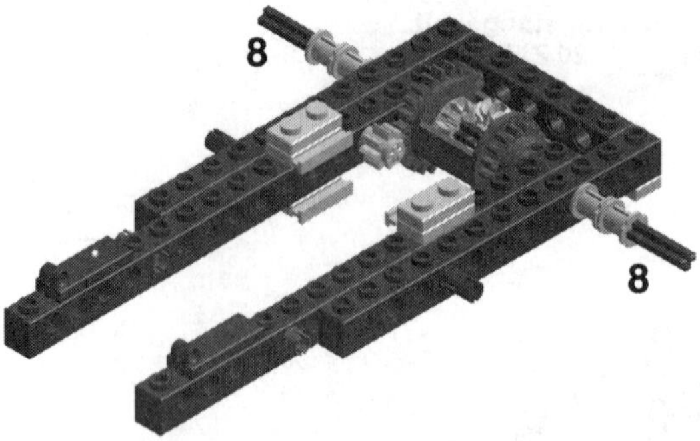

Abbildung 13.4 Steerbot Schritt 3

Der Motor (mit Planrad) wird in Schritt 4 in seine Position geschoben und in Schritt 5 festgeklemmt. Beim Planrad handelt es sich um ein Zahnrad mit 24 gekrümmten Zähnen, damit es im richtigen Winkel in ein anderes Zahnrad greifen kann (eine ausführlichere Erklärung des Planrads finden Sie in Kapitel 4). Das Räderwerk zwischen Motor und Differenzial sieht vielleicht etwas merkwürdig aus. Der Motor dreht ein Planrad (24 Zähne), das in ein 8er-Zahnrad greift, um eine Untersetzung von 3:1 zu erzielen. Dieses 8er-Zahnrad greift dann in die Seite des Differenzialgetriebes mit 24 Zähnen ein, um ein Übersetzungsverhältnis von 1:3 zu erreichen. Das resultierende Verhältnis beträgt 1:1. Warum kann das 8er-Zahnrad nicht weggelassen werden und das Planrad direkt in das Differenzial eingreifen? Dazu müsste das Planrad näher an das Differenzialgetriebe verschoben werden. Unglücklicherweise würde dann aber die Mitte des Planrads mit dem Ausgleichsgehäuse des Differenzialgetriebes zusammenstoßen. Durch den Einsatz des 8er-Zahnrads wird der Abstand zwischen Planrad und Differenzialgetriebe vergrößert, ohne die Gesamtgeschwindigkeit und -leistung zu verändern (unter Vernachlässigung geringer Reibungsverluste).

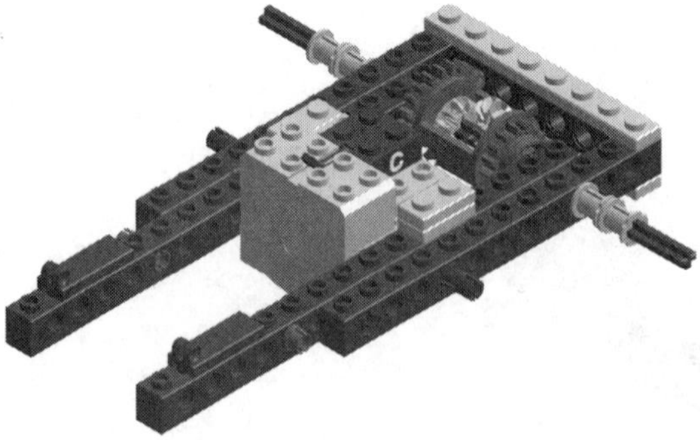

Abbildung 13.5 Steerbot Schritt 4

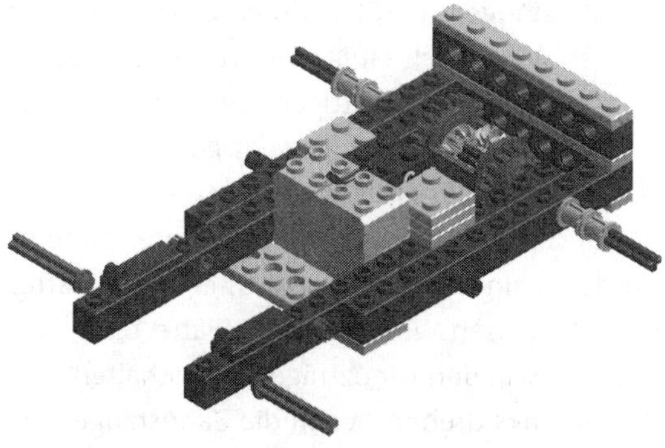

Abbildung 13.6 Steerbot Schritt 5

Mit einem Berührungssensor wird die mittige Stellung der Lenkung bestimmt. In den Schritten 6 und 7 wird dieser Sensor aufgebaut, und die Vorderachsaufbauten für den Lenkmechanismus werden vervollständigt. Durch das hintere Ende der Lenkgestänge (oder auch 1x3-Winkelbuchsen) wird ein Paar 3er-Achsen gesteckt. Als Abstandhalter werden Halbbuchsen eingesetzt.

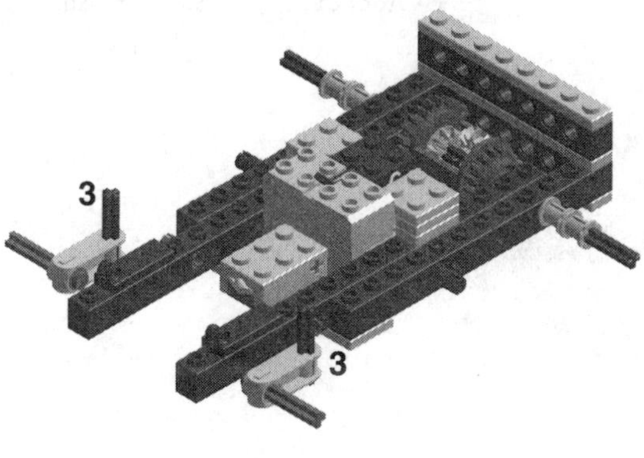

Abbildung 13.7 Steerbot Schritt 6

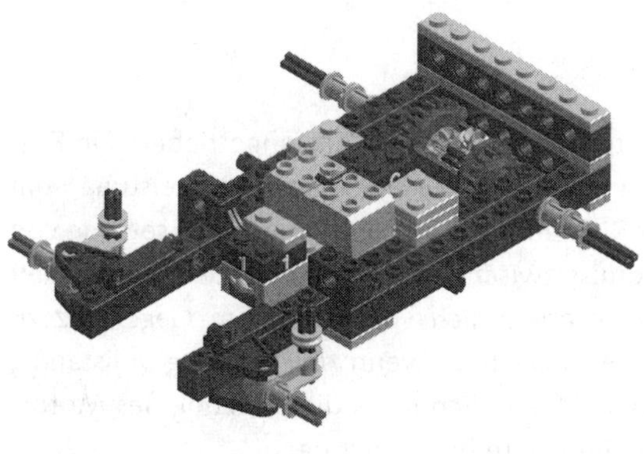

Abbildung 13.8 Steerbot Schritt 7

Normalerweise wäre die Lenkung mit Zahnstange und Ritzel durch Hinzufügen der Zahnstange fertig. In unserem Fall müssen wir jedoch einige Teile unter der Zahnstange hinzufügen, damit der Berührungssensor in der mittigen Stellung der Zahnstange aktiviert wird. Dieser Aufbau wird in den Schritten 8 und 9 gezeigt und anschließend in Schritt 10 zum Fahrgestell hinzugefügt. Über einen 1x2-Kreuzträger (grün) mit einer 2er-Achse wird der Berührungssensor aktiviert. Die Unterseite der Zahnstange mit 20 Zähnen ist hohl, sodass kein Kleinteil (wie z.B. eine 1x2-Platte) direkt daran befestigt werden kann. Statt dessen wird eine 1x8-Platte unter der Zahnstange eingesetzt, um die 1x2-Platte (sowie den Kreuzträger) festzuhalten. Beachten Sie, wie die Räder nach rechts und links drehen, wenn die Zahnstange vor- und zurückbewegt wird, und wie der Berührungssensor aktiviert wird, wenn sich die Räder in der mittigen Stellung befinden (bzw. in der Nähe der mittigen Stellung).

Abbildung 13.9 Steerbot Schritt 8

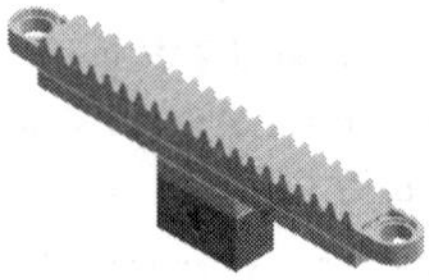

Abbildung 13.10 Steerbot Schritt 9

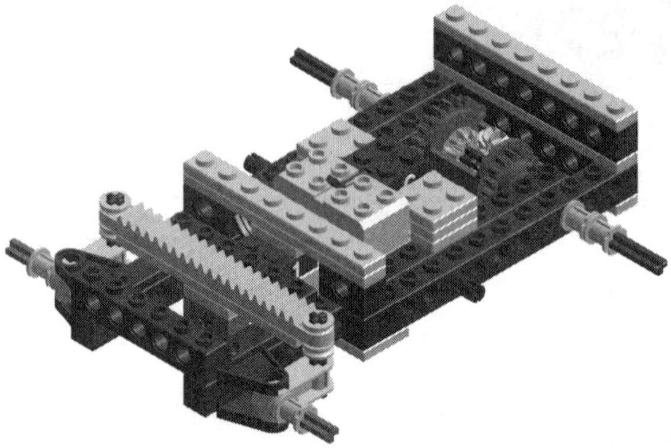

Abbildung 13.11 Steerbot Schritt 10

Die Lenkung wird, wie in den Schritten 11, 12 und 13 gezeigt, angetrieben. Ein Paar Riemenscheiben und ein blauer Gummikeilriemen übertragen die Leistung vom Motor. Der Größenunterschied der Riemenscheiben bietet eine Untersetzung von ca. 7:2, wodurch ein guter Kompromiss zwischen Leistung und Geschwindigkeit erreicht wird. Der Keilriemen wurde absichtlich verwendet (im Gegensatz zu Zahnrädern), um einen Schlupf zu ermöglichen, wenn die Lenkung vollständig nach links oder rechts gedreht wurde. Wie üblich muss die Stützung des Motors die recht ungewöhnliche Form der Unterseite berücksichtigen.

Abbildung 13.12 Steerbot Schritt 11

Abbildung 13.13 Steerbot Schritt 12

Abbildung 13.14 Steerbot Schritt 13

Der Stoßfänger verwendet, wie in den Schritten 14, 15 und 16 gezeigt, eine 10er-Achse, eine 8er-Achse und ein Paar Winkelträger als Basisanordnung. Das kleine schwarze Gummiband gibt diesem Stoßfänger beabsichtigt ein elastisches Aussehen; ansonsten ähnelt dieser Aufbau den vorherigen Stoßfängerkonstruktionen. In den meisten Situationen wird das Gummiband durch seine Spannung festgehalten. Wenn Sie jedoch feststellen, dass das Gummiband abfällt, fügen Sie einfach eine 2x2-Platte über dem Gummiband hinzu, um es festzuhalten.

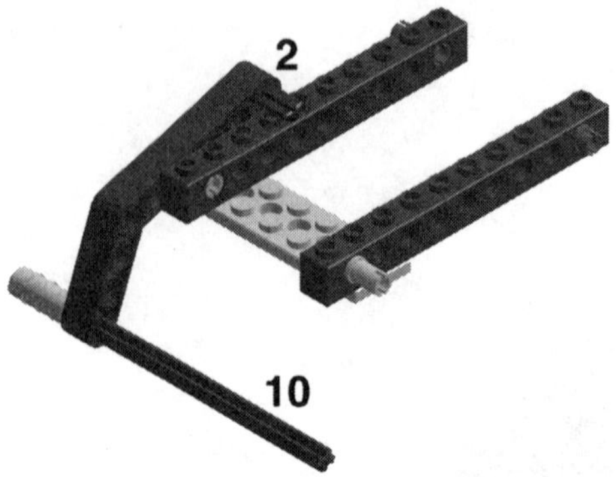

Abbildung 13.15 Steerbot Schritt 14

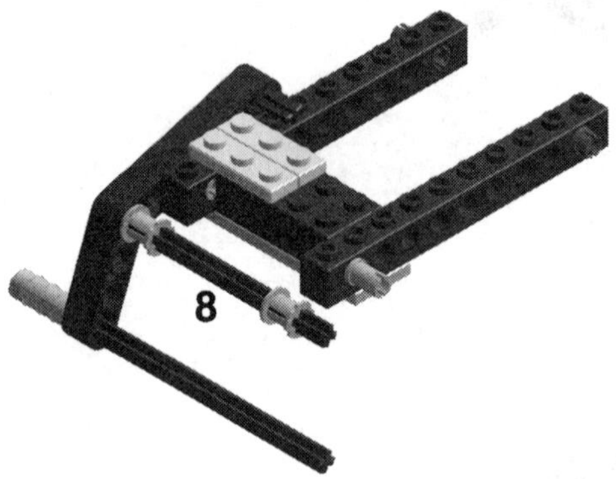

Abbildung 13.16 Steerbot Schritt 15

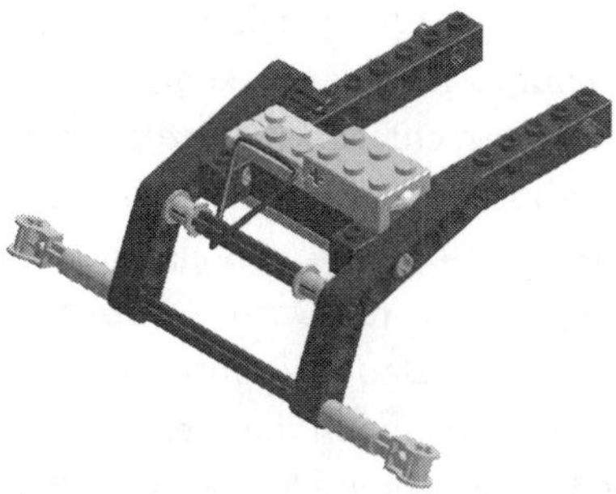

Abbildung 13.17 Steerbot Schritt 16

Mit dem Hinzufügen von Stoßstange, RCX und Rädern zum Fahrgestell ist Steerbot komplett. Im Gegensatz zu allen vorherigen Robotern, blickt der RCX nach hinten. Dies liegt daran, dass der Motor den IR-Anschluss blockiert, wenn der RCX nach vorne blicken würde.

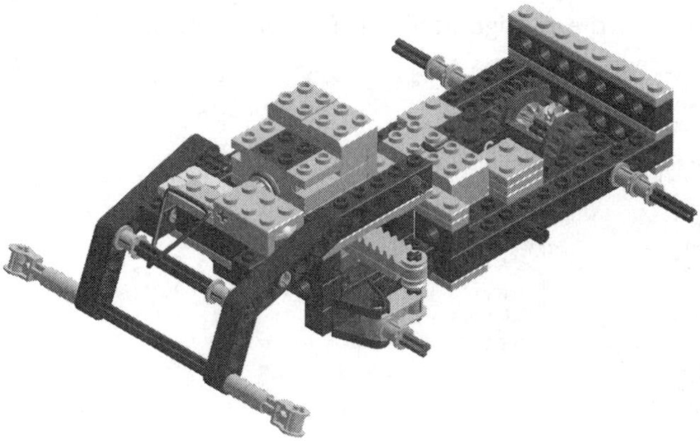

Abbildung 13.18 Steerbot Schritt 17

Abbildung 13.19 Steerbot Schritt 18

Die vertikale Verstrebung für die Stoßfänger verwendet runde, halbe 1x5-Träger anstelle von 1x6-Standardträgern. Der Grund dafür ist nicht klar erkennbar. Ich persönlich mag die klobig wirkenden Reifen vorne nicht. Ich bevorzuge den Einsatz von breiten Reifen hinten, sodass Steerbot zunächst mit vier breiten Reifen aufgebaut wurde. Diese breiten Reifen reiben sich jedoch an einem 1x6-Träger, wenn ein solcher als Verstrebung eingesetzt wird. Deshalb wurden stattdessen die runden, halben 1x5-Träger verwendet. Da im Robotics Invention System nur zwei breite Reifen enthalten sind, verwenden die meisten Benutzer vorne die klobigen Reifen. Sollten Sie jedoch vier breite Reifen zur Hand haben, verwenden Sie sie - Steerbot sieht dann wesentlich gefälliger aus.

13.3 Programmierung

Zunächst werden wir drei Funktionen vorstellen, um die Lenkung zu verwalten. Diese Funktionen mit den Namen `Links`, `Rechts` und `Mitte` drehen die Räder nach links, nach rechts oder in die mittige Stellung. Der Beispielcode für RCX-Code und NQC ist unten gezeigt:

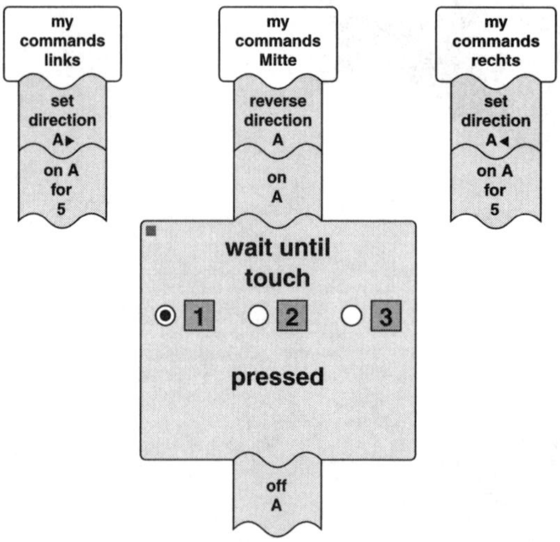

Abbildung 13.20 Lenkbefehle in RCX-Code

```
#define MITTE   SENSOR_1
#define LENKEN  OUT_A

#define GANZE_DREHUNG_ZEIT  50

void Links()
{
```

```
    Fwd(LENKEN);
    OnFor(LENKEN, GANZE_DREHUNG_ZEIT);
}

void Rechts()
{
    Rev(LENKEN);
    OnFor(LENKEN, GANZE_DREHUNG_ZEIT);
}

void Mitte()
{
    Toggle(LENKEN);
    On(LENKEN);
    until(MITTE==1);
    Off(LENKEN);
}
```

Wie üblich beginnt der NQC-Code mit der Definition von Namen für Sensoren, Motoren und Konstanten, die verwendet werden sollen. In allen anderen Aspekten sind die Versionen von RCX-Code und NQC recht ähnlich. Um die Räder nach links zu drehen, wird der Lenkmotor einen kurzen Zeitraum (genau gesagt eine halbe Sekunde) in Vorwärtsrichtung angetrieben. Diese Zahl wurde deshalb gewählt, weil sie der Steuerung genügend Zeit lässt, von der äußersten rechten Stellung zur äußersten linken Stellung zu gelangen. Ein Drehen der Räder nach rechts erfolgt auf die gleiche Art, mit der Ausnahme, dass der Motor in Rückwärtsrichtung betrieben wird.

Die Zentrierung der Steuerung erfolgt ein wenig anders. Die Funktion `Mitte` geht davon aus, dass die Lenkung vorher mit der Funktion `Rechts` oder `Links` bewegt wurde. Wenn die Richtung des Motors umgeschaltet wird, bewegt sich die Lenkung zurück zur Mitte. Der Motor bleibt eingeschaltet, bis der Berührungssensor für die mittige Einstellung ausgelöst wird. Falls Sie feststellen, dass die Funktion `Mitte` zu viel oder zu wenig dreht, kann dies geändert werden, indem Sie nach dem Auslösen des Sensors (zu wenig) eine Verzögerung einfügen oder die Richtung des Motors für einen kurzen Zeitraum (zu viel) umkehren. Beispiele dafür in NQC sind unten gezeigt:

```
// Version von Mitte (), die geringfügig mehr dreht
void Mitte()
{
    Toggle(LENKEN);
    On(LENKEN);
    until(MITTE==1);
```

```
    Wait(10);
    Off(LENKEN);
}

// Version von Mitte(), die geringfügig weniger dreht
void Mitte()
{
    Toggle(LENKEN);
    On(LENKEN);
    until(MITTE==1);
    Toggle(LENKEN);
    Wait(10);
    Off(LENKEN);
}
```

Anhand dieser Grundelemente zur Lenkung können wir den unten gezeigten RCX-Code oder das unten gezeigte NQC-Programm erstellen:

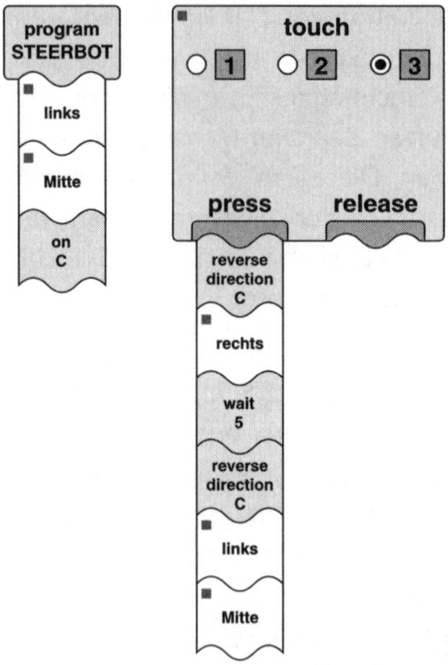

Abbildung 13.21 Lenkprogramm in RCX-Code

```
// steerbot1.nqc
// Ein einfaches Stoßfahrzeug mit Lenkung über Zahnstange und Ritzel

#define MITTE       SENSOR_1
#define STOSS       SENSOR_3
```

```
#define LENKEN  OUT_A
#define ANTRIEB OUT_C

#define GANZE_DREHUNG_ZEIT 50
#define GERADEAUS_ZEIT     50

void Links()
{
   Fwd(LENKEN);
   OnFor(LENKEN, GANZE_DREHUNG_ZEIT);
}

void Rechts()
{
   Rev(LENKEN);
   OnFor(LENKEN, GANZE_DREHUNG_ZEIT);
}

void Mitte()
{
   Toggle(LENKEN);
   On(LENKEN);
   until(MITTE==1);
   Off(LENKEN);
}

task main()
{
   SetSensor(SENSOR_1, SENSOR_TOUCH);
   SetSensor(STOSS, SENSOR_TOUCH);

   // Räder ausrichten
   Links();
   Mitte();

   // vorwärts fahren
   On(ANTRIEB);

   while(true)
   {
      // auf Stoß warten
```

```
        until(STOSS==1);

        // zurückfahren und drehen
        Rev(ANTRIEB);
        Rechts();
        Wait(GERADEAUS_ZEIT);

        // vorwärts und in andere Richtung drehen
        Fwd(ANTRIEB);
        Links();

        // Lenkung in mittiger Stellung
        Mitte();
    }
}
```

Das NQC-Programm beginnt mit dem Konfigurieren der Sensoren, ansonsten sind die Programme ähnlich. Die Räder werden zu Beginn in die mittige Stellung gebracht, indem Sie zunächst vollständig nach links gedreht werden, und dann die Funktion `Mitte` aufgerufen wird. Zu diesem Zeitpunkt beginnt Steerbot mit der Vorwärtsbewegung. Trifft das Fahrzeug auf ein Hindernis, fährt es zurück und dreht dabei nach rechts. Danach fährt es wieder mit einem leichten Schwenk nach links vorwärts und anschließend wieder geradeaus.

Ein häufiges Problem besteht darin, dass die 2er-Achse unter der Zahnstange nicht weit genug herausragt, um den Berührungssensor zu aktivieren. In diesem Fall bleibt das Programm bei der Funktion `Mitte` hängen, und Steerbot kann sich nicht mehr bewegen. Um dieses Problem zu umgehen, stellen Sie die 2er-Achse so ein, dass ein guter Kontakt mit dem Berührungssensor besteht.

Ein weiteres mögliches Problem bildet die Ausrichtung des Stoßfängers. Wenn die Winkelträger am Stoßfänger sich nicht in einer geraden Linie befinden, wird der Berührungssensor eventuell nicht aktiviert und Steerbot erkennt kein Hindernis; es stößt gegen eine Wand und versucht, weiter vorwärts zu fahren. Dies kann behoben werden, indem die Vorderenden der Winkelträger (dort, wo sie an der 10er-Achse befestigt sind) so eingestellt werden, dass die Winkelträger ordentlich und gerade bleiben.

Wenn Sie feststellen, dass der Stoßfänger nach wiederholten Zusammenstößen abfällt, sollten Sie eine zusätzliche Verstrebung vorsehen, um ihn zu fixieren.

13.4 Asynchrone Lenkung

Wenn das Programm im vorherigen Beispiel einen Schwenk nach rechts durchführen wollte, wurde die Funktion `Rechts` aufgerufen, bei der eine Rückkehr erst dann erfolgt, wenn die Räder vollständig nach rechts gedreht wurden. Dieses Verhalten, bei der eine Funktion nicht zurückkehrt, bis eine externe Funktion durchgeführt wurde, wird als synchrones Verhalten bezeichnet. Bisweilen ist es wünschenswert, eine Funktion zu starten und während der Durchführung der Funktion eine andere Verarbeitung durchführen zu können. Dieses Ausführungsmodell wird als **asynchrones** Verhalten bezeichnet.

Betrachten Sie den Vorgang, ein Frühstück mit Eiern und Speck zuzubereiten. Eine Möglichkeit besteht darin, zunächst den Speck zu braten und erst danach die Eier. In diesem Fall wird der Speck synchron gebraten. Eine andere Möglichkeit besteht darin, mit dem Braten des Speckes zu beginnen und während dieser noch brät, die Eier zuzubereiten. In diesem Fall wird der Speck asynchron gebraten. Die Zubereitung der Eier, während gleichzeitig auf den Speck geachtet werden muss, ist etwas schwieriger als das andere Verfahren, benötigt insgesamt aber weniger Zeit. Dieser Kompromiss betrifft oftmals auch die Software. Das synchrone Verhalten kann oftmals einfach implementiert werden. In einigen Fällen ist das asynchrone Verhalten jedoch den Mehraufwand wert.

Da eine vollständige Schwenkung der Räder nach links oder rechts bis zu einer halben Sekunde dauern kann, bietet sich für die Steuerung der Lenkung ein asynchroner Betrieb an.

> Die folgende Programmiertechnik kann nicht in RCX-Code implementiert werden; daher wird nur ein NQC-Beispielcode zur Verfügung gestellt.

Der Schlüssel für ein asynchrones Verhalten (zumindest im RCX) liegt im Einsatz mehrerer Tasks. Wir werden eine separate Task erstellen, deren einzige Funktion darin liegt, die Räder in die gewünschte Position zu drehen. Andere Tasks (auch als **Clients** bekannt) benötigen jedoch irgendeine Möglichkeit für die Zusammenarbeit mit der Lenkung, um festzulegen, auf welche Position der Lenkmechanismus eingestellt werden soll. Diese Clients sollten auch in der Lage sein, festzustellen, wenn die Lenk-Task ihre Aufgabe beendet hat.

Hier fängt es an, sehr kompliziert zu klingen. Ein Verfahren, das Programmierer verwenden, um das Verständnis komplizierter Systeme zu vereinfachen, heißt **Abstraktion**. Der Schlüssel zur Abstraktion liegt darin, eine Funktion des Systems zu nehmen und die Einsatzweise von der Funktionsweise zu trennen. Der Teil »Einsatzweise« wird **Schnittstelle** der Funktion genannt, und die »Funktionsweise« stellt die **Implementierung** dar.

Solche Abstraktionen kommen auch in unserem Alltag vor. Wir nutzen dauernd Geräte – Fernseher, Mikrowellenofen, Autos – ohne genau zu wissen, wie sie eigentlich funktionieren. In vielen Fällen hat sich die interne Funktion dieser Geräte im Laufe der Jahre erheblich geändert, während sich die Art und Weise der Nutzung kaum verändert hat. Mit der Zeit werden natürlich neue Funktionen hinzugefügt. Dies geschieht normalerweise aber so, dass die neuen Funktionen mit den alten kompatibel sind. Abstraktion und Entwurf einer guten Programmierschnittstelle, die mit den neuen Funktionen wachsen kann, ohne die Kompatibilität mit vorhandenen Clients zu verlieren, bildet eine der Herausforderungen, denen sich ein Programmierer stellen muss.

In Hinblick auf die asynchrone Lenkung stellt die Art und Weise der Interaktion des Clients mit der Lenk-Task die Schnittstelle der Lenkfunktion dar. Wie oben erwähnt, muss die Schnittstelle einem Client die Angabe ermöglichen, auf welche Position die Lenkung eingestellt werden soll, und anschließend feststellen, wann die Funktion durchgeführt wurde. In NQC erstellen wir diese Schnittstelle, wie unten gezeigt, mithilfe von mehreren Konstanten und einem Paar Variablen:

```
// Schnittstelle für Lenk-Task
#define NACH_LINKS      -1
#define IN_MITTE         0
#define NACH_RECHTS      1

int Lenk_Soll;          // auf Lenkposition einstellen
int Lenk_Ist = -999;    // diesen Wert überprüfen
```

Ein Client kann seine gewünschte Lenkposition anzeigen, indem der Wert von `Lenk_Soll` auf eine der drei Positionskonstanten (wie `NACH_LINKS`) eingestellt wird. Die Task kann die aktuelle Lenkposition feststellen, indem der Wert von `Lenk_Ist` gelesen wird. Zu Beginn wird `Lenk_Soll` auf eine unzulässige Zahl (-999) eingestellt, um anzuzeigen, dass die Lenk-Task nicht initialisiert wurde. Sobald die Lenk-Task initialisiert wurde, enthält diese Variable eine gültige Lenkposition.

Beachten Sie, dass ein Client nicht zu wissen braucht, wie die Lenk-Task funktioniert (die Implementierung). Es reicht aus, lediglich die Schnittstelle zur Task zu kennen.

Die Implementierung unserer Lenk-Task gestaltet sich ein wenig komplizierter als ihre Schnittstelle. Hier sehen Sie ein vollständiges Listing:

```
// Implementierung der Lenk-Task
#define MITTE       SENSOR_1
#define LENKEN      OUT_A
#define GANZE_DREHUNG_ZEIT  50
```

```
task Lenk_Task()
{
   SetSensor(SENSOR_1, SENSOR_TOUCH);

   // Räder ausrichten
   OnFwd(LENKEN);
   Wait(GANZE_DREHUNG_ZEIT);
   Toggle(LENKEN);
   until(MITTE==1);
   Off(LENKEN);

   // Anfangsposition festlegen
   Lenk_Soll = IN_MITTE;
   Lenk_Ist = IN_MITTE;

   while(true)
   {
      int Soll;

      Soll = Lenk_Soll;
      if (Soll != Lenk_Ist)
      {
         if (Soll == NACH_LINKS)
         {
            // nach links drehen
            Fwd(LENKEN);
            OnFor(LENKEN, GANZE_DREHUNG_ZEIT);
         }
         else if (Soll == NACH_RECHTS)
         {
            // nach rechts drehen
            Rev(LENKEN);
            OnFor(LENKEN, GANZE_DREHUNG_ZEIT);
         }
         else
         {
            Toggle(LENKEN);
            On(LENKEN);
            until(MITTE==1);
            Off(LENKEN);
         }
```

```
            Lenk_Ist = Soll;
        }
    }
}
```

Wie üblich beginnt der Code mit einigen Definitionen für Motor, Sensor und Konstanten. Die Task selbst beginnt mit der Konfiguration des Sensors. Danach werden die Räder mithilfe eines Codes, der fast mit dem Code unseres früheren synchronen Beispiels identisch ist, in mittige Stellung gebracht. Nachdem sich die Räder in mittiger Stellung befinden, werden die beiden Schnittstellenvariablen, `Lenk_Soll` und `Lenk_Ist`, so festgelegt, dass die mittige Stellung der Räder angezeigt wird.

Die Task verzweigt dann in eine Endlosschleife, die feststellt, ob sich `Lenk_Soll` von `Lenk_Ist` unterscheidet. Der tatsächliche Wert von `Lenk_Soll` wird vor der Überprüfung in die lokale Variable `Soll` kopiert. Dies geschieht deshalb, weil die Lenk-Task mehrere Entscheidungen treffen muss, und eine Änderung von `Soll` mitten in den Entscheidungen zu einem unvorhersehbaren Verhalten führen kann. Da ein Client jederzeit `Lenk_Soll` ändern kann, muss die Lenk-Task diesen Wert einmal lesen und dann alle Entscheidungen anhand dieses Werts treffen. Bei jedem Durchlauf der Schleife wird diese Kopie mit dem neuesten Wert von `Lenk_Soll` aktualisiert.

Stimmt `Lenk_Soll` nicht mit `Lenk_Ist` überein, führt die Task anschließend die entsprechende Aktion durch (Drehen der Räder nach links, rechts bzw. in die Mitte) und aktualisiert anschließend `Lenk_Ist` mit der neuen Position. Obwohl die Steuerung in Hinblick auf die Clients asynchron erfolgt, muss jede Lenkfunktion abgeschlossen werden, bevor auf eine weitere reagiert werden kann. Wird `Lenk_Soll` beispielsweise auf `NACH_RECHTS` eingestellt, beginnt die Lenk-Task damit, die Räder nach rechts zu drehen. Dieser Vorgang kann bis zu einer halben Sekunde dauern. In der Zwischenzeit kann ein Client `Lenk_Soll` auf `NACH_LINKS` einstellen. Die Lenk-Task bewegt die Räder weiter nach rechts, bevor `Lenk_Soll` erneut überprüft und festgestellt wird, dass die Räder zurück nach links gedreht werden müssen. Zusammengefasst: Nach dem Start einer Lenkfunktion kann kein Abbruch mehr erfolgen.

Bevor die Lenk-Task verwendet werden kann, muss sie vom Clientprogramm gestartet werden. Außerdem ist es oftmals wünschenswert, dass der Client auf den Abschluss der Initialisierung der Lenk-Task wartet, bevor andere Aufgaben erledigt werden. Diese beiden Schritte können mit dem folgenden Code erreicht werden:

```
start Lenk_Task;
until(Lenk_Soll == 0);
```

Mithilfe der asynchronen Lenk-Task können wir eine neue Version unseres Programms für das Stoßfahrzeug schreiben. In dieser Version wird das Verhalten erweitert: der Roboter piept beim Rückwärtsfahren. Das folgende Codefragment piept jede halbe Sekunde insgesamt dreimal (1,5 Sekunden).

```
repeat (3)
{
   PlayTone(880, 30);
   Wait(50);
}
```

Wenn wir diesen Code bei den vorherigen synchronen Lenkfunktionen eingesetzt hätten, wären die Pieptöne erst nach Abschluss der Lenkung ausgeführt worden. Da die Lenkung jetzt asynchron erfolgt, können die Pieptöne unmittelbar beginnen. Das vollständige Programm folgt.

```
// steerbot2.nqc
// Lenkung mit mehreren Tasks


// Schnittstelle für Lenk-Task
#define NACH_LINKS      -1
#define IN_MITTE         0
#define NACH_RECHTS      1

int Lenk_Soll;      // auf Lenkposition einstellen
int Lenk_Ist = -999;      // diesen Wert überprüfen

// Implementierung der Lenk-Task
#define MITTE       SENSOR_1
#define LENKEN      OUT_A
#define GANZE_DREHUNG_ZEIT  50

task Lenk_Task()
{
   SetSensor(SENSOR_1, SENSOR_TOUCH);

   // ausrichten
   OnFwd(LENKEN);
   Wait(GANZE_DREHUNG_ZEIT);
   Toggle(LENKEN);
   until(MITTE==1);
```

```
   Off(LENKEN);

   Lenk_Soll = 0;
   Lenk_Ist = 0;

   while(true)
   {
      int Soll;

      Soll = Lenk_Soll;
      if (Soll ! = Lenk_Ist)
      {
         if (Soll == NACH_LINKS)
         {
            // nach links drehen
            Fwd(LENKEN);
            OnFor(LENKEN, GANZE_DREHUNG_ZEIT);
         }
         else if (Soll == NACH_RECHTS)
         {
            // nach rechts drehen
            Rev(LENKEN);
            OnFor(LENKEN, GANZE_DREHUNG_ZEIT);
         }
         else
         {
            Toggle(LENKEN);
            On(LENKEN);
            until(MITTE==1);
            Off(LENKEN);
         }

         Lenk_Ist = Soll;
      }
   }
}

// Haupt-Task...

#define STOSS       SENSOR_3
#define ANTRIEB     OUT_C
```

```
#define GERADEAUS_ZEIT50

task main()
{
   SetSensor(STOSS, SENSOR_TOUCH);

   start Lenk_Task;
   until(Lenk_Soll == 0);

   On(ANTRIEB);

   while(true)
   {
      until(STOSS==1);
      Rev(ANTRIEB);
      Lenk_Soll = NACH_RECHTS;
      repeat (3)
      {
         PlayTone(880, 30);
         Wait(50);
      }

      Lenk_Soll = IN_MITTE;
      Fwd(ANTRIEB);
   }
}
```

Falls für die Lenk-Task ein synchrones Verhalten gewünscht wird, muss der Client warten, bis `Lenk_Ist` mit der gewünschten Einstellung übereinstimmt, bevor eine andere Funktion ausgeführt werden kann. In dem obigen Programm können Sie das Zentrieren der Räder vor dem Vorwärtsfahren synchron gestalten, indem Sie:

Lenk_Soll = IN_MITTE;
Fwd(ANTRIEB);

ersetzen durch:

Lenk_Soll = IN_MITTE;
until(Lenk_Ist == IN_MITTE);
Fwd(ANTRIEB);

13.5 Variationen

Die Lenkung mit Zahnstange und Ritzel ist nicht auf Stoßfahrzeuge beschränkt. Sie kann in der Regel zusammen mit den Sensormechanismen der vorherigen Roboter eingesetzt werden, um schnellere Versionen von Bugbot, Scanbot usw. aufzubauen.

Der Berührungssensor bildet keine besonders zuverlässige Lösung, um die mittige Stellung der Räder zu bestimmen. Steerbot tendiert daher dazu, leicht nach links oder rechts abzudriften. Mit einem Rotationssensor kann ein präziserer Lenkmechanismus aufgebaut werden. Für eine erhöhte Genauigkeit sollte zwischen dem Rotationssensor und dem 8er-Zahnrad, das die Zahnstange dreht, eine Untersetzung vorgesehen werden. Auf diese Weise kann der Rotationssensor kleinere Bewegungen der Zahnstange messen. Bei Einsatz eines Riemenantriebs sollte dieser zwischen dem Motor und dem Rotationssensor angebracht werden, anstatt zwischen Rotationssensor und Zahnstange. Wird ein Rotationssensor verwendet, kann der Wert des Sensors in der asynchronen Lenk-Task die Variable `Lenk_Soll` ersetzen.

14 Diffbot

Viele der bisherigen Roboter wurden von zwei unabhängigen Motoren angetrieben, die jeweils eine Seite des Roboters antrieben. Egal, ob Raupenketten (Tankbot) oder Räder (Tribot) verwendet wurden, das Prinzip bleibt immer gleich: Beide Seiten werden mit der gleichen Geschwindigkeit angetrieben, um geradeaus zu fahren, und eine Seite wird schneller angetrieben als die andere, um zu drehen. Da beim Geradeausfahren beide Motoren mit derselben Geschwindigkeit drehen müssen, können geringfügige Unterschiede der Motoren dazu führen, dass der Roboter leicht nach links oder rechts driftet.

Diffbot wird weiterhin durch Raupenketten angetrieben, vermeidet aber ein Abdriften mithilfe von zwei Differenzialgetrieben. Anstelle eines autonomen Betriebs wird Diffbot direkt von einer Fernsteuerung gesteuert, die aus dem RCX und Sensoren aufgebaut wird. Antriebsmechanismus und Fernsteuerung können in andere Roboterkonstruktionen integriert werden.

Erforderliche Zusatzteile:

2 Zahnräder mit 16 Zähne

1 Differenzialgetriebe

1 Kegelrad (nur erforderlich, wenn Satz Nr. 9747 verwendet wird)

Informationen darüber, wo Sie die Teile beziehen können, finden Sie in Anhang B.

14.1 Antrieb mit zwei Differenzialgetrieben

Diffbot verwendet einen speziellen Antriebsmechanismus, der aus zwei Differenzialgetrieben aufgebaut wird. Die einfachste Möglichkeit, die Funktionsweise zu verstehen, besteht darin, mit dem Aufbau, wie in den Schritten 1, 2 und 3 gezeigt, zu beginnen.

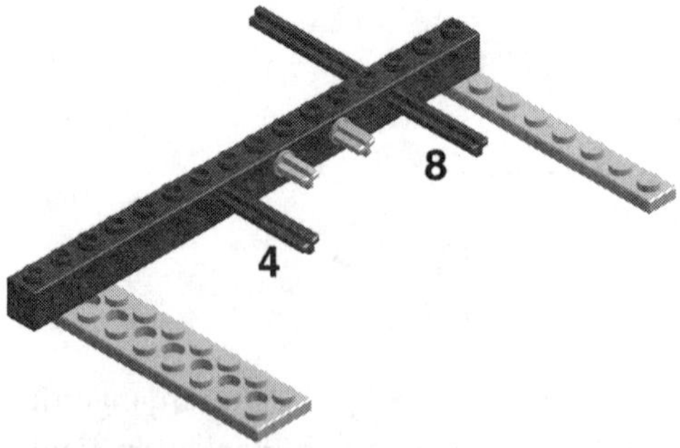

Abbildung 14.1 Diffbot Schritt 1

Abbildung 14.2 Diffbot Schritt 2

Abbildung 14.3 Diffbot Schritt 3

Das hintere Differenzialgetriebe, das im Folgenden als **primäres** Differenzial bezeichnet wird, treibt Achsen an, die ggf. die Raupenketten antreiben. Hierbei handelt es sich um die herkömmliche Anwendung eines Differenzialgetriebes: Die Leistung wird dem Ausgleichsgehäuse zugeführt, und die Achsen drehen sich dann so, dass ihre Durchschnittsgeschwindigkeit mit der des Ausgleichsgehäuses übereinstimmt. Dies bietet uns eine einfache Möglichkeit, beide Achsen mit einem einzigen Motor anzutreiben und die Drift zu vermeiden, die bei Antriebssystemen mit zwei Motoren durch geringfügige Unterschiede entsteht. Das zweite Differenzialgetriebe (das sich ungefähr in der Mitte des Fahrgestells befindet) ist für die Drehung verantwortlich. Die Achsen beider Differenzialgetriebe sind auf einer Seite durch mehrere 16er-Zahnräder verbunden. Da die Anzahl der Zahnräder auf dieser Seite gerade ist (und die Anzahl der Übergänge ungerade), dreht die Achse des sekundären Differenzialgetriebes immer in entgegengesetzter Richtung der Achse, die die betreffende Raupenkette dreht. Die Achsen auf der anderen Seite der Differenzialgetriebe sind ebenfalls miteinander verbunden, wobei diesmal jedoch drei Zahnräder verwendet werden. Da die Anzahl der Zahnräder ungerade ist, drehen sich beide Achsen in derselben Richtung. Idealerweise wären alle drei betreffenden Zahnräder 24er-Zahnräder; das Robotics Invention System enthält allerdings nur vier solcher Zahnräder, sodass für Diffbot insgesamt fünf erforderlich wären. Um dieses Problem zu umgehen, wird als mittleres Zahnrad ein Planrad (mit ebenfalls 24 Zähnen) eingesetzt. Falls Sie ein zusätzliches 24-er Zahnrad besitzen (vielleicht aus den Service-Teilen Nr. 5229), kann dieses statt dessen verwendet werden.

Stellen Sie sich vor, beide Raupenketten drehen sich mit derselben Geschwindigkeit. Beide Achsen des primären Differenzialgetriebes drehen sich mit derselben Geschwindigkeit wie das Ausgleichsgehäuse. Die Achsen des sekundären Differenzialgetriebes drehen sich ebenfalls. Die nähere Achse dreht sich in derselben Richtung wie das primäre Differenzialgetriebe, während sich die entferntere Achse in Gegenrichtung dreht. Da sich diese Achsen mit derselben Geschwindigkeit, aber in entgegengesetzten Richtungen drehen, bleibt das Ausgleichsgehäuse des sekundären Differenzialgetriebes bewegungslos. Tatsächlich dreht sich das Ausgleichsgehäuse des sekundären Differenzialgetriebes mit einer Geschwindigkeit, die die **Hälfte des Unterschieds** zwischen den Geschwindigkeiten der rechten und der linken Raupenkette beträgt. Die Drehung der Differenzialgetriebe kann wie folgt zusammengefasst werden:

Wenn sich das primäre Differenzialgetriebe nicht dreht, drehen sich die Raupenketten mit der Geschwindigkeit des sekundären Differenzialgetriebes, jedoch in entgegengesetzter Richtung. Dies führt dazu, dass sich das Fahrzeug auf der Stelle dreht.

$$\text{primär} = \frac{\text{links} + \text{rechts}}{2}$$

$$\text{sekundär} = \frac{\text{links} - \text{rechts}}{2}$$

Drehen sich beide Differenzialgetriebe mit derselben Geschwindigkeit in dieselbe Richtung, dreht sich die rechte Raupenkette nicht, während die linke Raupenkette sich mit der doppelten Geschwindigkeit der Differenzialgetriebe dreht. Der umgekehrte Fall tritt dann ein, wenn sich beide Differenzialgetriebe mit derselben Geschwindigkeit, jedoch in entgegengesetzten Richtungen drehen. Dies kann für sehr scharfe Schwenks genutzt werden. Da ein Drehen auf der Stelle aber schon möglich ist, können wir auf diese Weise eventuell ein gemächliches Drehen erreichen.

Wenn sich das sekundäre Differenzial mit einem Bruchteil der Geschwindigkeit des primären Differenzialgetriebes dreht, drehen sich beide Raupenketten immer noch in dieselbe Richtung, wobei sich die eine jedoch geringfügig schneller dreht als die andere. Je größer das Verhältnis zwischen den beiden Differenzialgetrieben ist, desto abstufbarer erfolgt die Schwenkung. Bei Diffbot wird eine Untersetzung von 9:1 verwendet. Die Schritte 5 bis 8 zeigen das Getriebe, das zum Drehen des sekundären Differenzialgetriebes verwendet wird.

Abbildung 14.4 Diffbot Schritt 4

Abbildung 14.5 Diffbot Schritt 5

Abbildung 14.6 Diffbot Schritt 6

Abbildung 14.7 Diffbot Schritt 7

Abbildung 14.8 Diffbot Schritt 8

In den Schritten 9, 10 und 11 wird der primäre Motor über dem Differenzialgetriebe mithilfe von Motorhalterungen befestigt, ohne die ein solcher Aufbau unmöglich wäre.

Abbildung 14.9 Diffbot Schritt 9

Abbildung 14.10 Diffbot Schritt 10

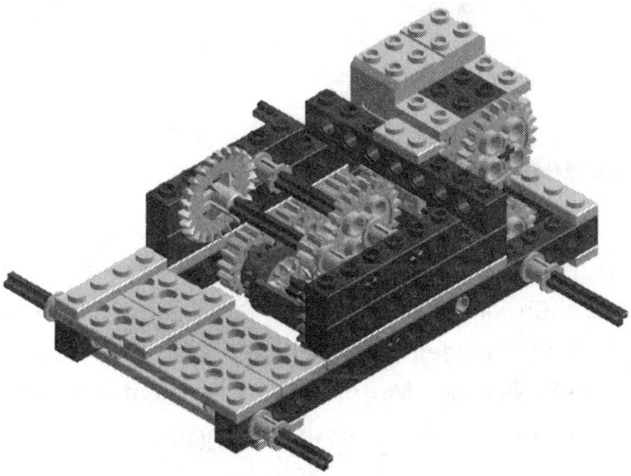

Abbildung 14.11 Diffbot Schritt 11

In den Schritten 12 und 13 werden der sekundäre Motor und die Raupenketten hinzugefügt. Der sekundäre Antrieb verwendet ein Planrad, das von hinten ausreichend unterstützt wird, um einen Schlupf zu verhindern. An jeden Motor muss, wie gezeigt, ein langes Kabel angeschlossen werden. Im nächsten Abschnitt werden diese Kabel mit der Fernsteuerung für Diffbot verbunden.

Abbildung 14.12 Diffbot Schritt 12

Abbildung 14.13 Diffbot Schritt 13

14.2 Aufbau der Fernsteuerung

Die Fernsteuerung muss in der Lage sein, zwei Motoren zu steuern. Außerdem ist es wünschenswert, dass jeder Motor unabhängig vom anderen vorwärts oder rückwärts bzw. überhaupt nicht drehen kann. Mithilfe von Berührungssensoren lässt sich problemlos die Steuerung eines einzelnen Motors realisieren. Wird der erste Berührungssensor aktiviert, dreht sich der Motor in Vorwärtsrichtung. Mithilfe des zweiten Berührungssensors läuft der Motor in umgekehrter Richtung.

Der Einsatz eines Lichtsensors zum Steuern eines Motors gestaltet sich etwas schwieriger. Da der Motor drei Zustände (vorwärts, aus, rückwärts) annehmen kann, benötigen wir drei unterscheidbare Farben, die vor dem Lichtsensor angebracht werden können: gelb, grün und schwarz sind dafür geeignet. Ein einfacher Steuerstab bewegt eine der drei Farben vor den Lichtsensor. Mithilfe eines Gummibands wird der Steuerstab zentriert, wenn er nicht verwendet wird.

Da die Steuerelemente direkt über den RCX-Eingangssteckern liegen, müssen zuerst, wie in Schritt 1 gezeigt, die Sensorkabel an das RCX angeschlossen werden. Schließen Sie über kurze Kabel die Anschlüsse 1 und 2 sowie den Lichtsensor an Anschluss 3 an.

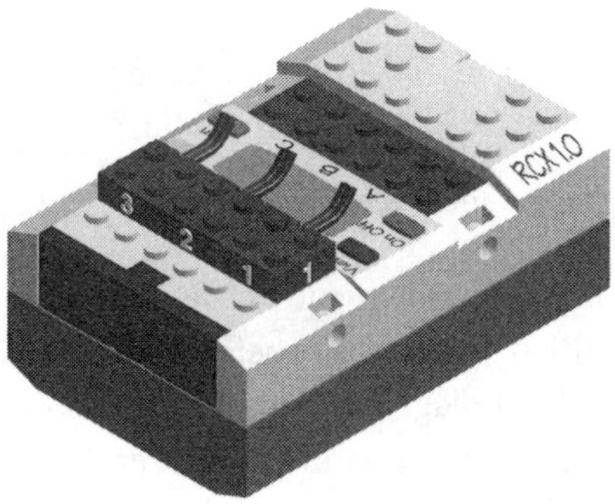

Abbildung 14.14 Fernsteuereinheit Schritt 1

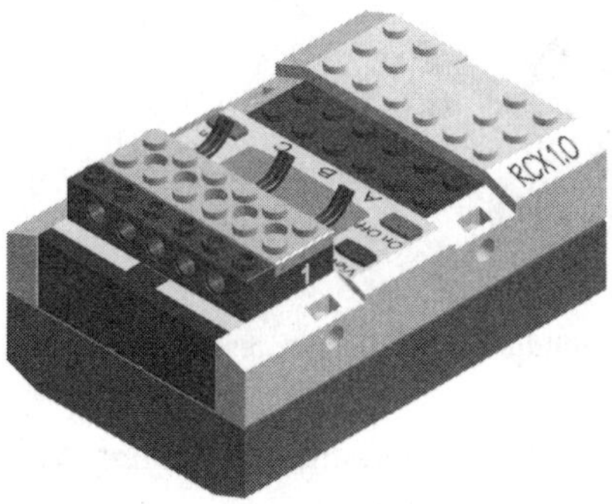

Abbildung 14.15 Fernsteuereinheit Schritt 2

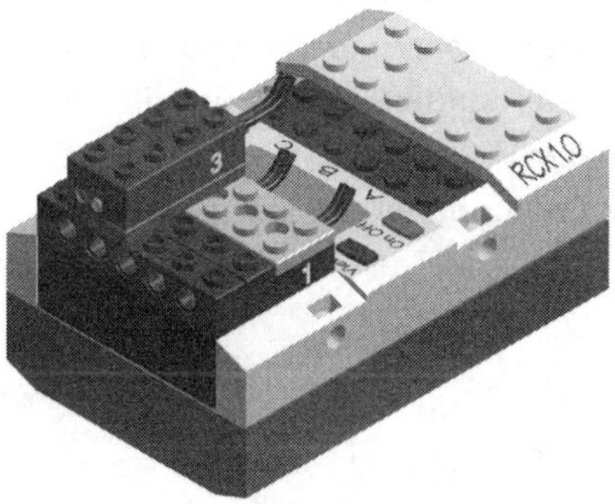

Abbildung 14.16 Fernsteuereinheit Schritt 3

Als nächstes werden die beiden Berührungssensoren hinzugefügt und, wie in Schritt 4 gezeigt, mit dem RCX verbunden. In den 1x6-Träger wird ebenfalls ein Doppelzapfen eingesteckt. Dieser Doppelzapfen dient später als Anker für das Gummiband, das den Steuerstab zentriert.

Abbildung 14.17 Fernsteuereinheit Schritt 4

Wie bereits erwähnt, verwendet der Steuerstab unterschiedliche Farben, um eine Reaktion des Lichtsensors auszulösen. In Schritt 5 werden ein gelber Stein, ein grüner Kreuzträger und ein schwarzer Stein als Grundlage für den Steuerstab zusammengesetzt. Des Weiteren muss ein schwarzes Gummiband um die 2er-Achse gelegt werden, die aus dem Kreuzträger ragt.

Abbildung 14.18 Fernsteuereinheit Schritt 5

Abbildung 14.19 Fernsteuereinheit Schritt 6

Der fertige Steuerstab wird in Schritt 7 am Rest der Steuereinheit befestigt. Mithilfe des Gummibands wird eine Spannung erzeugt, damit der Steuerstab sich selbst zentriert, wenn er nicht verwendet wird. Um den richtigen Zug zu erhalten, muss das Band zweimal um den Doppelzapfen gewickelt werden. Bei den Kabeln, die an die RCX-Ausgänge angeschlossen werden, handelt es sich um die freien Kabelenden von Diffbot. Das Kabel des primären Motors (demjenigen mit dem 24er-Zahnrad) muss an Ausgang A, und das des sekundären Motors an Ausgang C angeschlossen werden.

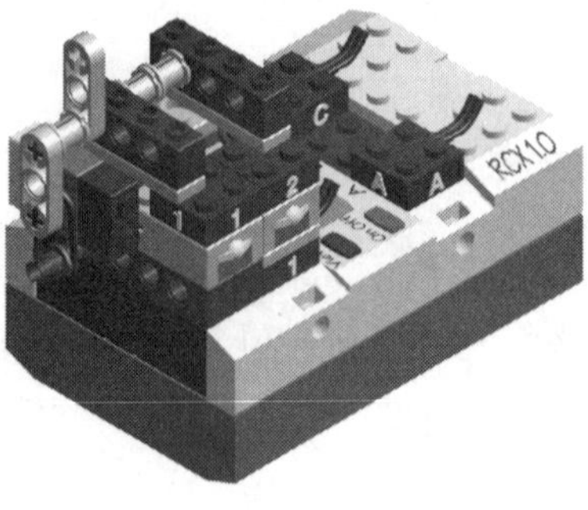

Abbildung 14.20 Fernsteuereinheit Schritt 7

14.3 Programmieren der Fernsteuerung

Die Fernsteuerung besitzt zwei Berührungssensoren und einen Lichtsensor, für die/den eine eigene Sensorkontrolle in RCX-Code bzw. eine eigene Task in NQC benötigt wird. Bei den Berührungssensoren ist die Funktion einfach: Der primäre Motor wird eingeschaltet (entweder vorwärts oder rückwärts), wenn die Taste aktiviert wird, und ausgeschaltet, wenn die Taste gelöst wird. Die RCX-Code-Programmstapel dafür werden nachstehend beschrieben:

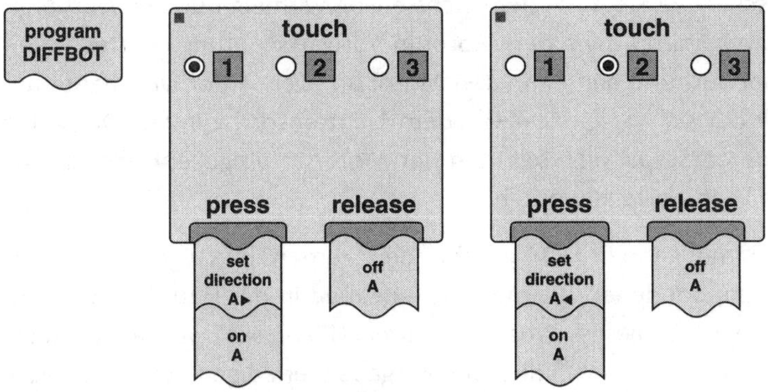

Abbildung 14.21 Motorsteuerung mit Berührungssensor in RCX-Code

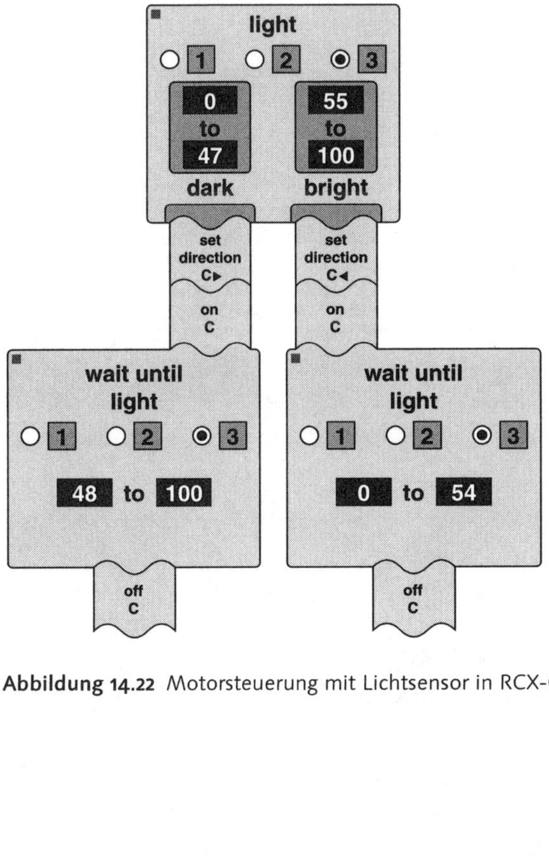

Abbildung 14.22 Motorsteuerung mit Lichtsensor in RCX-Code

Der Lichtsensor muss die Vorwärts- und Rückwärtsrichtung des sekundären Motors steuern. In RCX-Code kann eine Lichtsensorkontrolle einen hellen Bereich und einen dunklen Bereich definieren. Bei Werten, die zwischen hell und dunkel liegen, passiert nichts. In meinem Fall registriert der Sensor einen Wert von 44 für Schwarz, einen Wert von 50 für Grün und einen Wert von 59 für Gelb. Ein geeigneter Grenzwert für Schwarz ist daher 47 (die Mitte zwischen 44 und 50) und für Gelb 55. Ihre Sensordaten können davon abweichen. Überprüfen Sie daher die Werte (mithilfe der Taste **View**), und legen Sie die Grenzwerte entsprechend fest. Befindet sich der schwarze Stein vor dem Lichtsensor, wird ein dunkler Wert registriert. Das Programm startet dann den Motor in Vorwärtsrichtung, wartet auf einen helleren Sensorwert und hält dann den Motor an. Der Motor läuft daher nur so lange, wie sich der schwarze Stein vor dem Lichtsensor befindet. Der gelbe Stein löst den anderen Stapel aus, bei dem der Motor in umgekehrter Richtung läuft, bis dunklere Werte erfasst werden.

Ein ähnliches Programm kann in NQC geschrieben werden. Im Gegensatz zu vorherigen Programmen, bei denen die meisten Aufgaben in der Haupt-Task durchgeführt wurden, besitzt dieses Programm drei Hilfs-Tasks (`Vorwaerts_Task`, `Rückwaerts_Task` und `Lenk_Task`), die alle Aufgaben erledigen. Die Task `main` braucht daher lediglich die Sensoren zu konfigurieren und die Tasks zu starten. Der Aufbau des resultierenden Codes ist dem oben dargestellten RCX-Code-Programm ähnlich.

```
// diffbot.nqc
// Fernsteuerung für Diffbot

// Motoren und Sensoren
#define ANTRIEB            OUT_A
#define DREHEN             OUT_C
#define VORWAERTS_TASTE    SENSOR_1
#define RUECKWAERTS_TASTE SENSOR_2
#define LENKEN             SENSOR_3

// Schwellenwerte für Steuerung der Lenkung
#define LINKS   47
#define RECHTS  55

task main()
{
   // Sensoren konfigurieren
   SetSensor(VORWAERTS_TASTE, SENSOR_TOUCH);
   SetSensor(RUECKWAERTS_TASTE, SENSOR_TOUCH);
```

```
    SetSensor(LENKEN, SENSOR_LIGHT);

    // Alle Tasks starten
    start Lenk_Task;
    start Vorwaerts_Task;
    start Rückwaerts_Task;

    // Dieser Task ist jetzt erledigt...
}

task Vorwaerts_Task()
{
    while(true)
    {
        // vorwärts fahren, wenn Taste aktiviert
        until(VORWAERTS_TASTE == 1);
        OnFwd(ANTRIEB);
        until(VORWAERTS_TASTE == 0);
        Off(ANTRIEB);
    }
}

task Rückwaerts_Task()
{
    while(true)
    {
        // rückwärts fahren, wenn Taste aktiviert
        until(RUECKWAERTS_TASTE == 1);
        OnRev(ANTRIEB);
        until(RUECKWAERTS_TASTE == 0);
        Off(ANTRIEB);
    }
}

task Lenk_Task()
{
    while(true)
    {
        // nach links drehen?
        if (LENKEN <= LINKS)
        {
```

```
            OnFwd(DREHEN);
            until(LENKEN > LINKS);
            Off(DREHEN);
        }

        // nach rechts drehen?
        if (LENKEN >= RECHTS)
        {
            OnRev(DREHEN);
            until(LENKEN < RECHTS);
            Off(DREHEN);
        }
    }
}
```

Sobald die Fernsteuerung programmiert wurde, können Sie Diffbot ausprobieren. Führen Sie das Programm aus, und probieren Sie die Steuerelemente aus. Mithilfe der Berührungssensoren kann vorwärts oder rückwärts gefahren werden, und mit dem Steuerstab kann auf der Stelle gedreht werden. Probieren Sie, auf der Stelle zu drehen (nur Steuerstab) und stufenweise zu drehen (Berührungssensor und Steuerstab).

14.4 Variationen

Der Antriebsmechanismus mit zwei Differenzialgetrieben, der bei Diffbot eingesetzt wird, eignet sich als Ersatz für das Fahrgestell von Tankbot, das bei vielen vorherigen Robotern verwendet wurde. Obwohl der Aufbau größer und komplexer ist, eignet sich dieser Antriebsmechanismus aufgrund des Wegfalls der Drift und der Erweiterung um eine stufenweise Schwenkung besonders dann, wenn der Platzbedarf kein Hindernis darstellt.

Bei der Fernsteuerung selbst handelt es sich ebenfalls um eine nützliche Konstruktion. Die Programmierung kann an andere Antriebsmechanismen angepasst werden und bietet eine praktische Möglichkeit, beim Aufbauen und Ausprobieren neuer Roboter zwei Motoren zu steuern.

15 Brick Sorter

Bei Brick Sorter handelt es sich um einen Roboter, der LEGO-Steine nach Farbe sortiert. Er ist in der Lage, die grünen und gelben 1x2-Bausteine zu verarbeiten, die im originalen Robotics Invention System (Baukasten Nr. 9719) enthalten sind. Falls Sie die Version 1.5 des Baukastens (Nr. 9747) verwenden, können die grünen 1x2-Kreuzträger als Ersatz für die grünen 1x2-Bausteine dienen. Die Konstruktion kann problemlos an andere Bausteingrößen oder Farben angepasst werden.

Brick Sorter besteht aus einer Rutsche mit einem Lichtsensor auf der Unterseite. Die Bausteine, die sortiert werden sollen, sind auf der Rutsche aufgereiht. Der Lichtsensor bestimmt die Farbe eines Bausteins, und eine Ausstoßvorrichtung schiebt den Baustein nach links oder rechts. Der nächste Baustein gleitet zum Sensor, und der Vorgang wird wiederholt. Mit einem Berührungssensor wird die Position der Ausstoßvorrichtung bestimmt und gesteuert, ob die Richtung gewechselt oder angehalten werden soll.

15.1 Aufbau

Damit die Steine auf der Rutsche nach unten gleiten können, ist eine glatte Oberfläche erforderlich. In vielen LEGO-Aufbauten wird dies mithilfe von Kachelsteinen (Platten mit glatter Oberseite) erreicht. Im Robotics Invention System sind keine Kachelsteine enthalten, sodass ein anderes Verfahren benötigt wird. Wenn mehrere Träger umgedreht werden, lässt sich dieses Problem elegant lösen. Die umgedrehten Träger werden, wie in den Schritten 1 bis 4 gezeigt, mit Verbindungszapfen und Doppelzapfen am Rest der Rutsche befestigt.

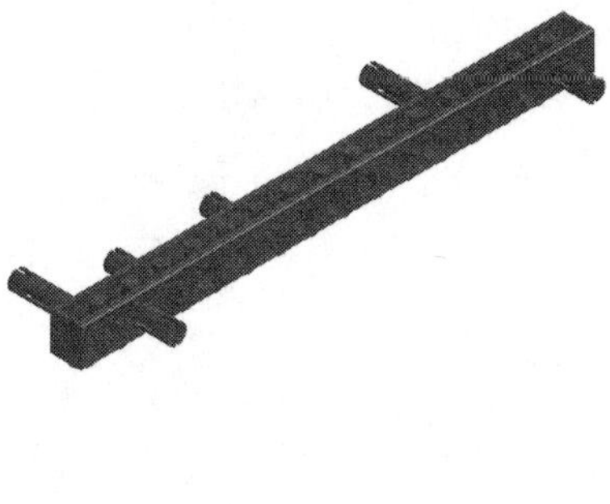

Abbildung 15.1 Brick Sorter Schritt 1

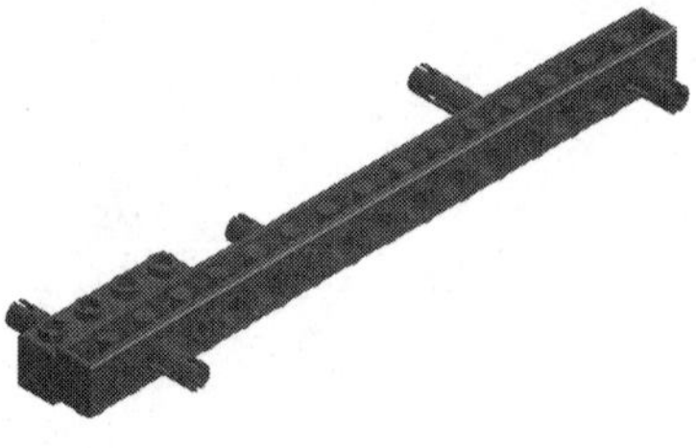

Abbildung 15.2 Brick Sorter Schritt 2

Abbildung 15.3 Brick Sorter Schritt 3

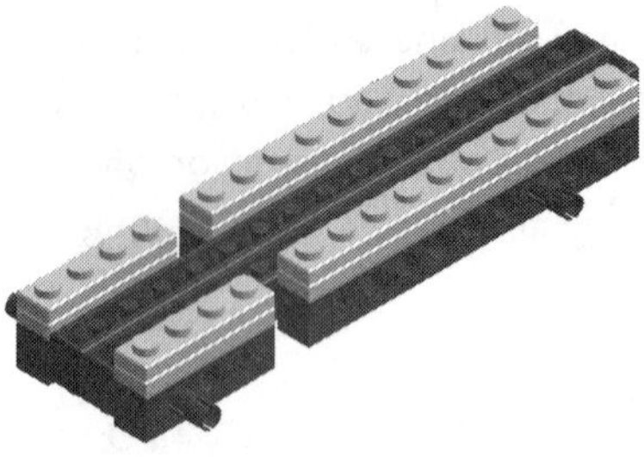

Abbildung 15.4 Brick Sorter Schritt 4

Der Aufbau der Rutsche sorgt auch dafür, dass das auf den Lichtsensor einfallende Streulicht minimiert wird. Dies ist wichtig, da der Lichtsensor nicht nur die Farbe des vor dem Sensor liegenden Bausteins bestimmt, sondern auch entscheiden muss, wann die Rutsche leer ist. Der Sensor muss also zwischen einem grünem Stein und keinen Steinen unterscheiden können. Dies bedeutet wiederum, dass die Rutsche sehr dunkel sein muss, wenn keine Steine mehr vorhanden sind. Schritt 5 zeigt, wie der obere Teil der Rutsche (anstelle von Trägern) in massive Steine eingefasst wird.

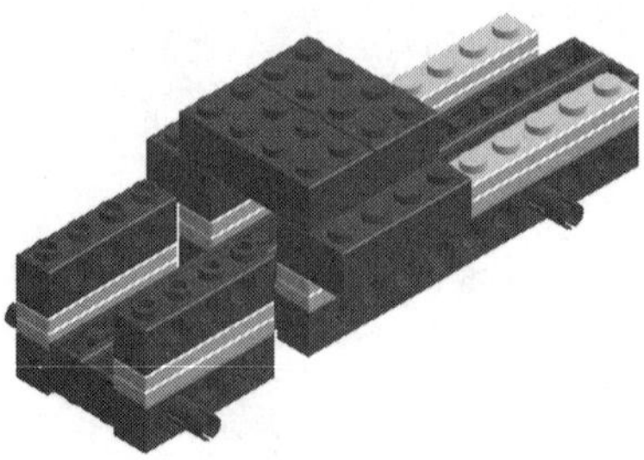

Abbildung 15.5 Brick Sorter Schritt 5

Der Lichtsensor muss am Ende der Rutsche angebracht werden. Am einfachsten wäre es, den Lichtsensor auf dem Kopf stehend direkt an den umgedrehten Trägern zu befestigen. Leider kommt der Sensorteil des Sensors dadurch zu weit nach oben, um die Steine in der Rutsche zu erkennen. Statt dessen werden, wie in Schritt 6 gezeigt, Platten am Sensor befestigt. Die Platten werden dann an den Seiten der Rutsche befestigt (Schritt 7), sodass der Lichtsensor von oben herunterhängt. Die Ausstoßvorrichtung muss vor- und zurückgleiten, sodass, wie bei Steerbot, ein paar überflüssige Scharnierteile als Ersatz für die Kachelsteine verwendet werden.

Abbildung 15.6 Brick Sorter Schritt 6

Abbildung 15.7 Brick Sorter Schritt 7

Die Länge der Ausstoßvorrichtung beträgt 16 Einheiten. Ein Träger wäre ein wenig zu dick, sodass statt dessen Platten verwendet werden. Da keine 1x16-Platten vorhanden sind, werden, wie in den Schritten 8 und 9 gezeigt, 1x6- und 1x10-Platten kombiniert. Beachten Sie, wie die Nahtstelle in der zweiten Plattenschicht gegenüber der Nahtstelle in der ersten Schicht versetzt ist. Hierbei handelt es sich um ein in der Praxis und in der LEGO-Welt häufig verwendetes Konstruktionsverfahren, das zu stabileren Strukturen führt, da über mehrere Schichten hinweg niemals mehr als eine Nahtstelle vorkommt. Die Ausstoßvorrichtung wird in Schritt 10 fertig gestellt. Die drei Zahnstangen mit 10 Zähnen werden so kombiniert, dass sie eine einzige lange Zahnstange bilden.

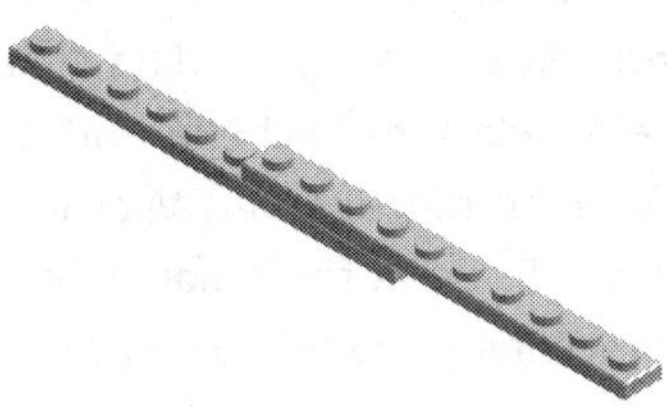

Abbildung 15.8 Brick Sorter Schritt 8

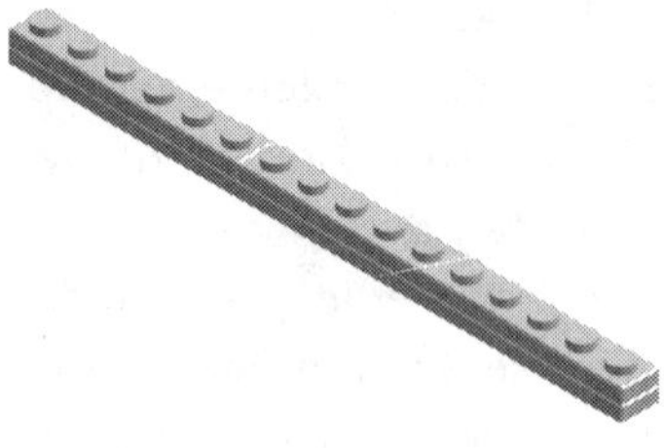

Abbildung 15.9 Brick Sorter Schritt 9

Abbildung 15.10 Brick Sorter Schritt 10

Die Ausstoßvorrichtung wird in Schritt 11 zusammen mit einem Motor und einem Berührungssensor zur Rutsche hinzugefügt. Beachten Sie, wie der Berührungssensor die Abstände zwischen den 1x2-Steinen an der Ausstoßvorrichtung erkennt. Dies ermöglicht es dem Bausteinsortierer, die Position der Ausstoßvorrichtung zu erkennen.

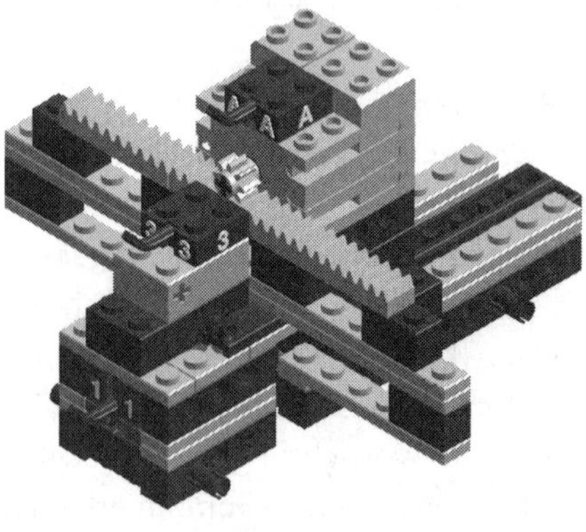

Abbildung 15.11 Brick Sorter Schritt 11

Der Sockel für Brick Sorter wird in den Schritten 12 bis 14 aufgebaut. Seine T-Form bildet den Schlüssel für seine Stabilität. Gleich wichtig ist die Tatsache, dass sich unter den Trägern, aus denen der Sockel besteht, eine Plattenschicht befindet. Später werden vertikale Träger als Ständer für die Rutsche hinzugefügt. Werden Träger auf diese Weise miteinander verbunden, ragt das Ende des vertikalen Trägers geringfügig über den Unterteil des horizontalen Trägers. Ohne die untere

Plattenschicht würde der Bausteinsortierer auf den Enden der Ständer lagern anstatt auf dem Sockel. Beachten Sie, dass Sie beim Aufbau des Sockels gelbe 2x4-Platten verwenden müssen, da nicht genügend graue Platten vorhanden sind.

Abbildung 15.12 Brick Sorter Schritt 12

Abbildung 15.13 Brick Sorter Schritt 13

Abbildung 15.14 Brick Sorter Schritt 14

Die Rutsche wird auf einem Stützrahmen montiert, der für den richtigen Winkel sorgt. Ist der Winkel nicht steil genug, rutschen die Steine nicht zuverlässig nach unten. Ist er zu steil, fallen die Steine mehr, als dass sie rutschen, und der Sortierer verstopft. Vorne werden 1x8-Träger verwendet, hinten 1x12-Träger. Der sich ergebende Winkel bildet kein rechtwinkliges Dreieck (wie bei 3-4-5), sodass die vertikalen Ständer nicht genau parallel liegen. Lediglich beim vorderen Ständerpaar wird eine vertikale Verstrebung eingesetzt, damit sie senkrecht auf dem Boden stehen.

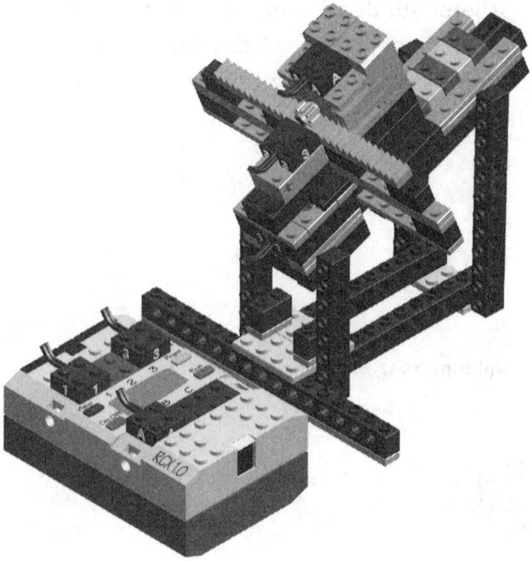

Abbildung 15.15 Brick Sorter Schritt 15

15.2 Programmierung

Die Theorie hinter der Funktionsweise von Brick Sorter besteht darin, dass der Lichtsensor feststellt, ob sich Steine auf der Rutsche befinden. Wenn ja, wird die Farbe des nächsten Steins bestimmt. Abhängig von der Farbe des Bausteins (gelb oder grün) wird der Motor in Vorwärts- oder Rückwärtsrichtung angetrieben. Der Motor läuft dann so lange, bis der Berührungssensor an einem Ende der Ausstoßvorrichtung eine Lücke erkennt. Zu diesem Zeitpunkt wurde der Stein bereits auf der einen oder anderen Seite ausgestoßen. Die Richtung des Motors wird dann umgekehrt. Sobald die Lücke in der Mitte erkannt wird, wird der Motor ausgeschaltet. Nach einer kurzen Verzögerung (damit der nächste Stein nachrutschen kann) wird der Vorgang wiederholt. Ein NQC-Programm für den Sortierer wird unten gezeigt.

```
// sorter.nqc
// Programm für Brick Sorter

#define AUGE        SENSOR_1
#define SCHLITZ     SENSOR_3

#define ARM    OUT_A

// Die folgenden Werte müssen eventuell angepasst werden.
#define KEINE_STEINE      46
```

```
#define HELLER_STEIN         51
#define VERZOEGERUNG_STEIN   10

task main()
{
   // Sensoren konfigurieren
   SetSensor(AUGE, SENSOR_LIGHT);
   SetSensor(SCHLITZ, SENSOR_TOUCH);

   // So lange, bis keine Steine mehr da sind
   while(AUGE >= KEINE_STEINE)
   {
      // Farbe des Steins überprüfen
      if (AUGE > HELLER_STEIN)
         Fwd(ARM);
      else
         Rev(ARM);

      // Warten, bis die Ausstoßvorrichtung am Ende angekommen ist
      On(ARM);
      until(SCHLITZ == 1);
      until(SCHLITZ == 0);

      // Richtung umkehren und warten, bis Mittelstellung erreicht ist
      Umschalten(ARM);
      until(SCHLITZ==1);
      until(SCHLITZ==0);

      // Ausstoßvorrichtung anhalten
      Off(ARM);

      // kurz warten, bis der nächste Stein nachgerutscht ist
      Wait(VERZOEGERUNG_STEIN);
   }
}
```

Wie Sie sehen können, liegt der Hauptteil des Programms in einer Schleife, die mithilfe des Lichtsensors feststellt, ob noch Steine zum Sortieren vorhanden sind. Mit mehreren until-Anweisungen werden die Lücken erkannt. Die erste until-Anweisung wartet, bis der Berührungssensor aktiviert wird, d. h. bis er sich nicht mehr in der aktuellen Lücke befindet. Die zweite until-Anweisung wartet, bis der Sensor deaktiviert wird, d. h. die nächste Lücke erreicht wurde. Beachten Sie, wie mithilfe des Umschalten-Befehls die Richtung des Motors unabhängig von der momentanen Richtung umgekehrt wird.

Im Programm müssen zwei Schwellenwerte bestimmt werden: HELLER_STEIN und KEINE_STEINE. Um den Schwellenwert HELLER_STEIN zu bestimmen, sehen Sie sich die Werte des Lichtsensors (**View**) an, wenn ein gelber bzw. ein grüner Stein davor liegt. Der Schwellenwert HELLER_STEIN sollte ungefähr in der Mitte dieser beiden Werte liegen. Der Schwellenwert KEINE_STEINE sollte in der Mitte des Wertes für einen grünen Stein und des Wertes bei einer leeren Rutsche liegen. Falls der Wert für eine leere Rutsche zu hell ist, versuchen Sie, den Sortierer so zu drehen, dass von außen kein Licht auf die Rutsche fällt.

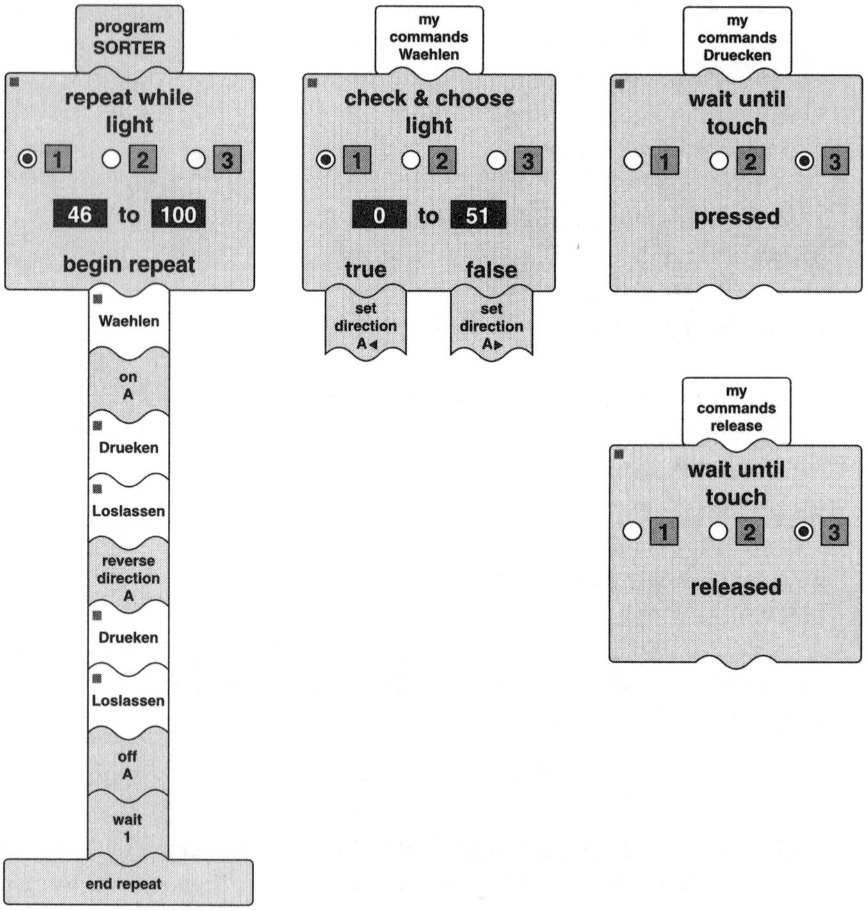

Abbildung 15.16 Sortieren von Steinen in RCX-Code

Das Programm für den Sortierer kann auch in RCX-Code geschrieben werden. Für die Funktion des Programms müssen mehrere Stack Controller verschachtelt werden. Sobald also **My Commands** für die einzelnen Stack Controller erstellt werden, die verschachtelt werden müssen, rufen Sie diese Befehle im Hauptprogrammstapel in einer Schleife auf. Die oben erläuterten Schwellenwerte werden zu den Grenzwerten in den Stack Controllern **Repeat while** und **Check & choose**.

15.3 Sortieren

Der Sortierer kann nun eingesetzt werden. Schieben Sie vorsichtig einige grüne und gelbe 1x2-Steine oder Kreuzträger in die Rutsche (falls ein Stein auf die Seite kippt, führt dies zu einer Störung des Sortierers). Vergewissern Sie sich, dass die Ausstoßvorrichtung in der Mittenstellung sitzt, und führen Sie dann das Programm aus. Wenn die Steine nicht in einer Linie hintereinander liegen oder die Ausstoßvorrichtung nicht genau in der Mitte sitzt, kann dies dazu führen, dass sich Brick Sorter beim Versuch, die Steine zu sortieren, möglicherweise selbst zerstört. Daher muss auf jeden Fall sichergestellt werden, dass die Ausstoßvorrichtung stabil zusammengebaut ist und ihre Enden ungehindert in die Rutsche hinein- und aus der Rutsche herausgleiten können.

Sind die Schwellenwerte richtig eingestellt, hält der Roboter nach einiger Zeit an, wobei auf einer Seite ein Haufen grüner Steine und auf der anderen Seite ein Haufen gelber Steine liegt. Falls der Roboter Grün nicht von Gelb unterscheiden kann, muss der Schwellenwert `HELLER_STEIN` (bzw. im RCX-Code der Grenzwert im Block **Check & choose**) geändert werden. Falls der Sortierer nicht anhält, sobald die Rutsche leer ist, müssen Sie ihn entweder so positionieren, dass kein externes Licht in die Rutsche scheint, oder eventuell den Schwellenwert `KEINE_STEINE` anpassen (bzw. im RCX-Code den Grenzwert im Block **Repeat while**).

15.4 Zusammenfassung

Bei vielen der vorherigen Roboter handelte es sich um Allzweckfahrzeuge, die als Baueinheiten für eine Vielzahl anderer Roboter verwendet werden konnten (Linebot wurde beispielsweise als Ausgangspunkt für Dumpbot verwendet). Im Gegensatz dazu handelt es sich bei Brick Sorter um einen Spezialroboter, der sich lediglich zum Sortieren von 1x2-Steinen eignet. Eine Anpassung an andere Größen oder Farben lässt sich leicht erreichen. Die Einsatzmöglichkeiten sind jedoch ziemlich beschränkt. Aufbau und Programmiertechniken können allerdings auch bei anderen Robotern eingesetzt werden. Die Verwendung umgedrehter Träger für eine glatte Oberfläche wird beispielsweise im nächsten Kapitel genutzt.

16 Vending Machine

Vending Machine gibt kleine Süßigkeiten aus, wie z. B. M&Ms. Er besteht aus zwei Mechanismen: einem Kartenleser und einem Ausgabegerät für Süßigkeiten. In den Kartenleser werden spezielle Karten eingelegt, und anschließend wird die entsprechende Anzahl Süßigkeiten aus dem Ausgabegerät ausgestoßen.

16.1 Aufbau

Die Karten für Vending Machine bestehen aus einer 2x10-Platte mit 1x1-Platten, die den Wert der Karte darstellen. Am vorderen rechten Rand der Karte muss immer eine 1x1-Platte stecken. Unter Berücksichtigung der folgenden Bedingungen können entlang dem rechten Rand bis zu 3 weitere 1x1-Platten angebracht werden: Es dürfen keine 1x1-Platten nebeneinander angebracht werden, und die hinteren 2 Reihen müssen leer bleiben. Unten sind zwei Karten (mit den Werten 4 und 2) gezeigt. Die Vorderseite der Karten liegt in der Abbildung in der oberen linken Ecke.

Abbildung 16.1 Karten für Vending Machine

Das Ausgabegerät für die Süßigkeiten ähnelt der Rutsche von Brick Sorter. Wiederum werden umgedrehte Träger für die glatte Oberfläche verwendet, die mit Doppelzapfen an der restlichen Konstruktion befestigt sind. Die Schritte 1 bis 5 zeigen den Aufbau des Unterteils für das Ausgabegerät. Die Süßigkeiten rutschen im Ausgabegerät nach unten und treffen auf den 1x2-Träger am Ende. Die 1x10-Platten dienen als Führungsschienen, damit die Süßigkeiten nicht unbeabsichtigt zur Seite fallen, ehe sie vom Ausgabegerät ausgestoßen wurden.

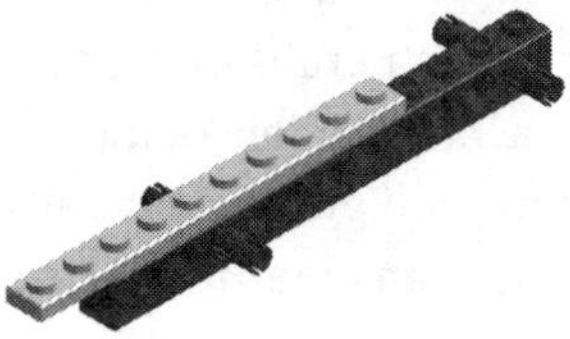

Abbildung 16.2 Vending Machine Schritt 1

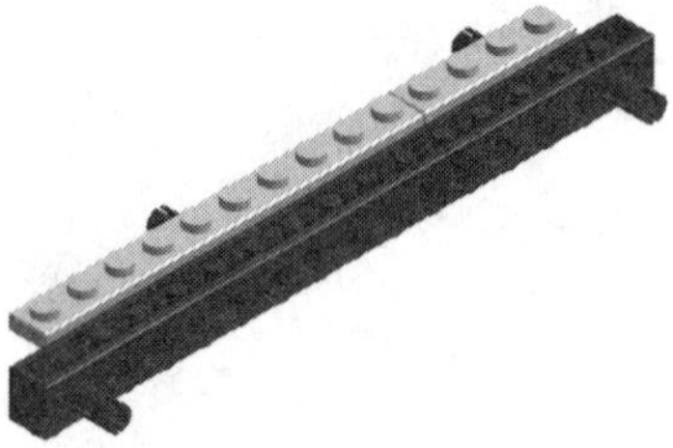

Abbildung 16.3 Vending Machine Schritt 2

Abbildung 16.4 Vending Machine Schritt 3

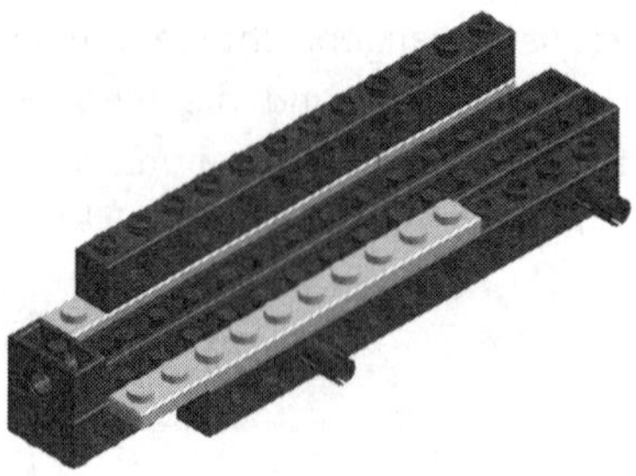

Abbildung 16.5 Vending Machine Schritt 4

Abbildung 16.6 Vending Machine Schritt 5

Das Ausgabegerät muss in der Lage sein, die Süßigkeiten gleichzeitig auszustoßen. Dazu wird ein kleiner Hebel von einem Motor gedreht; jede Drehung des Hebels stößt eine einzelne Süßigkeit aus dem Ausgabegerät. Mit einem Berührungssensor wird die Position des Hebels bestimmt, damit Vending Machine zählen kann, wie viele Süßigkeiten ausgegeben wurden. Die in Schritt 6 hinzugefügten Träger stützen Motor und Berührungssensor. Der Hebel wird in Schritt 7 an einer 12er-Achse befestigt. Beachten Sie, dass am anderen Ende der Achse eine Winkelbuchse angebracht wurde. Zeigt der Hebel gerade nach unten, zeigt die Winkelbuchse nach oben und berührt den Berührungssensor.

Abbildung 16.7 Vending Machine Schritt 6

Abbildung 16.8 Vending Machine Schritt 7

Durch Hinzufügen von Motor und Berührungssensor in Schritt 8 ist das Ausgabegerät fertig. Der Hebel wird über eine Untersetzung von 3:1 gedreht. Ohne Untersetzung würde sich der Hebel viel schneller drehen: die Süßigkeiten würden dann mehr herausgeschossen als ausgestoßen. Außerdem hätte der RCX Schwierigkeiten, auf den Berührungssensor zu reagieren, wenn sich der Hebel so schnell drehen würde.

Abbildung 16.9 Vending Machine Schritt 8

Der Aufbau des Sockels von Vending Machine beginnt in Schritt 9. Der Sockel erfüllt drei Funktionen: Lesen einer Karte, Stützen des RCX und Stützen des Ausgabegeräts. Ab Schritt 11 ist die Form des Sockels erkennbar. Die 2x2-Steine und 2x4-Platten in der Nähe der Rückseite des Sockels stützen den RCX bei Bedarf. Der umgedrehte Träger bietet eine glatte Oberfläche, sodass die Karten eingeschoben werden können. Der 1x16-Träger in der Nähe der Vorderseite des Sockels stützt bei Bedarf das Ausgabegerät.

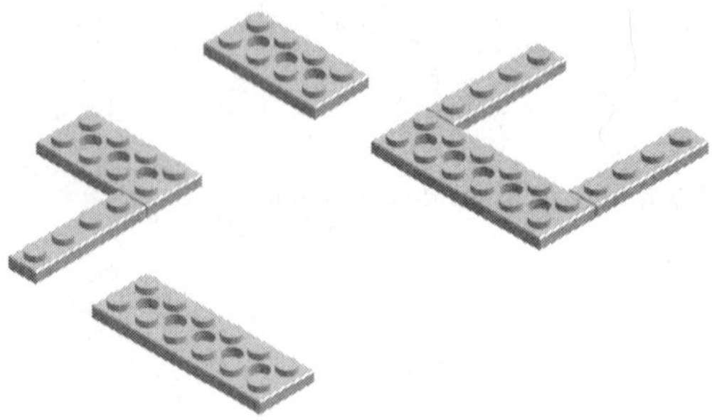

Abbildung 16.10 Vending Machine Schritt 9

Abbildung 16.11 Vending Machine Schritt 10

Abbildung 16.12 Vending Machine Schritt 11

In den Schritten 12 bis 14 wird der Sockel weiter gebaut. Mit einem Lichtsensor in der Nähe der Rückseite des Lesegeräts wird die Kartenposition festgestellt. Um Störungen durch Streulicht zu minimieren, ist der hintere Teil des Lesers in Steine eingefasst anstatt in Träger. Beachten Sie die beiden 1x2-Träger in der Nähe der Sockelrückseite. Gewöhnlich trennen zwei Platten die betreffenden Träger von den darunter liegenden 1x16-Trägern, sodass für die vertikale Verstrebung der richtige Abstand entsteht.

Abbildung 16.13 Vending Machine Schritt 12

Abbildung 16.14 Vending Machine Schritt 13

Abbildung 16.15 Vending Machine Schritt 14

Die gesamte Elektronik des Kartenlesers wird in Schritt 15 hinzugefügt. Wird eine Karte vor das Lesegerät gelegt, wird der Berührungssensor aktiviert. Mit dem Motor wird die Karte eingezogen, wobei der Berührungssensor zählt, wie viele 1x1-Platten sich auf der Karte befinden. Diese Art der Nutzung eines Reifens ist neu. Bei den vorherigen Robotern wurden Räder als Mittel benutzt, um den Roboter zu bewegen. Da sie aus Gummi hergestellt sind, verfügen Sie über eine viel bessere Haftung als ein glattes LEGO-Teil. Ferner ermöglicht es ihre »Schwammigkeit«, raue Oberflächen (z. B. die Oberseite einer 2x10-Platte) zu greifen. Sie eignen sich daher ideal zum Greifen und Ziehen von Objekten durch eine Maschine. Es gibt verschiedene Reifen, die auf die Radnabe passen; Sie müssen unbedingt die kleinste Größe nehmen. Der Lichtsensor erkennt, wann die Karte vollständig eingeführt wurde. Danach kann der Motor umgedreht werden, um die Karte auszustoßen.

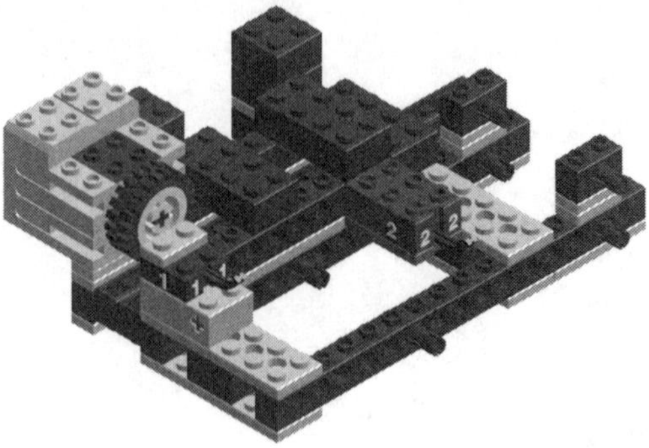

Abbildung 16.16 Vending Machine Schritt 15

In den Schritten 16 bis 18 wird der Sockel fertig gestellt. Beachten Sie, wie der Motor durch die 2x4-Platten darüber festgehalten wird. Die 1x6- und 1x8-Träger dienen als Ständer, um das Ausgabegerät im richtigen Winkel zu halten. Wie bei Brick Sorter ergeben die erforderlichen Winkel nicht genau ein rechtwinkliges Dreieck, sodass ein Ständerpaar nicht ganz senkrecht auf dem Sockel steht.

Abbildung 16.17 Vending Machine Schritt 16

Abbildung 16.18 Vending Machine Schritt 17

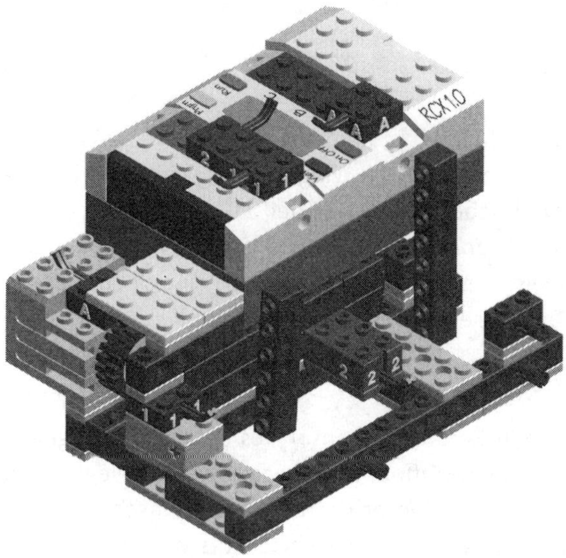

Abbildung 16.19 Vending Machine Schritt 18

Der Aufbau von Vending Machine wird in Schritt 19 abgeschlossen, indem das Ausgabegerät und zwei weitere Stützständer hinzugefügt werden. Gewöhnlich ist die Orientierung der Motorkabel besonders wichtig. Schritt 18 zeigt die Kabelenden für Motor A und Schritt 19 die Kabelenden für Motor C. Diese Orientierung bietet den naheliegendsten Kabelweg zum Motor und gewährleistet darüber hinaus, dass die Vorwärtsdrehung der Motoren den Erwartungen des Programms entspricht. Insbesondere muss die Vorwärtsdrehung des Motors für das Lesegerät die Karte einziehen und die Vorwärtsdrehung des Motors für das Ausgabegerät den Hebel entgegen dem Uhrzeigersinn drehen.

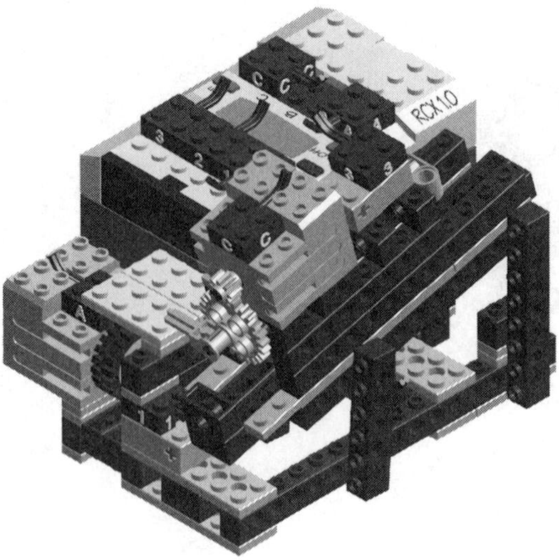

Abbildung 16.20 Vending Machine Schritt 19

Das Ausgabegerät wurde für Crispy M&Ms® aufgebaut. Für andere Süßigkeiten sind u. U. geringfügige Anpassungen erforderlich. Mögliche Anpassungen betreffen die Größe und Position des Drehhebels, die Größe der Öffnung auf der Unterseite der Rutsche, die Höhe der Führungsschienen sowie Größe und Winkel der Rutsche selbst. Wenn beispielsweise am Ende des Drehhebels eine Buchse angebracht wird, eignet sich der Hebel besser für kleinere Süßigkeiten.

16.2 Funktionsweise

Das Lesen der Karte wird durch den Berührungssensor des Lesegeräts ausgelöst (der aktiviert wird, wenn eine Karte in die Öffnung des Lesegeräts eingelegt wird). An dieser Stelle muss das Programm den Motor des Lesegeräts einschalten, um die Karte in das Lesegerät zu ziehen. Mithilfe des Lichtsensors wird festgestellt, wann die Karte vollständig eingezogen wurde. An diesem Punkt muss der Motor angehalten werden. Während die Karte eingezogen wird, muss die Häufigkeit gezählt werden, mit der der Berührungssensor aktiviert wurde, da dadurch festgelegt wird, wie viele Süßigkeiten ausgegeben werden sollen.

Nach dem Lesen der Karte können der Motor des Ausgabegeräts eingeschaltet und die Süßigkeiten ausgegeben werden. Bei richtiger Einstellung stößt jede Drehung des Hebels eine einzelne Süßigkeit aus dem Ausgabegerät. Die genaue Anzahl der Drehungen kann durch Zählen der Häufigkeit überwacht werden, mit der der Berührungssensor des Ausgabegeräts deaktiviert wird. Durch Warten auf das Deaktivieren des Sensors (anstatt auf ein Aktivieren) wird gewährleistet, dass die Süßigkeit vom Hebel aus dem Ausgabegerät gestoßen wurde, bevor der Motor angehalten wird.

Nach der Ausgabe der Süßigkeit kann die Karte aus dem Lesegerät ausgeworfen werden. Dies kann erreicht werden, indem der Motor des Lesegeräts kurze Zeit in Rückwärtsrichtung läuft (eine Sekunde ist völlig ausreichend). Um sicherzugehen, sollte der Motor weiter drehen, bis der Berührungssensor des Lesegeräts deaktiviert wird.

16.3 Programmierung in NQC

Das NQC-Programm kann für die verschiedenen Betriebsphasen in getrennte Funktionen aufgeteilt werden: Lesen der Karte, Ausgeben der Süßigkeit und Auswerfen der Karte. Das Lesen der Karte kann etwas kompliziert sein, da das Programm beim Einlegen der Karte sowohl den Berührungssensor als auch den Lichtsensor überwachen muss. Ein erster Programmierversuch in NQC könnte ungefähr so aussehen:

```
#define KARTEN_ZAEHLER    SENSOR_1
#define KARTEN_STOPP      SENSOR_2
#define KARTENGREIFER     OUT_A

#define SCHWELLE          40

int Zaehler;

void KarteLesen()
{
   // warten, bis Karte eingelegt wird, dann greifen
   until(KARTEN_ZAEHLER == 1);
   OnFwd(KARTENGREIFER);

   Zaehler = 0;
   while(KARTEN_STOPP < SCHWELLE)
   {
      // Anzahl der Aktivierungen zählen
      if (KARTEN_ZAEHLER == 1)
         Zaehler++;
   }

   Off(KARTENGREIFER);
}
```

Leider funktioniert dieser Ansatz nicht. Die while-Schleife kann während der Zeit, in der eine einzelne 1x1-Platte den Sensor passiert, u.U. mehrmals ausgeführt werden. Damit die tatsächliche Anzahl der Aktivierungen gezählt wird, müssen wir irgendwie protokollieren, ob die Taste zuvor aktiviert wurde, und nicht nur neue Aktivierungen zählen. Ein mögliche Lösung sieht folgendermaßen aus:

```
int LetzterWert, AktuellerWert;
LetzterWert = 0;
while(KARTEN_STOPP <= SCHWELLE)
{
   AktuellerWert = KARTEN_ZAEHLER;
   if (LetzterWert != AktuellerWert)
   {
      if (AktuellerWert == 1) Zaehler++;
      LetzterWert = AktuellerWert;
   }
}
```

Es werden zwei Variablen eingeführt: LetzterWert merkt sich den vorherigen Wert des Berührungssensors, und AktuellerWert speichert den Wert des Sensors zwischen. Wenn LetzterWert zu Beginn auf 0 gesetzt wird, wird gewährleistet, dass die erste 1x1-Platte gezählt wird. De facto wurde in der while-Schleife ein kleiner Zustandsautomat aufgebaut. Ein Zustandsautomat kann als ein Reihe von Zuständen und eine Reihe von Übergängen zwischen den Zuständen beschrieben werden. Weiterhin können einem Zustandsübergang eine oder mehrere Aktionen zugeordnet werden. In unserem Beispiel gibt es zwei mögliche Zustände (0 und 1), die in LetzterWert gespeichert werden. Ein Übergang erfolgt, wenn sich der aktuelle Sensorwert vom Zustand unterscheidet. Bei einem Übergang von 0 nach 1 wird eine Aktion durchgeführt (Zaehler wird erhöht). In jedem Fall wird LetzterWert aktualisiert, um den neuen Zustand wiederzugeben. Obwohl unser Beispiel recht einfach war, bieten Zustandsautomaten eine leistungsfähige Möglichkeit, komplexe Systeme zu beschreiben. Sie werden daher bei der Programmierung häufig eingesetzt.

Auch die Multitaskingeigenschaft von RCX kann ausgenutzt werden, um dieses Problem auf eine andere Weise zu lösen:

```
void KarteLesen()
{
   // warten, bis Karte eingelegt wird, dann greifen
   until(KARTEN_ZAEHLER == 1);
   OnFwd(KARTENGREIFER);

   // Zähl-Task für Karte starten
   start Zaehl_Task;
```

```
    // weiter greifen, bis vollständig eingeführt
    until(KARTEN_STOPP > SCHWELLE);
    Off(KARTENGREIFER);

    // Zähl-Task beenden
    stop Zaehl_Task;
}

task Zaehl_Task()
{
    Zaehler = 0;

    while(true)
    {
        until(KARTEN_ZAEHLER == 1);
        Zaehler++;
        until(KARTEN_ZAEHLER == 0);
    }
}
```

In diesem Fall wartet eine getrennte Task, bis der Sensorwert 1 beträgt, erhöht dann den Zähler und wartet, bis der Sensor auf 0 zurückgeht. Dieser Task kann, wie von der Funktion KarteLesen benötigt, explizit gestartet und beendet werden. Da diese Task parallel zur Task main ausgeführt wird, braucht die Funktion KarteLesen nur den Lichtsensor zu überwachen und festzustellen, wann der Lesevorgang beendet werden soll.

Beide Verfahren besitzen Vorteile. Bei einem so einfachen Beispiel gibt es jedoch keinen zwingenden Grund, das eine oder das andere zu bevorzugen. Im Rest dieses Kapitels wird das Multitaskingverfahren verwendet, da es sich mit dem Aufbau von Programmen in RCX-Code vergleichen lässt und geringfügig kleiner ist (Größe des RCX-Codes in Bytes).

Unsere zweite Funktion muss die Süßigkeit ausgeben. Wie zuvor erwähnt, ermöglicht der Berührungssensor des Ausgabegeräts es dem RCX, die Anzahl der Umdrehungen des Drehhebels zu überwachen. Wie beim Kartenlesegerät wartet das Programm auf das Aktivieren und anschließende Deaktivieren des Sensors. Die Ausgabefunktion wird unten gezeigt:

```
#define CANDY_ZAEHLER SENSOR_3
#define CANDY_MOTOR    OUT_C
void CandyAusgeben(const int & n)
{
```

```
    // Süßigkeit ausgeben
    On(CANDY_MOTOR);
    repeat (n)
    {
        until(CANDY_ZAEHLER == 1);
        until(CANDY_ZAEHLER == 0);
    }
    Off(CANDY_MOTOR);
}
```

Obwohl auch in früheren Programmen Funktionen verwendet wurden, ist hier zum ersten Mal eine nichtleere Liste von **Argumenten** vorhanden. Bei der Definition einer Funktion können ein oder mehrere **formale Argumente** deklariert werden. In diesem Fall wird das formale Argument n deklariert. Für jedes formale Argument muss auch der Typ angegeben werden, in diesem Fall `const int &`. Dieser merkwürdige Typ bildet lediglich eine Möglichkeit, kurz und bündig zu sagen, dass der Wert als Verweis übergeben, in der Funktion jedoch nicht geändert wird.

Beim Aufruf einer Funktion müssen die entsprechenden **eigentlichen Argumente** übergeben werden, die die formalen Argumente bei der Ausführung der Funktion ersetzen. Hier einige Beispiele für den Aufruf der Funktion CandyAusgeben:

```
CandyAusgeben(2);          // 2 Süßigkeiten ausgeben

int x;
CandyAusgeben(x);          // "x" Süßigkeiten ausgeben

CandyAusgeben(SENSOR_1); // Ausgabe auf der Basis eines Sensorwerts
```

Die Einzelheiten, wie die formalen Argumente durch die tatsächlichen Argumente ersetzt werden, werden **Semantik für die Übergabe von Argumenten** genannt und hängen von den deklarierten Typen der Argumente ab. Da es sich in NQC bei allen Werten um 16-Bit-Ganzzahlen handelt, stellen lediglich die Informationen, die im Typ angegeben werden, die Semantik für die Übergabe von Argumenten dar. Für Argumente gibt es vier verschiedene Typen: `int`, `int &`, `const int` und `const int &`. Eine vollständige Beschreibung dieser einzelnen Typen finden Sie in Kapitel 3. Weitere Information finden Sie im **NQC-Programmierhandbuch**, das sich auf der CD für dieses Buch befindet.

Typ	Semantik	Kommentare
`int`	als Wert	verwendet eine Variable, das eigentliche Argument wird nicht verändert
`int &`	als Verweis	effizient, das eigentliche Argument muss eine Variable sein
`const int`	entfällt	effizient, das eigentliche Argument muss eine Konstante sein
`const int &`	als Verweis	effizient, das Argument kann nicht geändert werden

Tabelle 16.1 NQC-Argumenttypen

Da CandyAusgeben das Argument nicht zu ändern braucht, gibt uns `const int &` Flexibilität beim Aufruf der Funktion, während weiterhin sehr effizienter Code erzeugt wird. Beim Typ `int` würde das eigentliche Argument in einer temporären Variable zwischengespeichert, was oftmals bei Verwendung dynamischer Mengen hilft. Im Fall von CandyAusgeben erfolgt der Zugriff auf das formale Argument nur ein einziges Mal (beim Einstellen des Wiederholungszählers), sodass ein Zwischenspeichern wenig Vorteil bringt.

An dieser Stelle erscheint eine Argumentübergabe nicht unbedingt notwendig. Warum kann CandyAusgeben nicht direkt die globale Variable `Zaehler` verwenden? Die Antwort lautet, dass Argumente es erleichtern, eine Funktion später wieder zu verwenden. Bis jetzt wollen wir lediglich eine bestimmte Anzahl von Süßigkeiten in Abhängigkeit der globalen Variablen `Zaehler` ausgeben. Möglicherweise möchten wir die Funktion jedoch später für eine andere Aufgabe nutzen. Eventuell wird die Variable candy genannt, oder möglicherweise möchten wir die Funktion mehrmals mit jeweils einer anderen Variablen aufrufen. In der Tat wird CandyAusgeben im nächsten Kapitel wieder verwendet und mit einem Argument aufgerufen, bei dem es sich nicht einmal um eine Variable handelt.

Unsere dritte Funktion dient dazu, die Karte auszuwerfen. Sie schaltet den Motor des Kartenlesers für kurze Zeit ein und wartet einen Augenblick auf die Entnahme der Karte, bevor der Motor ausgeschaltet wird.

```
void KarteAuswerfen()
{
   // Karte ausstoßen
   OnRev(KARTENGREIFER);
   Wait(100);
   until(KARTEN_ZAEHLER == 0);
   Off(KARTENGREIFER);
}
```

Jetzt braucht nur noch eine geeignete Haupt-Task hinzugefügt zu werden, die KarteLesen, CandyAusgeben und KarteAuswerfen nacheinander aufruft. Das vollständige Programm ist unten gezeigt:

```
// vending.nqc
// Programm für den Warenautomat mit Kartenleser

#define KARTEN_ZAEHLER SENSOR_1
#define KARTEN_STOPP   SENSOR_2
#define KARTENGREIFER  OUT_A

#define CANDY_ZAEHLER  SENSOR_3
#define CANDY_MOTOR    OUT_C

#define SCHWELLE 40

int Zaehler;

task main()
{
   // Sensoren einrichten
   SetSensor(KARTEN_STOPP, SENSOR_LIGHT);
   SetSensor(KARTEN_ZAEHLER, SENSOR_TOUCH);
   SetSensor(CANDY_ZAEHLER, SENSOR_TOUCH);

   while(true)
   {
      KarteLesen();
      CandyAusgeben(Zaehler);
      KarteAuswerfen();
   }
}

void KarteLesen()
{
   // warten, bis Karte eingelegt wird, dann greifen
   until(KARTEN_ZAEHLER == 1);
   OnFwd(KARTENGREIFER);

   // Zähl-Task für Karte starten
   start Zaehl_Task;

   // weiter greifen, bis vollständig eingeführt
```

```
    until(KARTEN_STOPP > SCHWELLE);
    Off(KARTENGREIFER);
    // Zähl-Task beenden
    stop Zaehl_Task;
}

task Zaehl_Task()
{
    Zaehler = 0;

    while(true)
    {
        until(KARTEN_ZAEHLER == 1);
        Zaehler++;
        until(KARTEN_ZAEHLER == 0);
    }
}

void CandyAusgeben(const int & n)
{
    // Süßigkeit ausgeben
    On(CANDY_MOTOR);
    repeat (n)
    {
        until(CANDY_ZAEHLER == 1);
        until(CANDY_ZAEHLER == 0);
    }
    Off(CANDY_MOTOR);
}

void KarteAuswerfen()
{
    // Karte ausstoßen
    OnRev(KARTENGREIFER);
    Wait(100);
    until(KARTEN_ZAEHLER == 0);
    Off(KARTENGREIFER);
}
```

Der Schwellenwert für den Lichtsensor muss normalerweise angepasst werden. Nehmen Sie einen Wert in der Mitte zwischen dem Sensorwert, wenn keine Karte eingelegt ist, und dem Wert, wenn die Karte direkt vor dem Sensor liegt.

16.4 Programmierung in RCX-Code

Das Lesen der Karte erfordert zwei Stack Controller: einen, der auf die erste Aktivierung wartet, und einen anderen, der darauf wartet, dass der Lichtsensor erkennt, wann die Karte vollständig eingeschoben wurde. Da RCX-Code 1.0 auf einen Stack Controller pro Stapel beschränkt ist, muss dieser Prozess in zwei getrennte Stapel (jeweils in einem **My Commands** enthalten) aufgeteilt werden. Der erste Befehl, `Karte_Warten`, wartet, bis der Berührungssensor des Lesegeräts aktiviert wird, und setzt dann den Zähler zurück (mit dem die Anzahl der Erhebungen auf der Karte gezählt wird). Der zweite Befehl, `Karte_Nehmen`, aktiviert den Motor des Lesegeräts, wartet, bis der Lichtsensor die Karte erkennt, und schaltet dann den Motor aus. Mit dem Hinzufügen eines Sensor Watchers, der den Zähler erhöht, ist der Kartenlesevorgang vollständig. Beachten Sie, dass der Sensor Watcher den Zähler erhöht, wenn der Sensor deaktiviert wird, und nicht, wenn er aktiviert wird. Dies liegt daran, dass `Karte_Warten` parallel zum Sensor Watcher ausgeführt wird. Wenn nun beide Programmfolgen versuchen, nach dem Aktivieren des Sensors weiter zu arbeiten, kann der Zähler vor oder unmittelbar nach der Erhöhung durch den Sensor Watcher auf Null gesetzt werden. Wenn der Sensor Watcher auf das Deaktivieren des Berührungssensors reagieren muss, wird die Funktion zuverlässig.

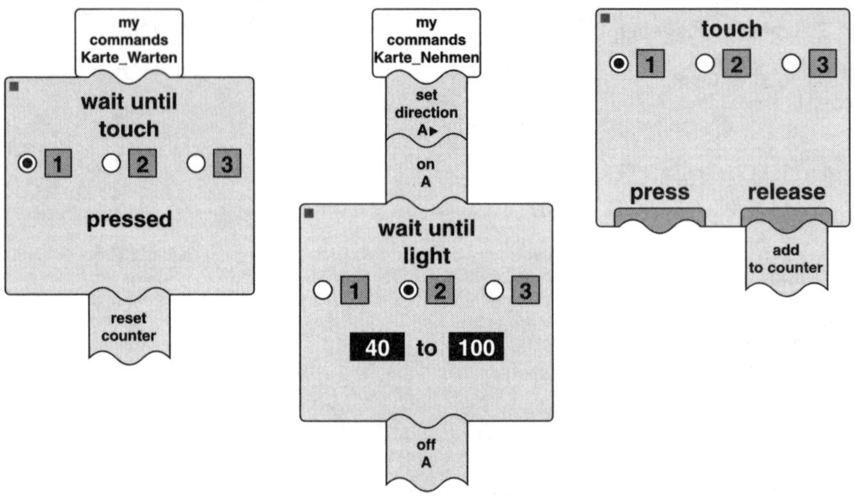

Abbildung 16.21 Lesen der Karte in RCX-Code

Die Ausgabe der Süßigkeiten gestaltet sich ein wenig schwieriger. Idealerweise sollte der Wert des Zählers als Wiederholungswert verwendet werden können; dies wird in RCX-Code allerdings nicht unterstützt. Wenn wir den Zähler verkleinern könnten, könnten wir eine `repeat while`-Schleife für die Implementierung verwenden; aber wiederum werden wir durch die Beschränkungen von RCX-

Code daran gehindert. Die Lösung liegt darin, die Bedeutung der Karten geringfügig zu ändern. Anstatt eine Zahl von Süßigkeiten auszugeben, die dem Wert der Karte entspricht, drehen wir das Ganze um und geben eine Zahl aus, die 5 minus dem Wert der Karte entspricht. Eine Karte mit dem Wert 4 führt zu einer Süßigkeit, und eine Karte mit dem Wert 2 führt zu drei Süßigkeiten. Jetzt können wir einen Stack Controller einsetzen, der wartet, bis der Zähler 5 erreicht. Der Zähler wurde vom Kartenleser bereits auf einen Wert zwischen 1 und 4 erhöht. Ein Sensor Watcher am Berührungssensor des Ausgabegeräts erhöht den Zähler weiterhin immer dann, wenn eine Süßigkeit ausgegeben wird.

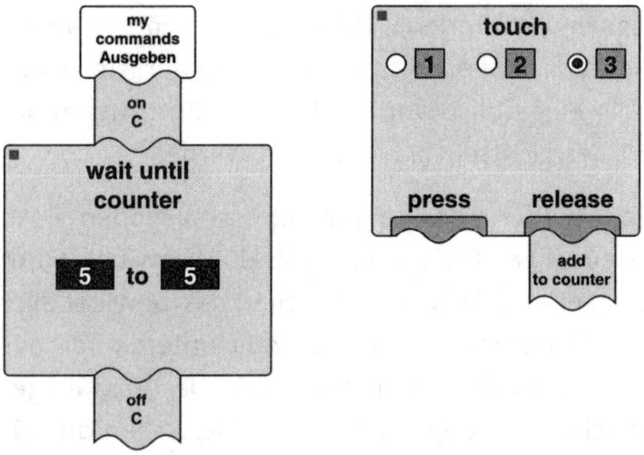

Abbildung 16.22 Ausgabe von Süßigkeiten in RCX-Code

Wir brauchen jetzt nur noch die Karte auszugeben und alle Funktionen in einer Hauptschleife zusammenzufassen. Dieser Code wird unten gezeigt.

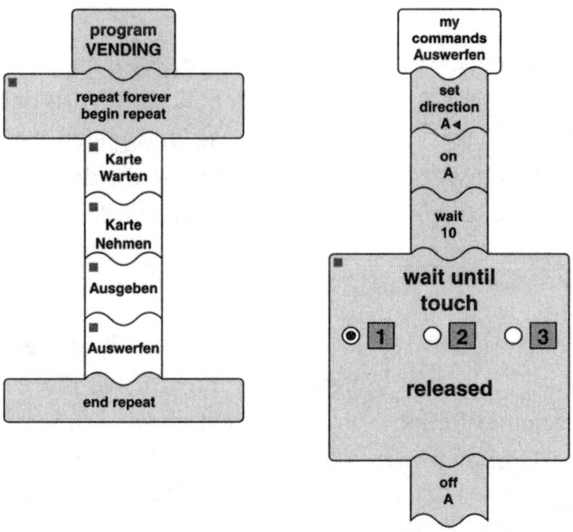

Abbildung 16.23 Vending Machine – Programm in RCX-Code

16.5 Testen

Vending Machine kann jetzt eingesetzt werden. Beginnen Sie mit nach oben zeigendem Hebel und legen Sie einige Süßigkeiten in das Ausgabegerät. Führen Sie das Programm aus, und legen Sie eine Karte vor das Lesegerät.

Der Motor des Lesegeräts sollte sofort beginnen, die Karte einzuziehen. Falls der Motor die Karte ausstößt, muss die Polung eines der Kabelenden gewechselt werden. Dreht sich der Motor überhaupt nicht, überprüfen Sie, ob die Karte ordnungsgemäß aufgebaut ist und den Berührungssensor aktiviert. Eine andere Möglichkeit ist, dass der Motor die Karte sofort ausstößt, ohne sie einzuziehen. Versuchen Sie in diesem Fall, den Schwellenwert für den Lichtsensor zu erhöhen. Wenn davon ausgegangen wird, dass die Karte eingezogen wurde, sollte der Motor anhalten, sobald die Karte vollständig eingeführt wurde. Hält der Motor nicht an, muss eventuell der Schwellenwert des Lichtsensors verringert werden.

Damit bei jeder Drehung des Hebels eine einzelne Süßigkeit ausgegeben wird, muss u. U. eine Anpassung an die jeweiligen Details der Süßigkeit (Gewicht, Form und Größe) erfolgen. Sind die Süßigkeiten relativ schwer, reicht das Gewicht aller Süßigkeiten bei vollem Ausgabegerät wahrscheinlich aus, den unteren Teil aus dem Ausgabegerät zu drücken. In diesem Fall können der Winkel des Ausgabegeräts verkleinert oder die Führungsschienen vergrößert werden. Rutschen die Süßigkeiten nicht schnell genug nach, muss eventuell der Winkel des Ausgabegeräts vergrößert werden. Möglicherweise ist auch ein geringfügig kleinerer oder größerer Hebel erforderlich, damit jedes Mal nur eine einzelne Süßigkeit ausgestoßen wird. Der vorhandene Hebel kann durch Hinzufügen einer oder mehrerer Buchsen vergrößert werden. Für einen kleineren Hebel kann ein 1x3-Hebelarm eingesetzt werden.

Wenn bei jeder Drehung des Hebels eine einzelne Süßigkeit ausgestoßen wird, Vending Machine aber weiterhin die falsche Anzahl Süßigkeiten ausgibt, wird der Berührungssensor nicht zuverlässig aktiviert. Die Winkelbuchse, die gegen den Berührungssensor drückt, muss möglicherweise geringfügig geändert werden, damit der Berührungssensor bei jeder Drehung genau einmal aktiviert wird.

16.6 Zusammenfassung

Vending Machine ist mein persönlicher Liebling unter den Robotern in diesem Buch. Er kombiniert einige vertraute Techniken (umgedrehte Träger usw.) mit einigen neuen Tricks, z.B. den Einsatz eines Reifens, um ein Objekt zu ergreifen, sowie eines Berührungssensors, um Drehungen zu zählen. Zugegeben, die Idee, M&Ms im Austausch gegen Eingabe einer LEGO-Karte auszugeben, ist etwas weit hergeholt. Das Spielen mit dem Roboter macht aber trotzdem Spaß.

Es gibt mehrere mögliche Verbesserungen; eventuell ein Trichter, um die Süßigkeiten bei der Ausgabe aufzufangen, oder ein großer Füllbehälter auf der Oberseite der Rutsche, um die Kapazität zu erhöhen. Der Kartenleser selbst funktioniert recht problemlos und kann leicht in andere Maschinen integriert werden.

Vending Machine wird in den beiden nächsten Kapiteln wieder verwendet. In Kapitel 17 wird Vending Machine umprogrammiert, um über Infrarotnachrichten Aufträge von einem Computer oder einem anderen RCX zu übernehmen. In Kapitel 18 wird Vending Machine so programmiert, dass alle Transaktionen protokolliert werden.

17 Kommunikation

Der RCX ist auch in der Lage, über Infrarotlicht einfache Nachrichten zu senden und zu empfangen. Diese Nachrichten können mit einem anderen RCX oder sogar einem Computer ausgetauscht werden. Dieses Kapitel stellt zwei unterschiedliche Projekte vor, die zeigen, wie eine solche Kommunikation in einen Roboter integriert werden kann.

Im ersten Projekt wird Vending Machine von Kapitel 16 so umprogrammiert, dass anstelle des Kartenlesers Nachrichten verwendet werden, um festzustellen, wann Süßigkeiten ausgegeben werden sollen. Vending Machine kann dann von einem Computer ferngesteuert werden. Obwohl dieses Projekt in RCX-Code programmiert werden kann, ist die Robotics Invention System-Software selbst nicht in der Lage, eine Nachricht vom Computer zum RCX zu senden. Daher wird ein anderes Verfahren benötigt, um Nachrichten zum RCX zu senden und die modifizierte Vending Machine zu testen. Dazu bestehen mehrere Möglichkeiten: Verwenden von NQC, um die Nachricht von einem Computer zu senden, Programmieren eines zweiten RCX, um die Nachricht zu senden, oder Verwenden der LEGO-Fernsteuerung (Nr. 9738), um die Nachricht direkt zu senden.

In dem zweiten Projekt wird das Ganze noch interessanter, da mehrere RCX miteinander kommunizieren. Auf der Basis von Dumpbot wird der Roboter Delivery Truck aufgebaut, und Vending Machine wird so umgebaut, dass er als eigenständiges Ausgabegerät für Süßigkeiten fungiert. Delivery Truck kann einen Auftrag vom Benutzer annehmen (über einen Berührungssensor), zum Ausgabegerät fahren, die entsprechende Anzahl Süßigkeiten anfordern, anschließend zurückkehren und die Ware abliefern. Die für dieses zweite Projekt erforderliche Programmierung ist für RCX-Code zu komplex, sodass lediglich NQC-Code bereitgestellt wird. Für den gleichzeitigen Aufbau der beiden Roboter werden einige Zusatzteile benötigt, insbesondere ein zweiter RCX.

Dieses große Projekt bearbeiten Sie am besten mit einem Freund, der ebenfalls ein MINDSTORMS Robotics Invention System besitzt. Lesen Sie die Unterlagen trotzdem durch, auch wenn Sie das zweite Projekt nicht durchführen können. Sie finden dort interessante Informationen.

Erforderliche Zusatzteile für das Beispiel mit Doppel-RCX:

3 1x12-Träger

2 Motoren

1 RCX

1 2x4-Baustein (nur bei Baukasten Nr. 9747 erforderlich)

Informationen darüber, wo Sie die Zusatzteile beziehen können, finden Sie in Anhang B.

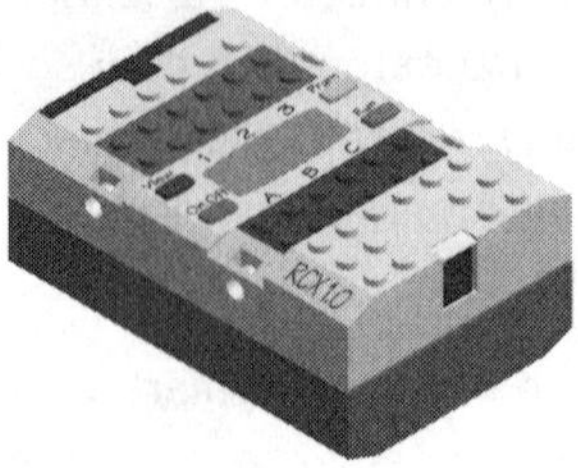

17.1 Umprogrammierte Vending Machine

Bei unserem ersten Projekt handelt es sich um eine modifizierte Vending Machine, die Aufträge anstatt über den Kartenleser über Infrarotnachrichten erhält. Haben Sie die im letzten Kapitel aufgebaute Vending Machine noch zur Hand, können Sie sie in der vorliegenden Form einsetzen. Sollten Sie Vending Machine nicht aufgebaut haben, ist es für Sie u. U. einfacher, den weiter unten beschriebenen Candy Dispenser aufzubauen, anstatt Vending Machine komplett aufzubauen. Vending Machine und Candy Dispenser verwenden dieselbe Motor- und Sensoranordnung, die aus der Sichtweise der Programmierung von großer Bedeutung ist.

Bevor wir uns mit dem eigentlichen Programm beschäftigen, müssen wir verstehen, wie der RCX Nachrichten verwendet. Jede Nachricht stellt einen Wert zwischen 0 und 255 dar. Der RCX ist jederzeit für neue Nachrichten empfangsbereit und merkt sich den Wert der zuletzt empfangenen Nachricht (der Wert ist 0, wenn keine Nachricht empfangen wurde). Dieser Wert kann genauso wie der Wert eines Sensors genutzt werden. Ein RCX-Code-Programm kann beispielsweise über eine Sensorkontrolle verfügen, die auf einen bestimmten Nachrichtenwert reagiert, oder ein NQC-Programm kann den Wert der Nachricht in einer `if`-Anweisung einsetzen. Der RCX muss ebenfalls in der Lage sein, auf eine andere Nachricht zu reagieren, sobald die aktuelle Nachricht verarbeitet wurde. Aus diesem Grund gibt es Befehle, die den Nachrichtenwert zurück auf 0 setzen (**Reset message** in RCX-Code und `ClearMessage` in NQC).

Wir können Vending Machine jetzt auf Nachrichten reagieren lassen. In RCX-Code benötigen wir lediglich eine Sensorkontrolle für die Nachricht (die sogenannte RCX-Kontrolle). Die Kontrolle reagiert auf jede Nachricht (Wert 1 bis 255) und gibt dann eine Süßigkeit aus. Die Ausgabe der Süßigkeit erfolgt ähnlich wie bei der ursprünglichen Vending Machine. Mithilfe einer Sensorkontrolle wird der Zähler jedes Mal erhöht, nachdem eine Süßigkeit ausgegeben wurde. In diesem Fall braucht nur eine Süßigkeit ausgegeben zu werden, sodass der Zähler zunächst zurückgesetzt wird, dann der Motor eingeschaltet wird und das Programm auf den Zählerstand 1 wartet. Nach dem Ausgeben der Süßigkeit wird die Nachricht zurückgesetzt, damit das Programm auf eine neue Nachricht reagieren kann. Das vollständige Programm ist unten gezeigt:

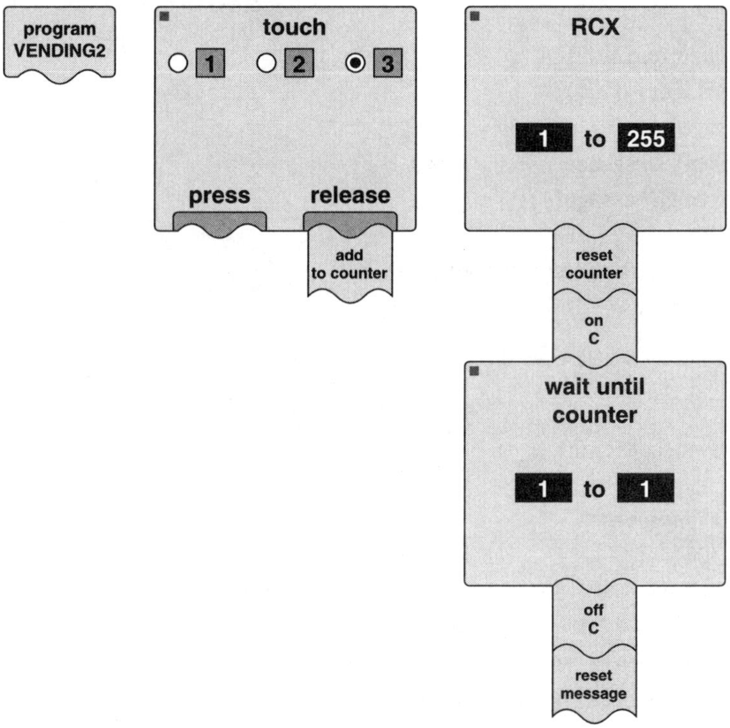

Abbildung 17.1 Nachrichtenbasierte Vending Machine in RCX-Code

Das NQC-Programm gestaltet sich etwas komplexer als der entsprechende RCX-Code. Anstatt für jede Nachricht eine Süßigkeit auszugeben, kann der Wert der Nachricht dazu verwendet werden, die Anzahl der auszugebenden Süßigkeiten festzulegen. Das vollständige Programm ist unten gezeigt:

```
// vending.nqc
// Programm für nachrichtenbasierte Vending Machine

#define CANDY_ZAEHLER SENSOR_3
#define CANDY_MOTOR   OUT_C

task main()
{
   // Sensoren einrichten
   SetSensor(CANDY_ZAEHLER, SENSOR_TOUCH);

   while(true)
   {
      // auf Nachricht warten
      until(Message() != 0);

      // Süßigkeit ausgeben
      CandyAusgeben(Message());

      // auf nächste Nachricht vorbereiten
      ClearMessage();
   }
}

void CandyAusgeben(const int & n)
{
   // Süßigkeit ausgeben
   On(CANDY_MOTOR);
   repeat (n)
   {
      until(CANDY_ZAEHLER == 1);
      until(CANDY_ZAEHLER == 0);
   }
   Off(CANDY_MOTOR);
}
```

Message gibt immer den Wert der zuletzt empfangenen Nachricht zurück und bleibt 0, bis eine Nachricht empfangen wurde. Das Programm ruft anschließend CandyAusgeben auf (wurde direkt aus dem ursprünglichen Vending-Machine-Programm kopiert), wobei Message als Argument verwendet wird. Zum Schluss wird ClearMessage aufgerufen, um den Nachrichtenwert auf 0 zurückzusetzen und eine weitere Nachricht empfangen zu können.

Unabhängig davon, ob Vending Machine in NQC oder RCX-Code programmiert wurde, benötigen wir immer noch etwas, bevor wir das Programm testen können: eine Möglichkeit, eine Nachricht zum RCX zu senden. Die technischen Einzelheiten dazu hängen größtenteils von den verwendeten Programmiertools ab. Wenn Sie beispielsweise die Befehlszeilenversion von NQC verwenden, geben Sie einfach die folgende Befehlszeile ein und ersetzen **Wert** durch den gewünschten Nachrichtenwert:

```
nqc -msg value
```

Wenn Sie RcxCC verwenden, wählen Sie aus dem Menü **Tools** den Befehl **Send Messages**. Dieser Befehl öffnet ein Fenster, in dem Sie Nachrichten senden können. Klicken Sie auf die entsprechende Zahlenschaltfläche, oder geben Sie mithilfe der Pfeile unten im Fenster eine Zahl ein, und klicken Sie auf die Schaltfläche **Send**.

Wählen Sie in MacNQC aus dem Menü **RCX** den Befehl **Test Panel**, um das Fenster **Test Panel** anzuzeigen. Geben Sie im Abschnitt **Message** des Fensters die entsprechende Zahl ein, und klicken Sie auf die **Send**.

Falls Sie die Robotics Invention System-Software verwenden, sind die Dinge etwas schwieriger. In RCX-Code können Sie RCX-Programme schreiben, die Nachrichten senden und empfangen; das Senden einer Nachricht vom Computer zum RCX wird jedoch nicht unterstützt. Sollten Sie zufällig über einen zweiten RCX verfügen, wird dieser mithilfe des folgenden Programms in einen Nachrichtensender umfunktioniert:

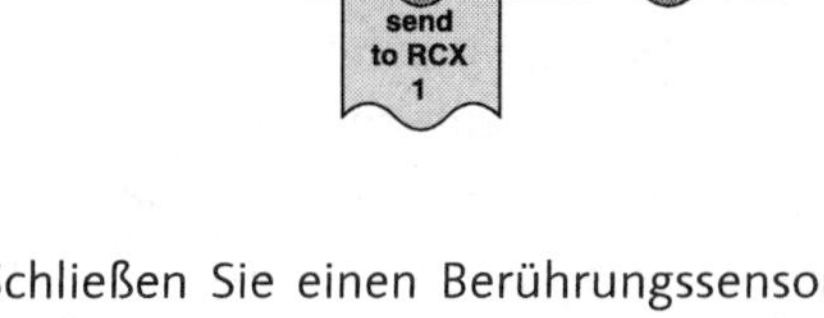

Abbildung 17.2 Senden einer Nachricht in RCX-Code

Schließen Sie einen Berührungssensor am Sensoranschluss 1 an, führen Sie das Programm aus, und aktivieren Sie den Berührungssensor, um eine Nachricht zu senden. Eine zweite Möglichkeit besteht darin, die LEGO-Fernsteuerung zu verwenden, mit der drei verschiedene Nachrichten gesendet werden können. Die Tasten mit den Bezeichnungen »1«, »2« und »3« an der Fernsteuerung senden Nachrichten mit den Werten 1, 2 bzw. 3.

Die letzte Möglichkeit besteht darin, eines der NQC-Programmiertools (NQC, RcxCC oder MacNQC) zu nutzen, um die Nachricht zu senden. Im RCX verwenden NQC und RCX-Code dieselben Nachrichten, sodass Programme, die in NQC geschrieben wurden, mit Programmen kommunizieren können, die in RCX-Code geschrieben wurden, und umgekehrt. Darüber hinaus kann mithilfe der NQC-Tools eine Nachricht vom Computer an ein RCX-Code-Programm gesendet werden. Dazu müssen Sie die entsprechenden Tools (siehe Kapitel 1) installieren und die obigen Anweisungen befolgen, um Nachrichten zu senden.

17.2 Candy Dispenser

Unser zweites Kommunikationsbeispiel verwendet zwei Roboter: Candy Dispenser und Delivery Truck. Bei Candy Dispenser handelt es sich um eine abgemagerte Version von Vending Machine, bei der das Ausgabegerät höher liegt und über Delivery Truck hinausragt. Der Ausgabeteil von Vending Machine (siehe in Schritt 1) kann mit nur einer geringfügigen Änderung verwendet werden: die beiden kurzen Kabel, die bei Vending Machine verwendet wurden, müssen durch lange Kabel ersetzt werden.

Abbildung 17.3 Ausgabegerät Schritt 1

Anschließend muss, wie in den Schritten 2 bis 5 gezeigt, ein neuer Sockel für das Ausgabegerät aufgebaut werden. Die untere 2x8-Platte gibt dem Sockel ein T-förmiges Aussehen, das die Stabilität zur Seite erhöht. Das einzige weitere winzige Detail bildet die 2x4-Platte über den 1x2-Trägern. Sie hat wenig Wert für den Aufbau, erleichtert jedoch den Zusammenbau, da die 1x2-Träger festgehalten werden, wenn die vertikalen Träger hinzugefügt werden. Bisweilen hängt ein gutes Endprodukt genauso vom Verfahren beim Zusammenbau ab wie von der Konstruktion.

Abbildung 17.4 Ausgabegerät Schritt 2

Abbildung 17.5 Ausgabegerät Schritt 3

Abbildung 17.6 Ausgabegerät Schritt 4

Abbildung 17.7 Ausgabegerät Schritt 5

Das Ausgabegerät wird mithilfe von zwei 1x10-Trägern und zwei 1x12-Trägern am Sockel befestigt. Wie in unseren vorherigen Beispielen steht ein Trägerpaar (1x12-Träger) senkrecht, während das andere Paar (1x10-Träger) einen geringfügig anderen Winkel bildet. Der RCX sitzt an der Seite und wird über zwei lange Kabel an das Ausgabegerät angeschlossen. Auf diese Weise kann der RCX so positioniert werden, dass Nachrichten empfangen werden können, und das Ausgabegerät so, dass Süßigkeiten in Delivery Truck fallen.

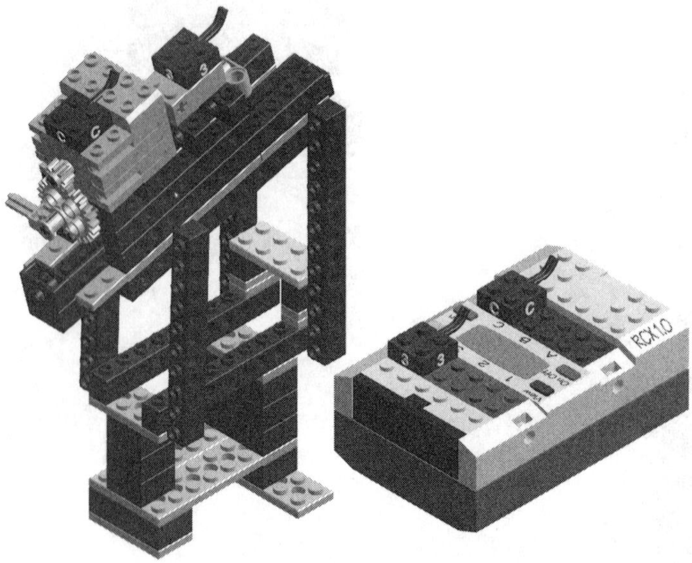

Abbildung 17.8 Ausgabegerät Schritt 6

Candy Dispenser verwendet das Programm **vending2.nqc** aus dem vorherigen Beispiel mit einer geringfügigen Änderung. In unserer Situation sendet Delivery Truck eine Nachricht an Candy Dispenser und wartet auf die Süßigkeit, bevor er umdreht und zurückfährt. Wie lange muss Delivery Truck warten? Die Lösung besteht darin, dass Candy Dispenser Delivery Truck mitteilt, wenn er fertig ist, indem eine Nachricht zurückgesendet wird. Das vollständige Programm sieht so aus:

```
// dispense.nqc
// Programm für Candy Dispenser

#define CANDY_ZAEHLER SENSOR_3
#define CANDY_MOTOR   OUT_C

task main()
{
   // Sensoren einrichten
   SetSensor(CANDY_ZAEHLER, SENSOR_TOUCH);
```

```
   while(true)
   {
      // auf Nachricht warten
      until(Message() != 0);

      // Süßigkeit ausgeben
      CandyAusgeben(Message());

      // auf nächste Nachricht vorbereiten
      ClearMessage();

      // Delivery Truck informieren, wenn fertig
      SendMessage(1);
   }
}

void CandyAusgeben(const int & n)
{
   // Süßigkeit ausgeben
   On(CANDY_MOTOR);
   repeat (n)
   {
      until(CANDY_ZAEHLER == 1);
      until(CANDY_ZAEHLER == 0);
   }
   Off(CANDY_MOTOR);
}
```

17.3 Delivery Truck

Delivery Truck erfordert eine triviale Erweiterung von Dumpbot: Es muss lediglich ein Berührungssensor hinzugefügt werden, der mit dem Sensoranschluss 3 verbunden wird. Dieser Berührungssensor bestimmt, wie Delivery Truck Aufträge erhält.

Die Aufgabe von Delivery Truck besteht darin, einen Auftrag vom Benutzer zu empfangen, einer Linie zu folgen, bis Candy Dispenser erreicht ist, die gewünschte Anzahl Süßigkeiten anzufordern, umzudrehen und zurückzufahren sowie die Fracht abzuladen. Die Funktionen zum Folgen der Linie, Wenden und Ausschütten des Frachtbehälters wurden bereits vorher als Bestandteil des Programms **dumpbot2.nqc** entwickelt. Bei den neuen Anforderungen handelt es sich um die Entgegennahme eines Auftrags und die Kommunikation mit Candy Dispenser.

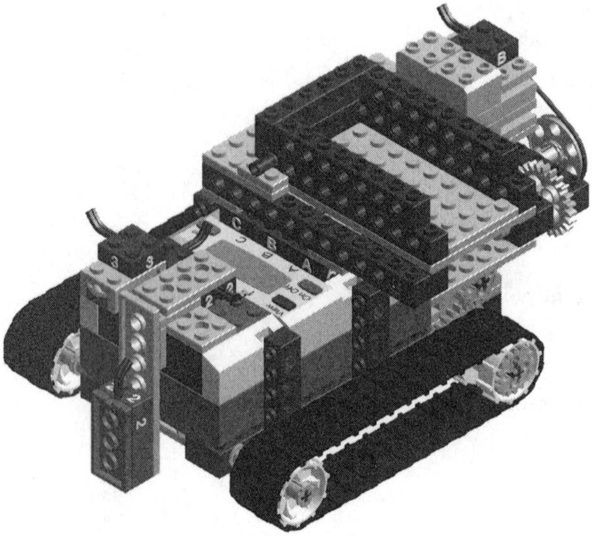

Abbildung 17.9 Delivery Truck

Aufträge werden mithilfe eines Berührungssensors an Delivery Truck übergeben. Bei dem Auftrag handelt es sich einfach um die Häufigkeit, mit der die Taste aktiviert wurde. Das Zählen der Tastendrücke ist einfach, aber wie erkennt das Programm, wann das Zählen beendet ist und losgefahren werden soll? Wir verwenden ein **Zeitlimit**, d. h., wenn das Programm nach einer bestimmten Zeitspanne keinen Tastendruck erkennt, geht es davon aus, dass der Auftrag abgeschlossen wurde.

Das Zählen der Tastendrücke erfolgt in einer eigenen Task:

```
#define TASTE SENSOR_3

int Auftrag;
task Zaehl_Task()
{
   // Anzahl der Tastendrücke zählen
   while(true)
   {
      until(TASTE == 1);
      ClearTimer(0);
      PlaySound(SOUND_CLICK);
      Auftrag++;
      until(TASTE == 0);
   }
}
```

Der Code wartet auf das Aktivieren des Berührungssensors, löscht dann einen Timer (der später für das Zeitlimit verwendet wird), gibt ein akustisches Signal aus (als Feedback zum Benutzer), erhöht den Auftragszähler und wartet auf die Deaktivierung des Berührungssensors. Nach dem Start überwacht diese Task kontinuierlich den Berührungssensor und protokolliert die Gesamtanzahl der Tastendrücke.

Eine getrennte Funktion sorgt dafür, dass die Task gestartet und beendet wird, und verwaltet das Zeitlimit:

```
#define ZEITLIMIT 20

void AuftragErhalten()
{
   // mit einem leeren Auftrag beginnen
   Auftrag = 0;

   // Zählen beginnen
   start Zaehl_Task;

   // auf mindestens einen Tastendruck und dann auf Zeitlimit warten
   until(Auftrag == 1);
   until(Timer(0) >= ZEITLIMIT);

   // Zählen beenden
   stop Zaehl_Task;
}
```

Beachten Sie, wie die Funktion zunächst auf mindestens einen Tastendruck wartet, und anschließend darauf wartet, dass der Timer das Zeitlimit überschreitet (in diesem Fall 2 Sekunden). Das vollständige Programm (einschließlich der Funktionen von **dumpbot2.nqc**) sieht wie folgt aus:

```
// delivery.nqc
// Programm für Delivery Truck

// Linebot Sensor, Motoren und Konstanten
#define AUGE                        SENSOR_2
#define LINKS                       OUT_A
#define RECHTS                      OUT_C
#define SCHWELLENWERT_LINIE         51
#define SCHWELLENWERT_STOPPER       42
#define DREHGESCHWINDIGKEIT         3
#define ANFANGSZEIT   4
```

```
// Abladermotor und Konstanten
#define ENTLADER         OUT_B
#define ABLADEZEIT       70
#define HORIZONTAL_ZEIT  100

// Sensor und Konstante für Entgegennehmen eines Auftrags
#define TASTE SENSOR_3
#define ZEITLIMIT 20
#define UMKEHRZEIT 80

void Abladen()
{
   // Frachtbehälter leeren
   OnFwd(ABLADER);
   Wait(ABLADEZEIT);
   Rev(ABLADER);
   Wait(HORIZONTAL_ZEIT);
   Off(ABLADER);
}

int Richtung, Zeit, Auge, Stopp_OK;

sub Linie_Folgen()
{
   // Variablen initialisieren
   Richtung = 1;
   Zeit = ANFANGSZEIT;
   Stopp_OK = 0;

   // Losfahren
   OnFwd(LINKS+RECHTS);

   while(true)
   {
      // Sensorwert lesen
      Auge = AUGE;

      if (AUGE < SCHWELLENWERT_LINIE)
      {
         // wir befinden uns über der Linie oder einem Stopper
         if (Auge > SCHWELLENWERT_STOPPER)
```

```
        Stopp_OK = 1;
    else if (Stopp_OK == 1)
    {
        // Stopper gefunden
        Off(RECHTS+LINKS);
        return;
    }
}
else
{
    // Linie muss wiedergefunden werden
    ClearTimer(0);
    if (Richtung == 1)
    {
        SetPower(RECHTS+LINKS, DREHGESCHWINDIGKEIT);
        Rev(LINKS);
    }
    else
    {
        SetPower(RECHTS+LINKS, DREHGESCHWINDIGKEIT);
        Rev(RECHTS);
    }

    while(true)
    {
        // Linie gefunden?
        if (AUGE < SCHWELLENWERT_LINIE)
        {
            Zeit = ANFANGSZEIT;
            break;
        }

        if (Timer(0) > Zeit)
        {
            // andere Richtung versuchen
            Richtung *= -1;
            Zeit *= 2;
            break;
        }
    }
```

```
            SetPower(LINKS+RECHTS, OUT_FULL);
            Fwd(RECHTS+LINKS);
        }
    }
}

void Wenden()
{
    // Wenden beginnen
    OnRev(LINKS);
    OnFwd(RECHTS);

    // warten, bis Linie verlassen
    until(AUGE >= SCHWELLENWERT_LINIE);

    // warten, bis wieder auf Linie
    until(AUGE < SCHWELLENWERT_LINIE);
    Off(LINKS+RECHTS);
}

int Auftrag;

task Zaehl_Task()
{
    // Anzahl der Tastendrücke zählen
    while(true)
    {
        until(TASTE == 1);
        ClearTimer(0);
        PlaySound(SOUND_CLICK);
        Auftrag++;
        until(TASTE == 0);
    }
}

void AuftragErhalten()
{
    // mit einem leeren Auftrag beginnen
    Auftrag = 0;

    // Zählen beginnen
```

```
    start Zaehl_Task;

    // auf mindestens einen Tastendruck und dann auf Zeitlimit warten
    until(Auftrag == 1);
    until(Timer(0) >= ZEITLIMIT);

    // Zählen beenden
    stop Zaehl_Task;
}

task main()
{
    SetSensor(AUGE, SENSOR_LIGHT);
    SetSensor(TASTE, SENSOR_TOUCH);

    AuftragErhalten();

    Linie_Folgen();

    // Anfrage senden, auf Antwort warten
    ClearMessage();
    SendMessage(Auftrag);
    until(Message() != 0);

    // Wenden
    Rev(LINKS+RECHTS);
    OnFor(LINKS+RECHTS, UMKEHRZEIT);
    Wenden();
    // zum Startplatz zurückkehren und abladen
    Linie_Folgen();
    Abladen();

    PlaySound(SOUND_UP);
}
```

Die Task `main` ist geradlinig aufgebaut. Der Auftrag wird entgegengenommen, anschließend wird der Linie bis zu einem Stopper gefolgt. Das Programm sendet danach die Anforderung an Candy Dispenser und wartet auf eine Antwort. Beachten Sie, wie `ClearMessage` aufgerufen wird, bevor die Nachricht an Candy Dispenser gesendet wird. Der Aufruf von `ClearMessage` ist notwendig, damit eine alte Nachricht nicht dazu führt, dass das Programm denkt, dass eine Antwort gesendet wurde, bevor Candy Dispenser wirklich fertig ist. Vor der Umkehr fährt Delivery Truck ein wenig zurück (0,80 Sekunden). So kommt Delivery Truck außer Reichweite von Candy Dispenser, bevor die Umkehr beginnt. Schließlich folgt das Programm der Linie zurück zu dem anderen Stopper, schüttet die Fracht aus und gibt ein akustisches Signal aus, wenn der Vorgang erledigt ist.

17.4 Testen

Zum Testen von Delivery Truck ist irgendeine Linie mit Stoppern an beiden Enden erforderlich, der gefolgt werden soll. Wie bei Dumpbot (und davor bei Linebot) muss die Linie 1,9 cm dick und in grau oder grün auf einer weißen Oberfläche aufgezeichnet sein. Die Kurven sollten einen Radius von mindestens 15 cm besitzen, und die Stopper (schwarz) müssen mindestens 1,9 cm lang sein. In der Regel müssen die Schwellenwerte für den Lichtsensor angepasst werden. Falls Delivery Truck Probleme hat, der Linie zu folgen, finden Sie weitere Informationen in Kapitel 8.

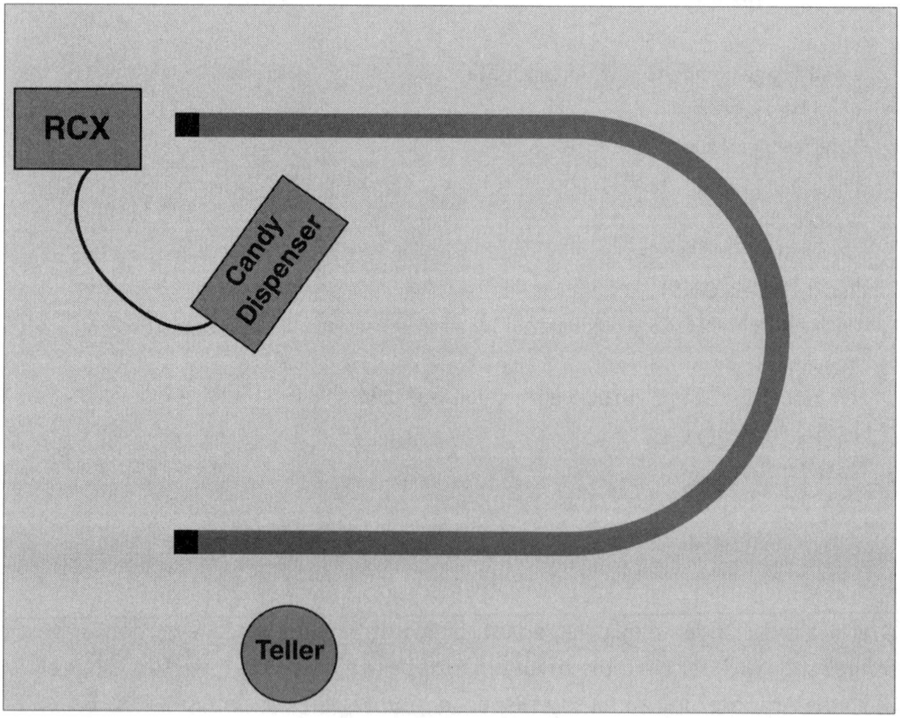

Abbildung 17.10 Testmatte für Lieferwagen

Candy Dispenser muss sich an einem Ende der Linie befinden. Für optimale Ergebnisse sollte eine kurze Gerade (mindestens 30 cm) vor diesem Ende liegen. Dadurch wird gewährleistet, dass Delivery Truck Candy Dispenser immer in gerader Richtung erreicht. Lassen Sie Delivery Truck losfahren, und vergewissern Sie sich, dass er am Ende der Linie anhält. Stellen Sie den RCX von Candy Dispenser jetzt in einer Entfernung von einigen Zentimetern auf, sodass der RCX in Richtung Delivery Truck sieht. Das Ausgabegerät sollte so nah wie möglich an Delivery Truck positioniert werden, damit die Süßigkeiten in den Frachtbehälter fallen. Ich selbst habe auf einem Plakatkarton der Größe 55 cm x 62,5 cm eine einfache Testmatte gezeichnet (siehe unten).

Auf die Matte wurde auch ein kleiner Teller gestellt, der die Süßigkeiten auffängt, wenn sie aus dem Frachtbehälter von Delivery Truck ausgeschüttet werden. Sie brauchen möglicherweise einige Runden zur Anpassung, bis Candy Dispenser richtig steht. Steht er zu nah, kann Delivery Truck dagegen stoßen. Steht er zu weit weg, können einige Süßigkeiten neben den Teller fallen.

17.5 Horizonte ohne Grenzen

Die Kommunikation bildet vielleicht die leistungsfähigste Funktion des RCX. Sie ermöglicht es dem RCX, Befehle von einem Computer entgegenzunehmen, bzw. die Zusammenarbeit mehrerer RCX, um eine gemeinsame Aufgabe zu erledigen. In jedem Fall bieten Nachrichten die Möglichkeit, einige systemspezifische Einschränkungen des RCX zu überwinden. Der RCX kann normalerweise nur drei Motoren steuern und drei Sensoren verwenden. Falls bestimmte Aufgaben mehrere Motoren und/oder Sensoren benötigen, können mehrere RCX eingesetzt werden, die ihre Aktivitäten über Nachrichten koordinieren.

Mithilfe der Kommunikation mit einem Computer lassen sich die Beschränkungen hinsichtlich der Rechenleistung von RCX überwinden. Vom RCX können Daten zur Verarbeitung an den Computer gesendet werden, der die Befehle anschließend über Nachrichten zurück zum RCX übertragen kann. Der Computer kann im Extremfall sogar die primitive Steuerung des Roboters übernehmen und jeden Motor einzeln ein- oder ausschalten. Ein wesentlich komplexeres Verfahren wäre es, den Roboter halbautonom agieren zu lassen: An den RCX kann ein Befehl gesendet werden, der daraufhin eine vollständige Sequenz von Aktionen durchführt und dies dem Hostcomputer zurückmeldet.

18 Arbeiten mit dem Datenlogger

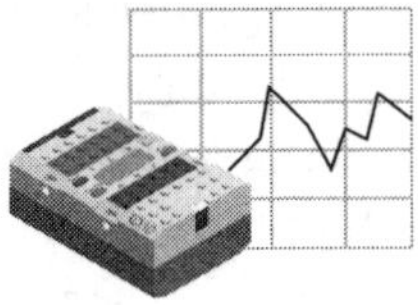

Das Datenprotokoll ermöglicht es dem RCX, Daten aufzuzeichnen, die später an einen Computer übertragen werden können. Mit dem Datenprotokoll ist es möglich, den RCX in ein Datenerfassungsgerät umzuwandeln. Vorhandene Roboter können so verändert werden, dass Informationen über ihren Betrieb protokolliert werden. Es können aber auch neue Geräte aufgebaut werden, die speziell Informationen erkennen und aufzeichnen sollen.

In diesem Kapitel werden drei Einsatzmöglichkeiten des Datenprotokolls untersucht. Im ersten Beispiel wird die nachrichtenbasierte Vending Machine aus Kapitel 17 (bzw. Candy Dispenser) so erweitert, dass jede Anforderung einer Süßigkeit protokolliert wird. Diese Transaktionsliste kann dann zur Analyse auf einen Computer geladen werden (z. B. um festzustellen, wie viele Süßigkeiten nachbestellt werden sollten). Dieses Beispiel verdeutlicht, wie mit dem Datenprotokoll die Funktionalität eines vorhandenen Roboters ergänzt werden kann.

Im zweiten Beispiel protokolliert der RCX, wie oft und für welchen Zeitraum ein Fernseher eingeschaltet wird. In diesem Fall wird der RCX lediglich als Datenerfassungsgerät verwendet. Das dritte Beispiel bringt die Datenerfassung noch einen Schritt weiter. Darin wird mithilfe eines Temperatursensors die Wassertemperatur bei der Eisbildung überwacht. Dieses Beispiel verdeutlicht, wie das Datenprotokoll die Durchführung von Experimenten unterstützen kann. Der Temperatursensor gehört nicht zum Lieferumfang des MINDSTORMS Robotics Invention Systems und muss separat erworben werden. Der Temperatursensor lässt sich nicht so universell wie die anderen Sensoren einsetzen, sodass Sie ihn sich nur dann besorgen sollten, wenn Sie mehrere temperaturbasierte Roboter aufbauen möchten. Weitere Informationen darüber, wo Sie einen Temperatursensor beziehen können, finden Sie in Anhang B.

Leider bietet RCX-Code keinen Zugriff auf das Datenprotokoll. Aus diesem Grund werden daher nur NQC-Versionen der Beispielprogramme bereitgestellt.

18.1 Datenprotokoll – Grundlagen

Das Datenprotokoll muss initialisiert werden, bevor Daten aufgenommen werden können. Die Initialisierung besteht darin, dem RCX mitzuteilen, wie viele Einträge im Datenprotokoll enthalten sein sollen. Das Datenprotokoll wird von allen Programmen gemeinsam verwendet und bleibt auch dann erhalten, wenn der RCX ausgeschaltet wird. Das Datenprotokoll belegt für jeden Eintrag 3 Byte Speicher, der aus demselben Pool stammt, in dem auch die Programme gespeichert werden (insgesamt ca. 6000 Byte). Falls mehrere umfangreiche Programme in den RCX geladen werden, steht u. U. nicht ausreichend Platz für das gewünschte Datenprotokoll zur Verfügung. Umgekehrt kann ein großes Datenprotokoll verhindern, dass bestimmte Programme geladen werden. Das größtmögliche Datenprotokoll kann über 2000 Einträge enthalten; bei einem so großen Datenprotokoll bleibt jedoch für Programme kein Platz mehr.

Die NQC-Funktion zum Initialisieren des Datenprotokolls lautet CreateDatalog. Sie übernimmt nur ein einziges Argument – nämlich die gewünschte Größe (Anzahl der Einträge). Im RCX kann zu einem Zeitpunkt nur ein einziges Datenprotokoll enthalten sein, sodass jeder Aufruf von CreateDatalog das vorherige Datenprotokoll löscht und danach ein neues Datenprotokoll der angegebenen Größe erstellt. Die folgende Anweisung initialisiert das Datenprotokoll für die Speicherung von 100 Einträgen:

```
CreateDatalog(100);        // Datenprotokoll für 100 Einträge erstellen
```

Die Größe 0 legt fest, dass kein Datenprotokoll erstellt werden soll. Diese Tatsache bietet eine gute Möglichkeit, das vorherige Datenprotokoll zu löschen, wenn der Speicher zu klein wird.

```
CreateDatalog(0);          // Datenprotokoll löschen
```

Die Initialisierung des Datenprotokolls reserviert genügend Speicher, um die angegebene Anzahl von Einträgen zu speichern. Das Datenprotokoll selbst ist nach der Initialisierung leer. Daten können mit dem Befehl AddToDatalog hinzugefügt werden. In der Regel werden Sensorwerte hinzugefügt; jedoch kann auch ein beliebiger anderer Wert (z. B. ein Timer oder eine Variable) hinzugefügt werden.

```
AddToDatalog(SENSOR_1);    // Wert von Sensor 1 hinzufügen
AddToDatalog(Timer(0));    // Aktuellen Timerwert hinzufügen
AddToDatalog(Watch());     // Systemuhr hinzufügen
AddToDatalog(7);           // Konstante hinzufügen
```

Daten können so lange hinzugefügt werden, bis das Datenprotokoll voll ist. Danach werden weitere Aufrufe von AddToDatalog ignoriert. Beim Hinzufügen von Daten zeichnet das Datenprotokoll die Datenquelle sowie den Datenwert auf. Das Datenprotokoll versteht 4 Datenquellen direkt: Variablen, Timer, Sensoren und die Systemuhr. Jeder andere Wertetyp (wie z. B. eine Konstante) wird zuerst in eine Variable umgewandelt, und die Variable wird anschließend zum Datenprotokoll hinzugefügt. Der NQC-Compiler erledigt dieses Detail für Sie; Sie müssen sich jedoch darüber im Klaren sein, wenn Sie das Datenprotokoll zu einem späteren Zeitpunkt ansehen, da die Protokollierung einer Konstanten (oder eines anderen nicht unterstützten Typs) im Datenprotokoll als Variable angezeigt wird.

Die Anzeige des RCX enthält einen Datenprotokollindikator, der anzeigt, ob das Datenprotokoll zurzeit verwendet wird, und ggf., wie viele Daten hinzugefügt wurden. Der Indikator bildet einen kleinen Kreis mit vier Feldern, der auf der rechten Seite der Anzeige angezeigt wird. Ist kein Datenprotokoll vorhanden, sind alle vier Felder deaktiviert. Wird das Datenprotokoll genutzt, stellt jedes Feld ungefähr ein Viertel des Datenprotokolls dar. Sobald ein Viertel des Datenprotokolls gefüllt ist, wird das entsprechende Feld aktiviert. Außerdem wird das Viertel, zu dem der nächste Eintrag hinzugefügt wird, als blinkendes Feld angezeigt. Wenn beispielsweise ein Datenprotokoll mit 100 Einträgen erstellt wurde und 60 Einträge hinzugefügt wurden, werden zwei Felder ausgefüllt und ein drittes Feld blinkend angezeigt. Nachdem das Datenprotokoll vollständig gefüllt wurde, sind alle vier Felder ausgefüllt.

Es kann jederzeit auf einen Computer geladen werden, auch wenn es noch nicht voll ist. Der Ladevorgang wird normalerweise vom Computer eingeleitet. Die jeweiligen Einzelheiten hängen von dem verwendeten Programmierwerkzeug ab. Wenn die Befehlszeilenversion von NQC verwendet wird, lädt der folgende Befehl das aktuelle Datenprotokoll und zeigt es auf dem Bildschirm an:

```
nqc -datalog
```

Jede Zeile enthält einen einzelnen Eintragswert des Datenprotokolls, der als dezimale Ganzzahl mit Vorzeichen formatiert ist. Mit dem folgenden Befehl zeigen Sie die Datenquellen der Einträge sowie die dazugehörigen Werte an:

```
nqc -datalog_full
```

Um das Datenprotokoll von RcxCC zu laden, wählen Sie aus dem Menü **Tools** den Befehl **Datalog** und drücken die Schaltfläche **Upload Datalog**. Das Datenprotokoll wird geladen, und im Fenster für das Datenprotokoll werden die Quellen sowie die Werte der Einträge angezeigt.

In MacNQC kann das Datenprotokoll geladen werden, indem Sie aus dem Menü **RCX** den Befehl **Upload Datalog** wählen. Das Datenprotokoll wird geladen und in einem eigenen Fenster angezeigt. Falls die Optionseinstellung **Verbose Datalog** gesetzt ist, werden Quellen und Werte angezeigt, ansonsten nur die Werte. Die Optionseinstellungen können im Menü **Edit** durch Auswahl des Befehls **Preferences** bearbeitet werden.

18.2 Protokollieren von Transaktionen

Im ersten Datenprotokollbeispiel wird die nachrichtenbasierte Vending Machine aus dem letzten Kapitel um eine Transaktionsaufzeichnung erweitert. Da Ausgabemechanismen und Programmierung sehr ähnlich sind, können dieselben Änderungen auch am Candy Dispenser des vorherigen Kapitels oder sogar an der ursprünglichen Vending Machine (Kapitel 16) vorgenommen werden.

Das Programm muss um zwei Funktionen erweitert werden: Initialisierung des Datenprotokolls sowie Hinzufügen von Einträgen zum Datenprotokoll. Die Initialisierung des Datenprotokolls ist recht einfach. Sie brauchen lediglich eine einzelne Zeile zur Haupt-Task hinzuzufügen:

```
CreateDatalog(100);
```

Diese Vorgehensweise hat jedoch zwei Nachteile. Der Erste besteht darin, dass es keine Möglichkeit gibt, festzustellen, ob der Aufruf erfolgreich war. Der RCX bietet keine Möglichkeit für ein Programm, zu erkennen, ob die Initialisierung des Datenprotokolls erfolgreich war, während der Benutzer dies immer anhand des Datenprotokollindikators auf der LCD-Anzeige überprüfen kann. Falls bereits ein früheres (und kleineres) Datenprotokoll vorhanden ist, kann u.U. keine Initialisierung erfolgen, während auf der Anzeige leider noch das Vorhandensein eines Datenprotokolls (des alten) angezeigt wird. Dies könnte den Benutzer zu der Annahme führen, dass das Datenprotokoll mit der richtigen Größe erstellt wurde, obwohl dies nicht der Fall ist. Wir können dieses Problem umgehen, indem wir zuerst das alte Datenprotokoll löschen und danach das neue erstellen:

```
CreateDatalog(0);
CreateDatalog(100);
```

Dieser Code funktioniert in der Situation wie der ersten (nicht genügend Speicher) immer noch nicht einwandfrei. Der Unterschied besteht darin, dass das frühere Datenprotokoll bei einem Fehler des Codes gelöscht wird, sodass auf der Anzeige kein Datenprotokoll angezeigt wird. Der Benutzer kann daher auf der LCD-Anzeige unmittelbar feststellen, ob das gewünschte Datenprotokoll erstellt wurde oder nicht.

Der zweite Nachteil einer solchen Initialisierung liegt darin, dass das neue Datenprotokoll bei jeder Programmausführung erstellt wird. Was aber, wenn sich das Datenprotokoll über mehrere Programmausführungen erstrecken soll? Eine Möglichkeit dazu besteht darin, das Datenprotokoll in einem vollständig getrennten Programm zu initialisieren. Der Benutzer kann dieses andere Programm immer dann ausführen, wenn ein neues Datenprotokoll erwünscht ist. Eine bessere Lösung besteht darin, vom Programm feststellen zu lassen, ob der Benutzer ein neues Datenprotokoll erstellen möchte. Betrachten Sie die folgende Funktion:

```
#define CANDY_ZAEHLER SENSOR_3
#define DATENPROTOKOLLGROESSE  100

void DatenprotokollInitialisieren()
{
   // wenn nicht aktiviert, Datenprotokoll nicht initialisieren
   if (CANDY_ZAEHLER == 0) return;

   CreateDatalog(0);
   CreateDatalog(DATENPROTOKOLLGROESSE);
   PlaySound(SOUND_FAST_UP);

   // warten, bis Taste deaktiviert
   until(CANDY_ZAEHLER==0);
}
```

Die Funktion stellt zunächst fest, ob der Sensor CANDY_ZAEHLER (der Berührungssensor im Ausgabegerät von Vending Machine) deaktiviert ist. Im normalen Betrieb hält Vending Machine immer mit deaktiviertem Sensor an, sodass der Sensor nur dann aktiviert wird, wenn der Benutzer die Taste absichtlich drückt. Wird der Sensor dann deaktiviert, kehrt die Funktion lediglich zurück, ohne dass sonst etwas passiert. Ist der Sensor jedoch aktiviert, wird ein neues Datenprotokoll erstellt, ein akustisches Signal ausgegeben (um den Benutzer irgendwie zu informieren), und die Funktion wartet auf das Deaktivieren des Sensors. Unter der Annahme, dass DatenprotokollInitialisieren in der Haupt-Task relativ früh aufgerufen wird, kann der Benutzer das Erstellen eines neuen Datenprotokolls veranlassen, indem er den Berührungssensor vor dem Ausführen des Programms aktiviert und festhält. Nach dem akustischen Signal kann der Berührungssensor deaktiviert werden.

Soweit zur Initialisierung des Datenprotokolls. Darüber hinaus müssen Daten hinzugefügt werden. Wir halten das Beispiel einfach und fügen lediglich die Süßigkeiten hinzu, die bei jeder Anforderung ausgegeben werden. Dafür eignet sich besonders die Funktion CandyAusgeben:

```
void CandyAusgeben(const int & n)
{
   // Anforderung protokollieren
   AddToDatalog(n);

   // Süßigkeit ausgeben
   On(CANDY_MOTOR);
   repeat (n)
```

```
    {
        until(CANDY_ZAEHLER == 1);
        until(CANDY_ZAEHLER == 0);
    }
    Off(CANDY_MOTOR);
}
```

Bei dieser Funktion tritt möglicherweise ein Problem auf. In bestimmten Situationen kann der Wert von n sich zwischen dem Befehl AddToDatalog und der repeat-Anweisung ändern. Falls CandyAusgeben mit Message als Argument aufgerufen wird (wie in Kapitel 17), kann genau im falschen Moment eine neue Nachricht empfangen werden. Dieses Problem ist zwar sehr unwahrscheinlich und könnte möglicherweise vernachlässigt werden. Ich möchte jedoch auf der sicheren Seite stehen. Die beste Möglichkeit, dieses Problem zu umgehen, besteht darin, den Wert von n zwischenzuspeichern. Dies kann explizit erfolgen, indem wir eine andere Variable erstellen und n in die neue Variable kopieren. Eine weitere Möglichkeit besteht darin, den Typ von n zu ändern, sodass CandyAusgeben mit einem Wert aufgerufen wird (d. h. der Compiler erstellt eine Variable und erledigt das Kopieren).

```
void CandyAusgeben(int n)
{
    // Anforderung protokollieren
    AddToDatalog(n);

    // Süßigkeit ausgeben
    On(CANDY_MOTOR);
    repeat (n)
    {
        until(CANDY_ZAEHLER == 1);
        until(CANDY_ZAEHLER == 0);
    }
    Off(CANDY_MOTOR);
}
```

Das vollständige Programm für eine nachrichtenbasierte Vending Machine mit Datenprotokoll ist unten gezeigt. Die Auswahl einer Datenprotokollgröße von 100 ist willkürlich. Sie ist ausreichend groß, um damit zu experimentieren, aber klein genug, um den Speicher nicht zu sehr zu verkleinern. Sie können problemlos eine andere Größe verwenden, die Ihren Anforderungen mehr entspricht.

```
// vending.nqc
// Programm für nachrichtenbasierte Vending Machine mit
   Datenprotokollierung
```

```
#define CANDY_ZAEHLER           SENSOR_3
#define CANDY_MOTOR             OUT_C

#define DATENPROTOKOLLGROESSE  100

task main()
{
   // Sensoren einrichten
   SetSensor(CANDY_ZAEHLER, SENSOR_TOUCH);

   DatenprotokollInitialisieren();

   while(true)
   {
      // auf Nachricht warten
      until(Message() != 0);

      // Süßigkeit ausgeben
      CandyAusgeben(Message());

      // auf nächste Nachricht vorbereiten
      ClearMessage();
   }
}

void DatenprotokollInitialisieren()
{
   // wenn nicht aktiviert, Datenprotokoll nicht initialisieren
   if (CANDY_ZAEHLER == 0) return;

   CreateDatalog(0);
   CreateDatalog(DATENPROTOKOLLGROESSE);
   PlaySound(SOUND_FAST_UP);

   // warten, bis Taste deaktiviert
   until(CANDY_ZAEHLER==0);
}

void CandyAusgeben(int n)
{
   // Anforderung protokollieren
```

```
    AddToDatalog(n);

    // Süßigkeit ausgeben
    On(CANDY_MOTOR);
    repeat (n)
    {
       until(CANDY_ZAEHLER == 1);
       until(CANDY_ZAEHLER == 0);
    }
    Off(CANDY_MOTOR);
}
```

Sie müssen auf jeden Fall den Berührungssensor des Ausgabegeräts aktivieren und festhalten (der an Eingang 3 angeschlossen ist), wenn das Programm zum ersten Mal ausgeführt wird. Funktioniert alles ordnungsgemäß, ertönt ein akustisches Signal, und das Datenprotokoll wird initialisiert. Ertönt kein Signal, versucht das Programm nicht, das Datenprotokoll zu initialisieren. Überprüfen Sie die LCD-Anzeige. Darauf sollte ein einzelnes Datenprotokollfeld blinken. Ertönt das Signal, werden auf der LCD-Anzeige jedoch keine Datenprotokollindikatoren angezeigt, steht nicht genügend Speicher für das Datenprotokoll zur Verfügung. Versuchen Sie, im Programm einen kleineren Wert für DATENPROTOKOLLGROESSE zu verwenden und/oder Speicher freizugeben, indem Sie nicht benötigte Programme entfernen.

Die sicherste Möglichkeit, Speicher freizugeben, besteht darin, alles zu löschen und dann das benötigte Programm (oder die benötigten Programme) erneut zu laden. Um mit der Befehlszeilenversion von NQC den Speicher freizugeben, verwenden Sie folgenden Befehl:

```
nqc -clear
```

In RcxCC wird die gleiche Funktion durch Auswahl von **Clear Memory** aus dem Menü **Tools** erreicht. Wählen Sie in MacNQC aus dem Menü **RCX** den Befehl **Clear Memory**.

Bedenken Sie unbedingt, dass beim Löschen des Speichers mit einer dieser Methoden alle Programme im RCX sowie alle vorherigen Datenprotokolle gelöscht werden.

Benutzen Sie unter der Annahme, dass das Datenprotokoll ordnungsgemäß initialisiert wurde, Vending Machine (oder Candy Dispenser) mehrmals, und laden Sie dann das Datenprotokoll auf den Computer. Sie sollten eine Liste aller Anforderungen sehen, die seit dem Erstellen des Datenprotokolls verarbeitet wurden. Eine Aufzeichnung sieht bei der Befehlszeilenversion von NQC ungefähr wie folgt aus:

```
> nqc -msg 2
> nqc -msg 4
> nqc -msg 1
> nqc -datalog
2
4
1
> nqc -msg 3
> nqc -datalog
2
4
1
3
```

18.3 Protokollieren der Fernsehnutzung

Unser zweites Beispiel zeigt, wie das Datenprotokoll den Einsatz des RCX als Datenerfassungsgerät ermöglicht. Zunächst muss bestimmt werden, welche Daten erfasst werden sollen. Zufälligerweise besitzt mein Fernsehgerät eine kleine rote LED, die beim Einschalten des Fernsehers aufleuchtet. Wenn ein Lichtsensor an dieser LED befestigt wird, kann der RCX mithilfe des Lichtsensors feststellen, wann das Fernsehgerät eingeschaltet ist. Der Wert des Lichtsensors könnte in regelmäßigen Zeitabständen (z.B. einmal in der Minute) aufgezeichnet werden. Dies würde jedoch zu einer umfangreichen Datenmenge führen, von denen die meisten Daten wenig aussagekräftig sind. Eine wesentlich effizientere Möglichkeit, die Nutzung des Fernsehgeräts zu protokollieren, besteht darin, nur die Zeitpunkte aufzuzeichnen, an denen sich der Zustand des Fernsehgeräts ändert: Einschalten bzw. Ausschalten. Für ein jedes solcher Ereignisse wird der Zeitpunkt des Auftretens im Datenprotokoll aufgezeichnet. Es gibt zwei verschiedene Möglichkeiten, im RCX die Zeit zu messen: die Timer und die Systemuhr. Die Timer ermöglichen eine Auflösung von einer Zehntelsekunde sowie einen Maximalwert von 54,6 Minuten. Die Uhr verfügt über eine Auflösung von 1 Minute und einen Maximalwert von 23 Stunden und 59 Minuten. Die Uhr eignet sich für unsere Anwendung optimal, sodass wir sie verwenden.

```
// tvlog.nqc
// Programm, das die Nutzung des Fernsehgerätes protokolliert

// einige Konstanten
#define TV_SENSOR               SENSOR_1
#define SCHWELLE                40
#define DATENPROTOKOLLGROESSE 100
```

```
task main()
{
   // Sensoren einrichten
   SetSensor(TV_SENSOR, SENSOR_LIGHT);

   // Datenprotokoll erstellen
   CreateDatalog(0);
   CreateDatalog(DATENPROTOKOLLGROESSE);

   while(true)
   {
      // warten, bis TV eingeschaltet wird, und protokollieren...
      until(TV_SENSOR > SCHWELLE);
      AddToDatalog(Watch());
      PlaySound(SOUND_CLICK);

      // jetzt warten, bis TV ausgeschaltet wird...
      until(TV_SENSOR < SCHWELLE);
      AddToDatalog(Watch());
      PlaySound(SOUND_CLICK);
   }
}
```

Für jeden Übergang von EIN nach AUS oder von AUS nach EIN fügt das Programm die aktuelle Zeit (entsprechend der Systemuhr) zum Datenprotokoll hinzu. Der Schwellenwert für den Lichtsensor kann durch Änderung des Wertes für SCHWELLE angepasst werden. Gleichermaßen kann durch Änderung von DATENPROTOKOLLGROESSE die Kapazität des Datenprotokolls angepasst werden.

Die Systemuhr wird bei jedem Einschalten des **RCX** auf 00.00 (0 Stunden und 0 Minuten) zurückgesetzt. Die Uhr kann auf einen anderen Wert eingestellt werden, der eventuell aussagekräftiger ist. Verwenden Sie bei der Befehlszeilenversion von **NQC** den folgenden Befehl, wobei für **ssmm** die gewünschte Zeit eingesetzt wird.

```
nqc -watch ssmm
```

Mit dem folgenden Befehl stellen Sie die Uhr beispielsweise auf 1:30 Uhr ein:

```
nqc -watch 130
```

Die Uhr kann auch automatisch auf die aktuelle Zeit eingestellt werden (zumindest die aktuelle Zeit des Computers).

```
nqc -watch now
```

In RcxCC wählen Sie zum Einstellen der Uhr aus dem Menü **Tools** den Befehl **Diagnostics**. Sie können den Wert für die Uhr manuell eingeben oder auf die Schaltfläche **Set Current** drücken, um sie auf die aktuelle Zeit einzustellen. In MacNQC kann die Uhr im Fenster **Test Panel** eingestellt werden (wählen Sie dazu im Menü **RCX** den Befehl **Test Panel**). Geben Sie unter **Watch** den gewünschten Wert ein, und drücken Sie dann **Set**, um den neuen Wert an den RCX zu senden.

Um Batterien zu sparen, schaltet der RCX nach einem bestimmten Zeitraum ohne Aktivität (der so genannten **Abschaltzeit**) automatisch ab. Merkwürdigerweise reicht die Ausführung eines Programms als Aktivität nicht aus, um ein Abschalten des RCX zu vermeiden. Daher muss die Abschaltzeit von der Anfangseinstellung von 15 Minuten geändert werden, wenn die Protokollierung über einen längeren Zeitraum erfolgen soll. Um die Abschaltzeit mithilfe der Befehlszeilenversion von NQC zu ändern, verwenden Sie den folgenden Befehl. Ersetzen Sie **Minuten** durch die gewünschte Anzahl von Minuten.

```
nqc -sleep minutes
```

Wenn die Abschaltzeit auf 0 eingestellt wird, wird diese Funktion deaktiviert:

```
nqc -sleep 0
```

Wenn Sie RcxCC verwenden, lässt sich die Abschaltzeit ändern, indem Sie **Diagnostics** aus dem Menü **Tools** wählen und dann im Dialogfeld die entsprechende Zeit eingeben. In MacNQC kann die Abschaltzeit im Fenster **Test Panel** eingestellt werden (wählen Sie dazu im Menü **RCX** den Befehl **Test Panel**). Geben Sie unter **Sleep** den gewünschten Wert ein, und drücken Sie die Schaltfläche **Set**, um den neuen Wert an den RCX zu senden. In allen Fällen gibt eine Zeit von 0 Minuten an, dass sich der RCX nie selbst abschalten soll.

Der RCX hat den größten Verbrauch an Batterien, wenn Motoren angetrieben werden müssen. An diesem Experiment sind keine Motoren beteiligt, sodass der Stromverbrauch relativ gering ist. Trotzdem leert die Ausführung eines RCX-Programms für 20 oder 30 Stunden wahrscheinlich die Batterien vollständig. Falls Sie beabsichtigen, über einen längeren Zeitraum mit einem Programm Daten zu protokollieren, sollten Sie ein Netzteil verwenden (sofern für Ihren RCX verfügbar). LEGO stellt entsprechende Netzgeräte her (weitere Informationen finden Sie in Anhang A).

Nachdem der RCX so eingerichtet wurde, dass der Lichtsensor direkt vor der Stromversorgungsanzeige meines Fernsehgeräts sitzt, wurde das Programm für eine Weile ausgeführt. Hier ein Beispieldatenprotokoll:

```
1110
1140
1260
1320
```

Die Uhr zeichnet die Zeiten anhand einer 24-Stunden-Uhr in Minuten auf. 1:00 Uhr entspricht beispielsweise 60, 2:00 Uhr 120 und 13:00 Uhr 780. Die obigen Protokolleinträge entsprechen den folgenden Zeiten:

6:30 Uhr
7:00 Uhr
9:00 Uhr
10:00 Uhr

Dies lässt erkennen, dass das Fernsehgerät zweimal eingeschaltet wurde: zum ersten Mal um 6:30 Uhr für 30 Minuten und zum zweiten Mal für 60 Minuten um 9:00 Uhr.

Dieses Programm kann auch in anderen Situationen verwendet werden, um möglicherweise zu überwachen, wie lang die Beleuchtung in einem Raum eingeschaltet ist, oder wie oft ein Kühlschrank geöffnet wird.

18.4 Überwachen des Gefriervorgangs von Wasser

Im nächsten Beispiel wird mithilfe eines Temperatursensors der Gefriervorgang von Wasser beobachtet. Bevor wir uns mit den Einzelheiten dieses Experiments beschäftigen, müssen Sie einige Beschränkungen dieses speziellen Sensors kennen. Der Temperatursensor reagiert wesentlich langsamer als die anderen Sensoren. Dies liegt daran, dass der Sensor eigentlich die Temperatur des Sensors selbst misst, die nicht unbedingt mit der Temperatur der jeweiligen Umgebung übereinstimmt. Es dauert immer eine gewisse Zeit, bis der Sensor dieselbe Temperatur erreicht wie die Umgebung. Überlegen Sie, was passiert, wenn der Sensor plötzlich in den Gefrierschrank gelegt wird. Obwohl die Temperatur des Gefrierschranks ziemlich kalt ist, hat der Sensor zunächst weiterhin Raumtemperatur. Im Laufe der Zeit kühlt sich der Sensor ab, bis die Umgebungstemperatur des Gefrierschranks erreicht ist.

Die Zeit, die der Sensor benötigt, um sich der neuen Umgebung anzupassen, hängt von vielen Faktoren ab, wie z. B. der Größe der Temperaturänderung und den Eigenschaften des Materials, das der Sensor berührt. Das folgende Schaubild zeigt in 1-Minuten-Intervallen die Temperaturwerte, als der Sensor von Raumtemperatur in einen Kühlschrank gebracht wurde. Im ersten Fall wurde der Sensor einfach in den Kühlschrank gelegt und berührte daher nur Luft. Im zweiten Fall wurde der Sensor in eine kleine Schüssel mit Wasser getaucht, die sich bereits längere Zeit im Kühlschrank befand.

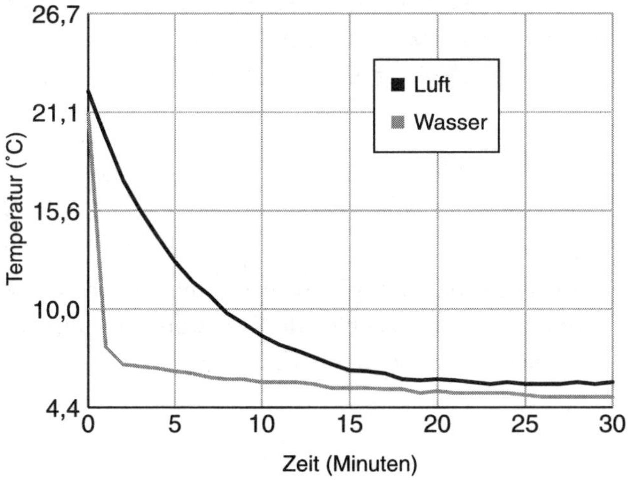

Abbildung 18.1 Kühleffekte von Luft und Wasser

In beiden Fällen wurden unterschiedliche Endtemperaturen erreicht. Diese Tatsache ist jedoch ohne Bedeutung, da nur ein Sensor verwendet wurde, und die Experimente daher zu unterschiedlichen Zeiten durchgeführt wurden. Die Temperatur in einem Kühlschrank ist nicht konstant, sondern schwankt einige Grade nach oben und unten, wenn er sich allmählich erwärmt und dann der Kompressor eingeschaltet wird, der wieder zu einer Abkühlung führt. Der Kühlschrank befand sich bei den beiden Tests daher nicht genau auf der gleichen Temperatur.

Der entscheidende Punkt besteht darin, dass Wasser eine wesentlich schnellere Temperaturänderung bewirkt. Dies liegt daran, dass Wasser Wärme wesentlich besser leitet als Luft. Das ist der Grund, warum das Schwimmen in einem 21° C warmen Wasser viel kälter empfunden wird als das Gehen in einem 21° C warmen Raum. Das Wasser leitet die Körperwärme wesentlich wirkungsvoller ab und bewirkt so ein stärkeres Kältegefühl.

Die wesentliche Lektion hier ist, dass es einige Zeit dauern kann (länger als 15 Minuten in diesem Beispiel), bis sich der Temperatursensor nach einer drastischen Temperaturänderung in der Nähe des richtigen Wertes stabilisiert hat. Gute Wärmeleiter wie Wasser können die Zeit auf wenige Minuten verringern. Die Reaktionszeiten liegen aber dennoch weit von den fast unmittelbaren Reaktionen der Berührungs-, Licht- und Rotationssensoren entfernt.

Um die Vorgänge beim Gefrieren von Wasser zu beobachten, brauchen wir ein Programm, das Temperaturmesswerte über einen langen Zeitraum in regelmäßigen Abständen erfasst. Ich habe mich für ein Ablesen des Sensors alle 15 Sekunden über einen Zeitraum von 6 Stunden entschieden. Durch Löschen aller anderen Programme sollten die sich ergebenden 1440 Dateneinträge, die über zwei Drittel des RCX-Speichers belegen, erfasst werden können. Das Erfassen von genau 1440 Datenpunkten ist ein wenig schwierig. Ein Versuch könnte so aussehen:

```
repeat(1440)
{
   // Datenpunkt erfassen
}
```

Das Problem bei diesem Versuch liegt darin, dass **repeat** nur mit Zahlen bis 255 funktioniert. Jede größere Zahl führt zu einem Fehler, der vom Compiler abgefangen wird. Sie können den Compiler aber folgendermaßen täuschen:

```
int x = 1440;
repeat(x)
{
   // Datenpunkt erfassen
}
```

Der RCX wiederholt den Vorgang aber nicht 1440-mal. Dies liegt daran, dass der RCX nur Wiederholungen bis 255 unterstützt und den Überlauf ignoriert, wenn ein größerer Wert angegeben wird. Sie können für Iterationen größer als 255 keine repeat-Schleifen verwenden.

> Bei einer großen Anzahl von Wiederholungen (größer als 255) hängt die aktuelle Anzahl der Wiederholungen davon ab, wie RCX Zahlen speichert. Die meisten Werte werden im RCX in 2 **Bytes** gespeichert. Die Anzahl der Wiederholungen wird jedoch nur in einem Byte gespeichert, und das zweite Byte wird vernachlässigt. Die resultierende Zahl ist daher gleich dem Rest des Anfangswerts geteilt durch 256. Ergibt die Anzahl der Wiederholungen beispielsweise 257, führt dies zu einem Wiederholungszähler von 1. Der Wiederholungszähler 1440 im Beispiel wird zu 160.

Könnten die Schleifen nicht verschachtelt werden?

```
repeat(6)
{
   repeat(240)
   {
      // Datenpunkt erfassen
   }
}
```

Dieser Ansatz erscheint sinnvoll. Insgesamt werden ohne eine Wiederholung über 255 weiterhin 1440 Datenpunkte erfasst. Das Problem ist jedoch, dass der RCX diesen Code nicht verarbeiten kann; repeat-Schleifen können nicht verschachtelt werden. Wir müssen also die Idee einer repeat-Schleife verwerfen.

Die Lösung liegt darin, mit einer Variablen die Iterationen zu verfolgen und sie manuell zu überprüfen. Das vollständige Programm ist unten gezeigt:

```
// templog.nqc
// Temperatur alle 15 Sekunden für 6 Stunden protokollieren

#define ABTASTZEIT                1500  // 15 Sekunden
#define DATENPROTOKOLLGROESSE     1440  // 6 Stunden Daten

task main()
{
   SetSensor(SENSOR_1, SENSOR_CELSIUS);
   SelectDisplay(1);

   CreateDatalog(0);
   CreateDatalog(DATENPROTOKOLLGROESSE);

   int i = 0;
   while(i < DATENPROTOKOLLGROESSE)
   {
      AddToDatalog(SENSOR_1);
      Wait(ABTASTZEIT);
      i++;
   }
}
```

Genau genommen liegen die Abtastwerte nicht exakt 15 Sekunden auseinander. Jede Iteration der Schleife dauert wegen der Zeit für das Erweitern des Datenprotokolls und dem Overhead der Schleife selbst geringfügig länger als 15 Sekunden. Diese Abweichung der Zeitmessung ist als **Drift** bekannt. In diesem Fall ist die Größe der Drift im Vergleich zu der Zeit zwischen den Abtastwerten (alle 15 Sekunden wenige Millisekunden) unbedeutend, sodass wir sie problemlos vernachlässigen können.

Wir sind jetzt in der Lage, das Experiment durchzuführen. Legen Sie frische Batterien in den RCX ein (oder verwenden Sie ein Netzgerät), besorgen Sie sich eine kleine Schüssel mit Wasser, und tauchen Sie die Spitze des Temperatursensors in das Wasser. Ich habe eine Viertel Tasse destilliertes Wasser verwendet und zunächst auf ca. 37,8° C aufgeheizt. Sie können auch Leitungswasser bei Raumtemperatur (oder einer anderen geeigneten Temperatur) verwenden. Danach wurde das Wasser (mit dem Temperatursensor) in den Gefrierschrank gestellt, wobei der RCX draußen bleibt, und anschließend das Programm ausgeführt. Die Anzeige zeigt den aktuellen Temperaturmesswert an, sodass Sie auf einen Blick erkennen können, was im Gefrierschrank vor sich geht.

> Haftungsausschluss: Wasser wirkt sich normalerweise nicht auf die Elektronik aus. Bei Eis kann sich dies anders verhalten. Ich habe die Teile so angeordnet, dass nur die Sensorspitze nass wird und der Rest trocken bleibt. Bisher habe ich keine negativen Auswirkungen festgestellt, kann diese aber nicht ausschließen. Falls Sie sich über eine mögliche Beschädigung des Sensors Sorgen machen, sollten Sie ihn in einem dünnen Plastikbeutel wasserdicht verschließen. Das Plastik wirkt als Isolator und beeinflusst die Messdaten ein wenig. Das allgemein gültige Experiment kann jedoch weiterhin durchgeführt werden.

Nach sechs Stunden wurde das Datenprotokoll auf einen Computer übertragen. Sie werden zunächst feststellen, dass das Datenprotokoll relativ große Zahlen enthält.

```
372
363
351
342
329
320
...
```

Dies liegt daran, dass RCX immer ganze Zahlen verwendet. Da der Temperatursensor mit einer Genauigkeit von 0,1 Grad misst, arbeitet der RCX intern mit der Temperatur multipliziert mit 10. Daher werden 37,2 Grad wegen der großen Zahlen im Datenprotokoll als 372 dargestellt.

Das nächste Problem in Zusammenhang mit dem Datenprotokoll sind die Menge von 1440 Datenpunkten. Diagramme mit so vielen Datenpunkten sind unhandlich. Nach dem Ausdünnen der Daten auf einen Abtastwert alle 5 Minuten und Teilen der Temperaturen durch 10, erhalten wir:

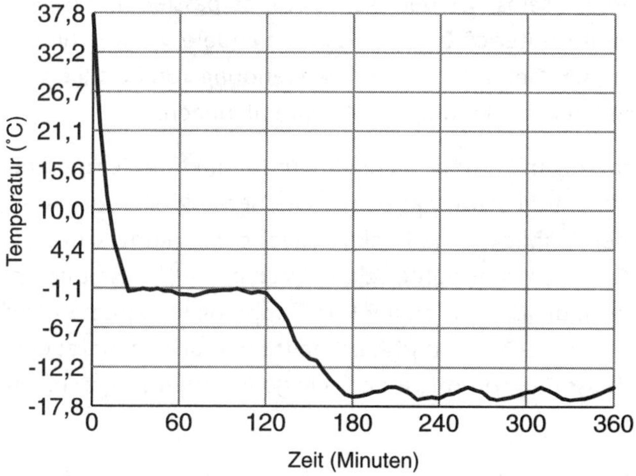

Abbildung 18.2 Eisbildung bei Wasser

In diesem Diagramm wird Verschiedenes offensichtlich. Während der ersten ungefähr 25 Minuten kühlt sich das Wasser schnell auf ca. –2° C ab. An diesem Punkt geschieht etwas Interessantes. Anstatt sich weiter abzukühlen, verharrt das Wasser für fast 100 Minuten bei –2° C. Während dieses Zeitraums verwandelt sich das Wasser allmählich in Eis. Allgemein bleibt eine Mischung aus Wasser und Eis so lange in der Nähe des Gefrierpunktes, bis das ganze Wasser gefroren ist. Diese Eigenschaft der Eisbildung ermöglicht uns, zu erkennen, wie lange das Gefrieren des Wassers dauert.

> Es gibt Beispiele für Wasser- und Eissysteme, die wechselnde Temperaturen besitzen. Für unser einfaches Experiment der Eisherstellung gilt jedoch die Faustregel, dass die Mischung auf dem Gefrierpunkt bleibt.

Beachten Sie, dass das Gefrieren des Wassers fast viermal länger dauert als eine Abkühlung um 37 Grad. Dies liegt daran, dass **Phasenübergänge**, beispielsweise von Wasser nach Eis (oder Wasser nach Dampf), erheblich mehr Energie verbrauchen, als eine Erhöhung oder Verringerung der Temperatur.

Ein weiterer interessanter Punkt ist, dass das Diagramm einen Gefrierpunkt von –2° C zeigt anstatt 0° C. Gefriert mein Gefrierschrank bei einer anderen Temperatur als an anderen Orten auf der ganzen Welt? Nein. Der Temperatursensor ist nicht genauer als einige Grad. Er ist recht zuverlässig hinsichtlich der relativen Temperatur (also der Form des Diagramms), eignet sich jedoch nicht für eine genaue Messung der absoluten Temperatur.

Wenn Sie dieses Experiment selbst wiederholen, kann es passieren, dass das Wasser bei einer Temperatur unter 0° C friert. Salz und andere Verunreinigungen im Wasser verringern den Gefrierpunkt. Die Verwendung von destilliertem Wasser gewährleistet jedoch ein Minimum an Verunreinigungen.

Nachdem das Wasser vollständig in Eis umgewandelt wurde, sinkt die Temperatur des Eises weiter auf ca. –17° C und schwankt dann zwischen –17° C und –15° C. Diese Schwankung gibt einen Einblick in die Funktionsweise des Gefrierschranks. Der Kompressor (der den Gefrierschrank kühlt) schaltet sich bei –15° C ein und bei –17° C aus. Erinnern Sie sich an die Diskussion der Rückkopplung in Kapitel 8? Der Unterschied von 2 Grad zwischen den Ein- und Ausschalttemperaturen bietet eine ausreichende Hysterese, sodass der Kompressor ca. alle 50 Minuten eingeschaltet wird.

Wenn wir uns den Zeitraum kurz vor dem Beginn der Eisbildung genauer anschauen, können wir ein weiteres interessantes Phänomen beobachten. Das Diagramm in Abbildung 18.3 zeigt alle Abtastwerte (alle 15 Sekunden) zwischen der 15. und der 35. Minute im Experiment.

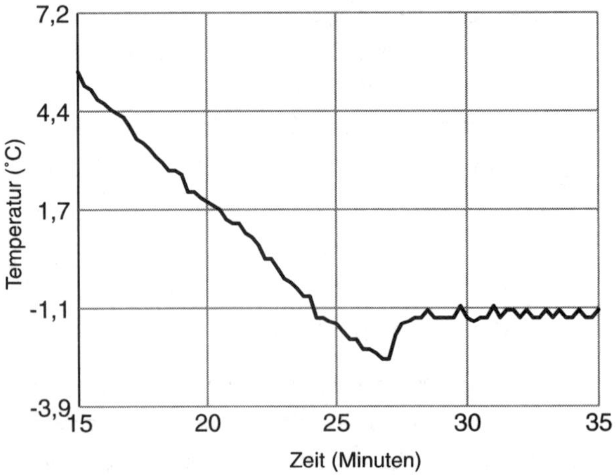

Abbildung 18.3 Unterkühlung

Beachten Sie, wie die Wassertemperatur einige Grad unter den Gefrierpunkt sinkt, und sich dann um den Gefrierpunkt einpendelt. Zu diesem Zeitpunkt liegt das Wasser bei einer Temperatur unter dem Gefrierpunkt immer noch in flüssiger Form vor. Dieses Phänomen ist als Unterkühlung bekannt. Wenn das Wasser den Gefrierpunkt erreicht, werden nicht spontan Eiskristalle gebildet. Andere Faktoren, beispielsweise Verunreinigungen im Wasser oder eine raue Oberfläche, bewirken den Beginn des Kristallisierungsprozesses. Je weniger Verunreinigungen vorhanden sind, desto länger dauert es, bis die Wassermoleküle sich zu Eis umformen, sodass die Unterkühlung entsteht. Sobald sich das erste Kristall bildet, bilden sich relativ schnell weitere Kristalle um das erste Kristall herum. Mit einsetzender Eisbildung steigt die Temperatur der Mischung relativ schnell wieder auf den Gefrierpunkt. Tatsächlich stieg die Temperatur möglicherweise sogar schneller als im Diagramm gezeigt, da der Temperatursensor träge auf Änderungen reagiert.

18.5 Zusammenfassung

Für das Datenprotokoll wurden drei unterschiedliche Anwendungen vorgestellt. Im ersten Beispiel wurden mit dem Datenprotokoll Transaktionen eines Roboters aufgezeichnet. Eine Variation dieses Verfahrens kann bei der Fehlersuche in einem Roboterprogramm nützlich sein. An verschiedenen Stellen im Programm können Informationen zum Datenprotokoll hinzugefügt werden. Später kann das Datenprotokoll als Aufzeichnung dienen, welche Programmteile in welcher Reihenfolge ausgeführt wurden.

Im zweiten Beispiel wurde gezeigt, wie Ereignisse über einen langen Zeitraum protokolliert werden können. Dieses Verfahren kann ebenfalls an eine Vielzahl von Zielen angepasst werden. Das dritte Beispiel erinnert vielleicht mehr an eine Physikstunde als an Robotertechnik. Es handelt sich jedoch um eine weitere ausgezeichnete Darstellung, wie der RCX zur Datenerfassung eingesetzt werden kann.

Bei vielen Robotern besteht keine Notwendigkeit, das Datenprotokoll einzusetzen. In den Situationen, in denen Daten erfasst werden müssen, bildet das Datenprotokoll jedoch eine unentbehrliche Funktion des RCX.

19 Roboarm

Roboarm bildet mechanisch gesehen den komplexesten Roboter in diesem Buch. Seine drei Motoren ermöglichen es ihm, sich schnell zu drehen und nach Objekten zu suchen, die Objekte zu greifen und loszulassen sowie nach oben und unten zu heben. Mithilfe von zwei Berührungssensoren wird die Position des Auslegers bestimmt, und ein Lichtsensor ermöglicht es Roboarm, die aufzuhebenden Objekte zu »sehen«.

Erforderliche Zusatzteile:

1 Motor

14 2x4-Baustein (nur bei Baukasten Nr. 9747 erforderlich)

4 1x4-Baustein (nur bei Baukasten Nr. 9747 erforderlich)

1 2x8-Baustein (nur bei Baukasten Nr. 9747 erforderlich)

Informationen darüber, wo Sie die Zusatzteile beziehen können, finden Sie in Anhang B.

Roboarm verwendet außerdem mehr Teile als alle anderen Roboter. Daher ist es besonders wichtig, in jedem Schritt die richtigen Teile zu verwenden, damit später kein entscheidendes Teil fehlt. Achten Sie besonders darauf, die normalen gelben 2x4-Platten zu verwenden (anstelle der grauen Platten mit Löchern). Beachten Sie auch den Unterschied zwischen den 1x2-Steinen (ohne Loch) und den 1x2-Trägern (mit Loch).

19.1 Der Sockel

Roboarm benötigt eine stabile Basis. Damit sich Roboarm uneingeschränkt drehen kann, erfordert der Sockel eine glatte Oberseite. Die Unterseite des Sockels muss im Gegensatz dazu gut greifen, damit er fest stehen bleibt, wenn der Ausleger sich dreht. Um diese Anforderungen zu erfüllen, wird der Sockel auf recht unorthodoxe Weise aufgebaut. Die Seiten von Bausteinen bilden die Oberseite des Sockels. Auf der Unterseite des Sockels sorgen Reifen für einen guten Halt. Weiterhin wird die Stabilität des Sockels durch Träger im Sockel verstärkt.

Der Sockel wurde so aufgebaut, dass er mit einem Minimum an Zusatzteilen aus dem Baukasten Nr. 9719 oder Nr. 9747 aufgebaut werden kann. Der Baukasten Nr. 9719 enthält mehrere 2x8-Steine, die als Ersatz für die Bausteinkombinationen in den unteren und oberen Schichten des Sockels eingesetzt werden können. Diese längeren Steine erhöhen die Stabilität des Sockels. Falls Sie den Baukasten Nr. 9747 verwenden und einige andere LEGO-Steine parat haben, können Sie an allen geeigneten Stellen größere Steine als Ersatz für die Kombination kleinerer Steine verwenden.

Die Schritte 1 bis 3 zeigen den Anfangsaufbau des Sockels. Beachten Sie, wie zwei 1x2-Träger mit Verbindungszapfen in der Nähe der Sockelunterseite versenkt werden. In späteren Schritten werden ein weiteres Paar Träger und Zapfen in der Nähe der Oberseite eingelassen. Anschließend werden zwischen diesen Zapfen lange Träger befestigt, um die Konstruktion zu verstärken. Die mittleren Steine sind flacher als die an den Seiten, sodass in der Mitte des Sockels ein vertiefter Bereich entsteht.

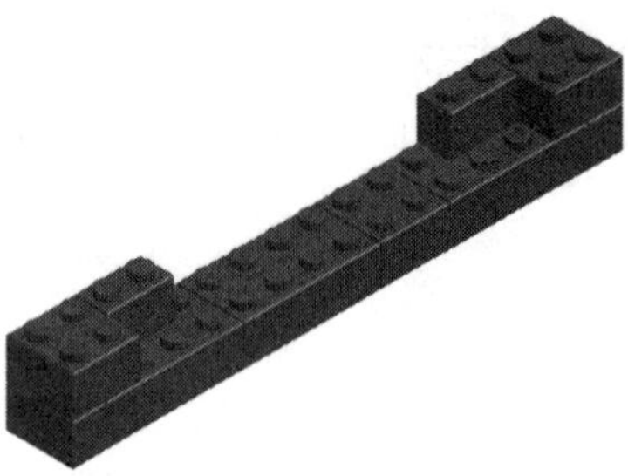

Abbildung 19.1 Roboarm-Sockel Schritt 1

Abbildung 19.2 Roboarm-Sockel Schritt 2

Bis jetzt ist der Sockel symmetrisch aufgebaut. In Schritt 4 wird auf einer Seite jedoch eine kleine Lücke gebildet. Diese ermöglicht es dem Roboter später, die aktuelle Position relativ zum Sockel festzustellen. Diese Lücke wird in Schritt 5 in die nächste Schicht ausgedehnt.

Abbildung 19.3 Roboarm-Sockel Schritt 3

Abbildung 19.4 Roboarm-Sockel Schritt 4

Abbildung 19.5 Roboarm-Sockel Schritt 5

Die obere Hälfte des Sockels ähnelt der unteren Sockelhälfte, mit der Ausnahme, dass die Lücke fehlt und eine Plattenschicht hinzugefügt wurde. Der Grund für die Platten liegt darin, dass die Konstruktion mithilfe von 1x12-Träger versteift wird. Der Abstand zwischen den Endlöchern eines 1x12-Trägers beträgt 10 LEGO-Einheiten. Da die Höhe eines Steins 1,2 LEGO-Einheiten beträgt, ist ein Stapel von 8,33 Steinen erforderlich, um diesen Abstand zu füllen. Mit anderen Worten: Wir benötigen 8 Steine und 1 Platte.

Abbildung 19.6 Roboarm-Sockel Schritt 6

Abbildung 19.7 Roboarm-Sockel Schritt 7

Abbildung 19.8 Roboarm-Sockel Schritt 8

Die 1x12-Träger, die in Schritt 9 hinzugefügt werden, versteifen die Konstruktion und ermöglichen die in Schritt 10 gezeigte Anbringung der Räder.

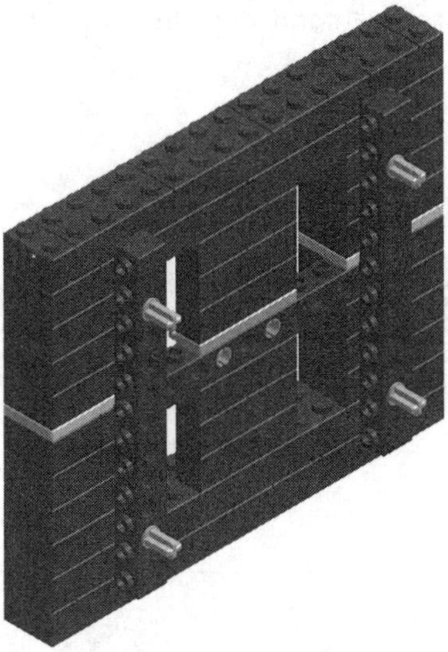

Abbildung 19.9 Roboarm-Sockel Schritt 9

Abbildung 19.10 Roboarm-Sockel Schritt 10

Für den letzten Schritt wird der Sockel auf den Kopf gestellt. Die 6er-Achse wird die Drehachse für Roboarm. Beachten Sie, wie die Position des 40er-Zahnrads durch die beiden Achsenzapfen verriegelt wird. Beim Zusammenbau ist es u.U. leichter, diese Zapfen abzunehmen, in das Zahnrad einzusetzen und die Kombination aus Zahnrad und Zapfen am Sockel zu befestigen. Zur Drehung verwendet der Hauptteil von Roboarm später ein 8er-Zahnrad, das in das 40er-Zahnrad des Sockels eingreift. Ein weiteres Detail bildet die kleine Aussparung, die sich aus den Lücken ergibt, die oben in den Schritten 4 und 5 entstanden. Anhand dieser Aussparung bestimmt der Hauptteil von Roboarm während der Drehung eine Grundstellung.

Abbildung 19.11 Roboarm-Sockel Schritt 11

Der Sockel ist jetzt fertig und kann für später zur Seite gelegt werden.

19.2 Der Ausleger

Wie der englische Name vermuten lässt (Arm = Ausleger), benötigt Roboarm einen Ausleger. Der Ausleger muss drei grundlegende Aufbauanforderungen erfüllen. Erstens muss er erhöht und gesenkt werden können. Zweitens muss er Objekte greifen und loslassen können. Und drittens muss er beim Greifvorgang Objekte »sehen« können.

Das Heben und Senken eines Auslegers ist recht aufwendig. Je länger der Ausleger ist, desto größer ist das erforderliche Drehmoment, um den Ausleger zu heben. Dies liegt daran, dass es sich bei dem Ausleger eigentlich um einen Hebel handelt, und das erforderliche Drehmoment, um ein bestimmtes Gewicht zu heben, sich proportional zur Entfernung des Gewichts von der Drehachse verhält. Mit anderen Worten: Ein Ausleger von 50 cm Länge erfordert ein doppelt so großes Drehmoment wie ein Ausleger von 25 cm Länge (unter der Voraussetzung, dass alle anderen Faktoren identisch sind).

Das Erzeugen eines großen Drehmoments ist nicht allzu schwierig. Die Leistungsabgabe eines Standardmotors kann über ein beliebiges Zahnradwerk übersetzt werden, um die Geschwindigkeit zu verringern und das Drehmoment zu erhöhen. Die Übertragung des resultierenden Drehmoments auf den Ausleger bildet ein anderes Problem. Das Drehmoment entspricht dem Produkt von Kraft und Abstand von der Achse. Das Drehmoment, das durch eine bestimmte Kraft erzeugt wird, nimmt also zu, je weiter die Kraft von der Achse weg greift. Dies ist der Grund dafür, dass lange Schraubenschlüssel und Schraubenzieher mit dicken Griffen sich besser zum Lösen festsitzender Schraubenmuttern und Schrauben eignen. Die einfachste Möglichkeit, den Ausleger zu heben, besteht darin, an einem Ende ein Zahnrad zu befestigen und dann das Zahnrad zu drehen. In der Praxis unterliegt die Gesamtkraft, die auf die Zähne eines Standard-LEGO-Zahnrads wirkt, gewissen Einschränkungen. Aus diesem Grund ist ein kleines 8er-Zahnrad für diesen Zweck ungeeignet. Das große 40er-Zahnrad eignet sich wesentlich besser, da es einen größeren Durchmesser besitzt, und daher bei derselben Krafteinwirkung an den Zähnen ein höheres Drehmoment erzeugen kann.

Die Schritte 1 bis 4 zeigen, wie der hintere Teil des Auslegers aufgebaut wird, einschließlich wie ein Paar 40er-Zahnräder an den Trägern verankert wird, die den Aufbau des Auslegers bilden. Die 6er-Achse dient als Drehachse für den Ausleger, und mithilfe der 4er-Achse werden die Zahnräder an den Trägern festgesetzt. Obwohl ein einzelnes 40er-Zahnrad möglicherweise in den meisten Fällen ausreicht, bietet die Aufteilung der Last auf zwei Zahnräder einen stabileren Aufbau, der größere Gewichte heben kann. Zwei weitere wichtige Details bilden der 1x2-Stein und der Halbzapfen, die in Schritt 4 zu der vorderen Seite des Auslegers hinzugefügt werden. Diese werden von Roboarm später dazu genutzt, um die Position des Auslegers zu erkennen.

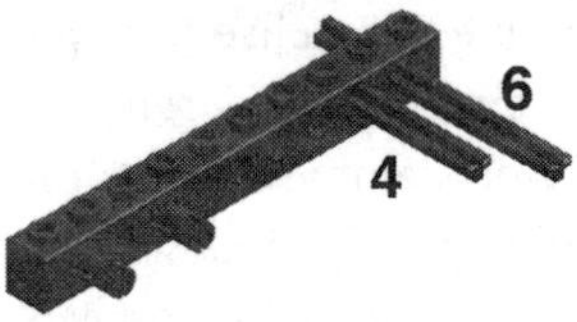

Abbildung 19.12 Roboarm-Ausleger Schritt 1

Abbildung 19.13 Roboarm-Ausleger Schritt 2

Abbildung 19.14 Roboarm-Ausleger Schritt 3

Abbildung 19.15 Roboarm-Ausleger Schritt 4

Der Ausleger muss in der Lage sein, Objekte zu greifen. Für diese Funktion ist daher ein eigener Motor erforderlich. Obwohl sich die Greifer am äußersten Ende des Auslegers befinden, wird der Motor in der Nähe der Achse montiert, die zum Heben des Auslegers dient. Wiederum müssen wir das Drehmoment genauer betrachten. Das Gewicht des Motors kann im Gegensatz zu dem Gewicht anderer LEGO-Teile nicht vernachlässigt werden. Wenn dieser Motor auf dem Ausleger weiter nach außen befestigt wird, steigt das zum Heben erforderliche Drehmoment. Bleibt der Motor in der Nähe der Achse, verringern sich die Auswirkungen auf den Ausleger. Die Verbindung mit den Greifern über eine 8er-Achse (hier gezeigt) und einer 12er-Achse (später vorgestellt) lässt sich einfach realisieren. Der Motor wird über einen weißen Gummikeilriemen und zwei Riemenscheiben mit dieser Achse gekoppelt. Dieser Aufbau hat keine Auswirkung auf die Geschwindigkeit oder das Drehmoment (mit Ausnahme der Reibung), ermöglicht dem Motor jedoch einen Schlupf, nachdem die Greifer ein Objekt erfasst haben. Schließen Sie, wie gezeigt, ein langes Kabel an den Motor an. Dieses Kabel wird später mit dem RCX verbunden.

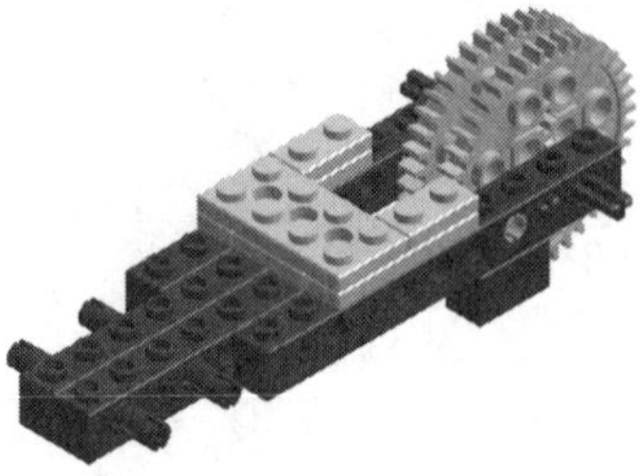

Abbildung 19.16 Roboarm-Ausleger Schritt 5

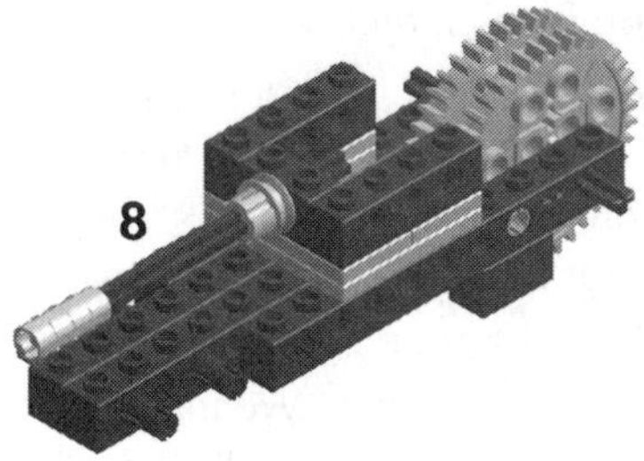

Abbildung 19.17 Roboarm-Ausleger Schritt 6

Abbildung 19.18 Roboarm-Ausleger Schritt 7

Der Rest des Auslegers und die Greifer werden in den Schritten 8 und 9 aufgebaut. Ein Greifer verwendet am Ende zwei Winkelbuchsen, der andere Greifer zwei Haltekreuze. Der Unterschied ist ohne Bedeutung, bis auf die Tatsache, dass insgesamt vier Teile benötigt werden und das Robotics Invention System nur jeweils zwei Winkelbuchsen und Haltekreuze enthält.

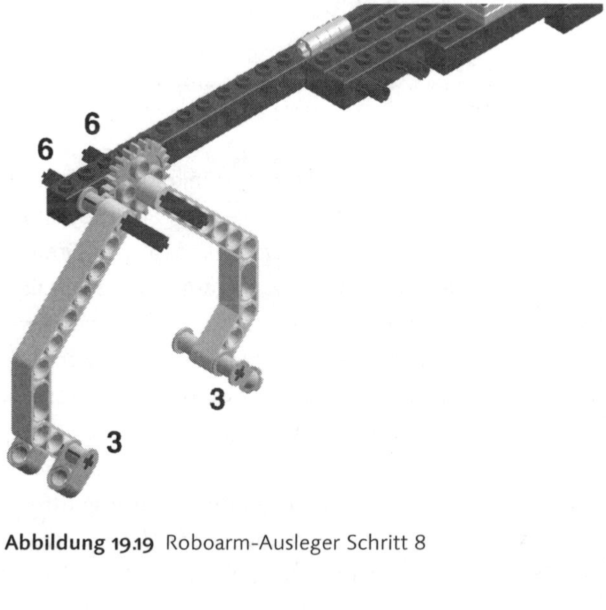

Abbildung 19.19 Roboarm-Ausleger Schritt 8

Die beiden 16er-Zahnräder, die in Schritt 9 dazukommen, sorgen für die Ausrichtung der beiden Greiferseiten. Die Greifer müssen unbedingt in die richtige Lage positioniert werden, bevor die beiden Zahnräder angebracht werden. Befestigen Sie dazu am besten zuerst nur ein Zahnrad. Schließen Sie die Greifer, sodass sie sich an einem Punkt treffen, der direkt unter der Achse für den hinteren Greifer (näher am Motor) liegt. Bringen Sie dann das zweite Zahnrad an, und justieren Sie die Greifer geringfügig, damit die beiden Zahnräder ineinander greifen. Wenn jetzt das 24er-Zahnrad gedreht wird, sollten sich beide Greifer öffnen sowie schließen, wobei der Treffpunkt annähernd in der Mitte liegt. Es ist leider unmöglich, die beiden Greifer hundertprozentig symmetrisch aufzubauen. Dies liegt daran, dass die Zahnräder eine gerade Anzahl von Zähnen besitzen, sodass die Achsen unterschiedliche Winkel aufweisen, wenn die Zahnräder ineinander greifen.

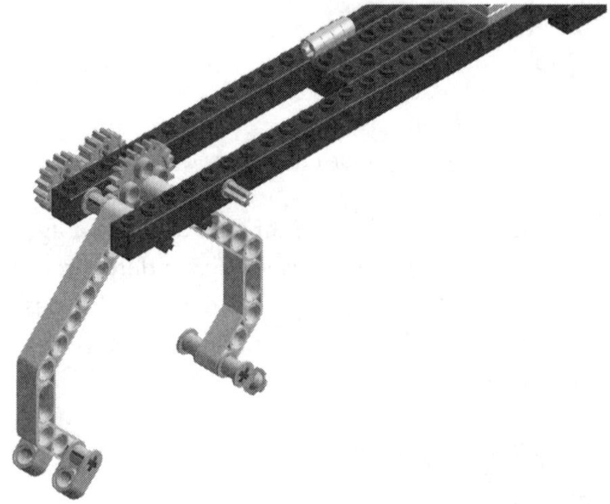

Abbildung 19.20 Roboarm-Ausleger Schritt 9

Damit die Greifer besser greifen können, werden um die Winkelbuchsen und Kreuzhalter an den Enden der Greifer Reifen gespannt. Verwenden Sie unbedingt die kleinsten Reifen, da die Greifer sonst nicht eng genug schließen. Die Greifer werden über ein Schneckenrad angetrieben, das in das 24er-Zahnrad greift. Dies führt zu einer Untersetzung von 24:1, die die Greifer mit ausreichend Kraft versorgt, bevor das Gummiband rutscht. Das Schneckenrad dient außerdem zur einseitigen Leistungsübertragung. Der Motor kann das Schneckenrad leicht antreiben, sodass sich das 24er-Zahnrad dreht. Der umgekehrte Vorgang ist jedoch nicht möglich. Egal, welche Kraft auf das Zahnrad mit 24 wirkt, es kommt zu keiner Drehung des Schneckenrads. Das bedeutet, dass die Greifer mit dem Motor geöffnet und geschlossen werden können. Nach dem Schließvorgang ist der Motor jedoch nicht mehr erforderlich, damit die Greifer die Greiflast festhalten.

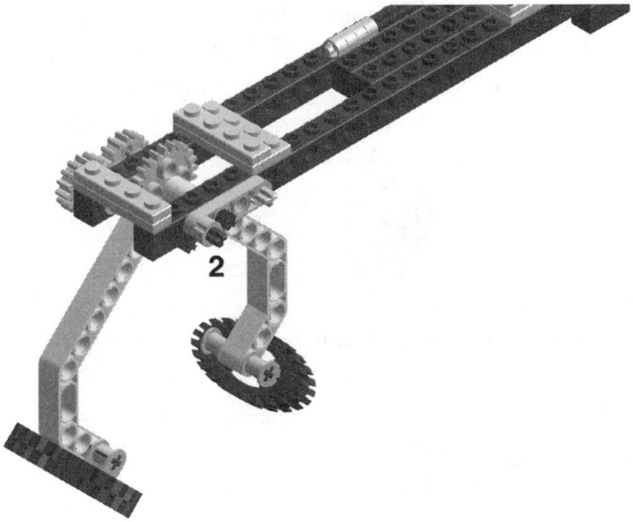

Abbildung 19.21 Roboarm-Ausleger Schritt 10

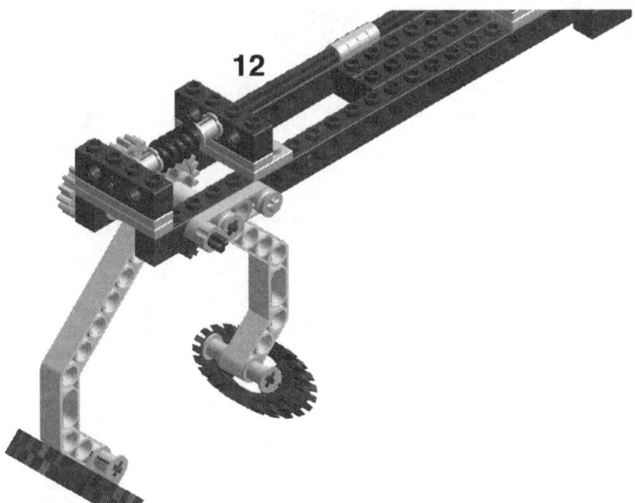

Abbildung 19.22 Roboarm-Ausleger Schritt 11

Bleibt noch eine Anforderung an den Aufbau: das Erkennen von Objekten im Griff des Auslegers. Dies kann erreicht werden, indem der Lichtsensor an der Seite des Auslegers so angebracht wird, dass er, wie in den Schritten 12 bis 14 gezeigt, annähernd zwischen die Greifer blickt. Der Lichtsensor wird an zwei 1x2-Kreuzträgern (grün) befestigt, die wiederum an einem 1x3-Hebearm befestigt werden. Idealerweise würde für die Verbindung von Kreuzträgern und Hebearm eine 3er-Achse eingesetzt. Da aber alle verfügbaren 3er-Achsen an anderer Stelle benötigt werden, wird statt dessen eine 2er-Achse verwendet. Das bedeutet, dass die Achse, wie in Schritt 12 gezeigt, nur teilweise in den ersten Kreuzträger gesteckt wird.

Abbildung 19.23 Roboarm-Ausleger Schritt 12

Abbildung 19.24 Roboarm-Ausleger Schritt 13

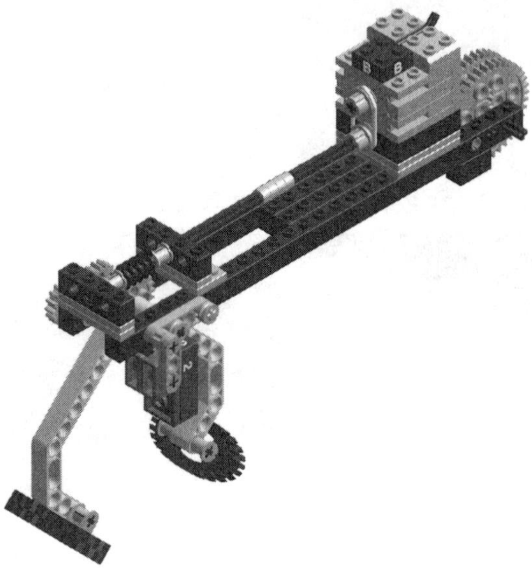

Abbildung 19.25 Roboarm-Ausleger Schritt 14

Der Ausleger ist jetzt fertig und kann beiseite gelegt werden, bis er am Rest von Roboarm befestigt werden kann.

19.3 Der Hauptteil

Im Hauptteil von Roboarm werden die meisten Aktionen erledigt. Die Motoren zum Drehen und Heben befinden sich zusammen mit einer geeigneten Untersetzungsmechanik im Hauptteil. Bündig mit der Unterseite des Hauptteils ist ein Berührungssensor angebracht, der beim Drehen des Hauptteils die Grundstellung erkennt. Mithilfe eines zweiten Berührungssensors wird festgestellt, wann der Ausleger auf eine bestimmte Position gesenkt wurde. Der Aufbau beginnt mit der relativ geradlinigen Konstruktion eines Rahmens für den Rest des Hauptteils.

Abbildung 19.26 Roboarm-Hauptteil Schritt 1

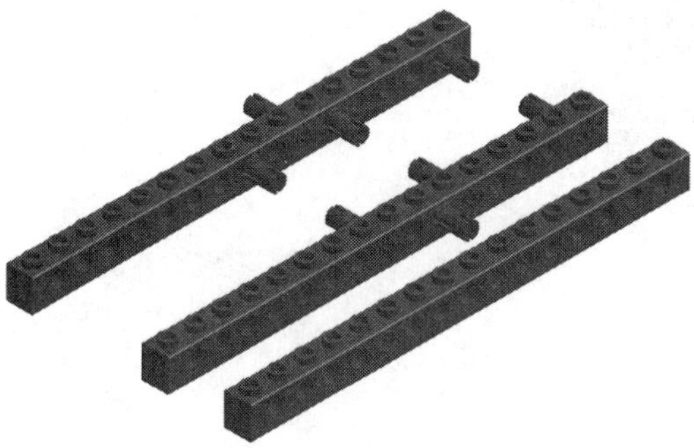

Abbildung 19.27 Roboarm-Hauptteil Schritt 2

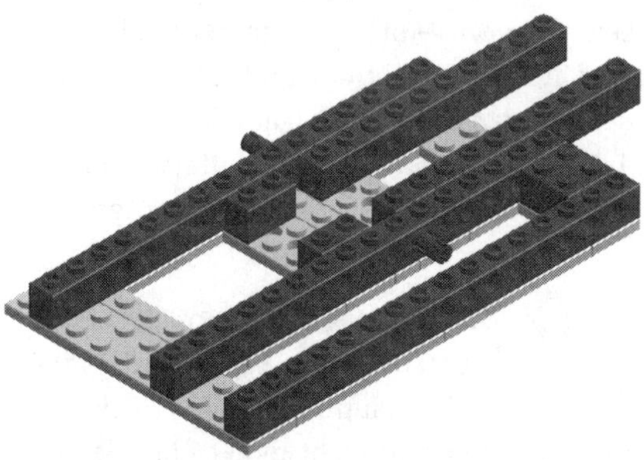

Abbildung 19.28 Roboarm-Hauptteil Schritt 3

Der Motor zum Drehen des Auslegers wird in Schritt 4 hinzugefügt. Der Hauptteil sitzt auf dem Sockel und dreht sich selbst über ein 8er-Zahnrad, das in das 40er-Zahnrad im Sockel greift. Das 8er-Zahnrad muss sich daher unter dem Hauptteil selbst befinden. In einem späteren Schritt wird die 6er-Achse, die in Schritt 4 hinzugefügt wurde (die im Folgenden Drehachse genannt wird), durchgedrückt, damit sie unter dem Rahmen hinausragt, und das 8er-Zahnrad hinzugefügt. Zum jetzigen Zeitpunkt ist es jedoch praktisch, den Rahmen auf den Tisch zu legen, damit die nächsten Teile so aufgebaut werden können, als ob die Achse nicht unter den Rahmen zu ragen bräuchte. An dieser Stelle sollte auch angemerkt werden, dass die Hauptachse bei der Montage des Hauptteils am Sockel durch das Mittenloch der 2x4-Platte reicht, die soeben hinzugefügt wurde.

Abbildung 19.29 Roboarm-Hauptteil Schritt 4

In den nächsten Schritten werden mehrere Funktionen parallel aufgebaut. Mithilfe mehrerer Zahnräder wird die Leistung vom Motor auf ein 40er-Zahnrad an der Drehachse übertragen. Zunächst greift das 8er-Zahnrad am Motor in ein 24er-Zahnrad (Untersetzung von 3:1). Dieses Zahnrad befindet sich auf derselben Achse wie ein Planrad (24 Zähne), das in das 40er-Zahnrad eingreift (Untersetzung von 3:5). Dies führt zu einer gesamten Untersetzung von 5:1 zwischen dem Motor und der Drehachse.

Der Berührungssensor für die Erkennung der Drehstellung des Hauptkörpers wird bündig mit der Unterseite des Rahmens angebracht. Seine Lage wurde so gewählt, damit der Berührungssensor – nachdem der Hauptteil auf den Sockel aufgesetzt wurde – immer aktiviert wird, solange er sich nicht direkt über der Aussparung im Sockel befindet. Auf diese Weise kann Roboarm seine Grundstellung bestimmen. Weiterhin wird ein zweiter Motor zum Heben des Auslegers hinzugefügt. Bis jetzt dreht dieser Motor lediglich ein Schneckenrad.

Schließen Sie – wie gezeigt – jeweils ein Ende eines kurzen Kabels an die beiden Motoren und den Berührungssensor an. Diese drei Kabel werden später mit dem RCX verbunden.

Abbildung 19.30 Roboarm-Hauptteil Schritt 5

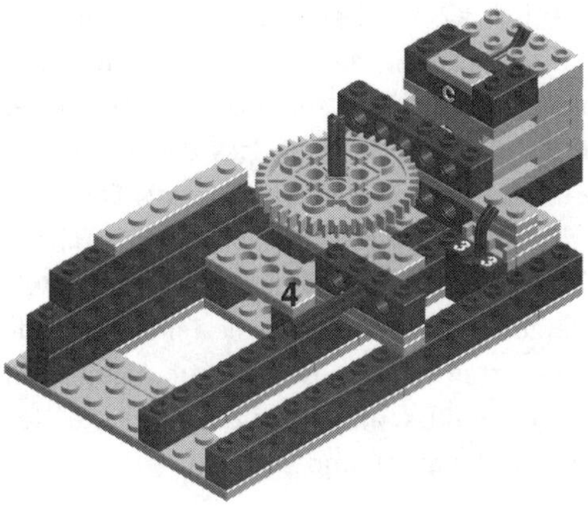

Abbildung 19.31 Roboarm-Hauptteil Schritt 6

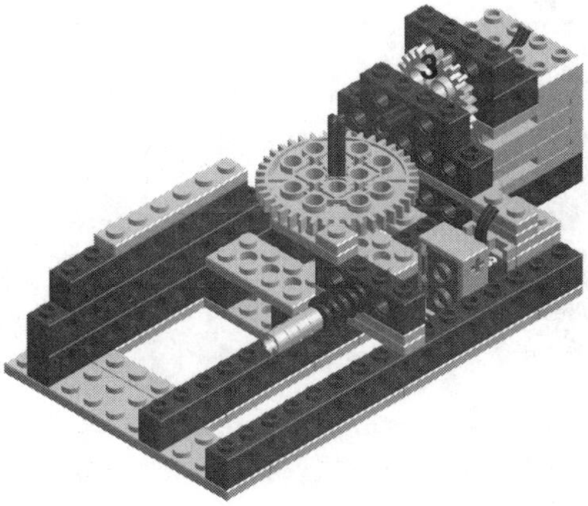

Abbildung 19.32 Roboarm-Hauptteil Schritt 7

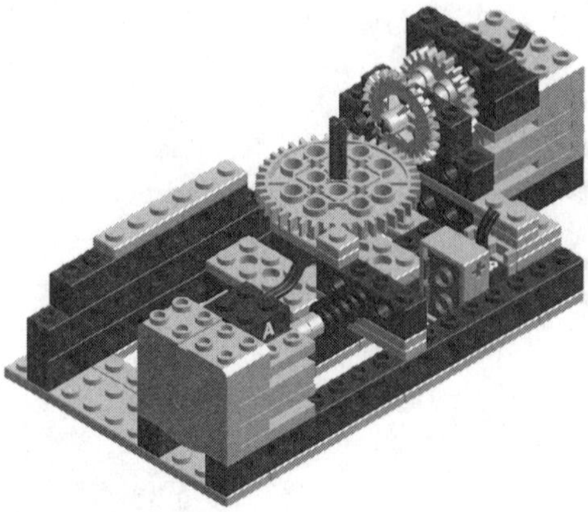

Abbildung 19.33 Roboarm-Hauptteil Schritt 8

Im nächsten Schritt wird der Hauptteil auf den Sockel gesetzt. Zuerst muss die Drehachse weit genug nach unten geschoben werden, damit ein 8er-Zahnrad unter dem Sockel hinzugefügt werden kann. Der Hauptteil kann jetzt auf den Sockel gesetzt werden. Richten Sie den Hauptteil sorgfältig so aus, dass die Achse des Sockels durch das freie Loch in der 2x4-Platte des Hauptkörpers passt. Das 8er-Zahnrad unter dem Hauptteil muss in das 40er-Zahnrad des Sockels eingreifen. Diese Untersetzung von 5:1 ergibt zusammen mit der Untersetzung von 5:1 zwischen Motor und Drehachse eine Untersetzung von 25:1. Damit die Teile einwandfrei justiert werden können, muss der Hauptteil beim Absetzen auf den Sockel u.U. geringfügig gedreht werden. Nach Abschluss müssen die Unterseite des Hauptteils und die Oberseite des Sockels bündig aufeinander liegen.

Abbildung 19.34 Roboarm-Hauptteil Schritt 9

Dieser Drehmechanismus ist ein wenig ungewöhnlich. Um irgendetwas zu drehen (z.B. ein Rad), wurde die Leistung vom Motor bisher über eine Reihe von Zahnrädern auf das zu drehende Element übertragen. In diesem Fall treibt der Motor das 8er-Zahnrad unter dem Hauptteil an, das in das 40er-Zahnrad im Sockel greift. Wenn sich das Zahnrad im Sockel frei drehen könnte, würde das Einschalten des Motors dazu führen, dass sich das Zahnrad am Sockel dreht. In diesem Fall aber kann sich das Zahnrad am Sockel nicht frei drehen (da es am Sockel verankert ist), sodass sich der Sockel relativ zum Hauptteil dreht. Dies kann auf eine von drei Möglichkeiten erfolgen: der Sockel kann sich drehen, der Hauptteil kann sich drehen, oder beide Teile können sich drehen. Bei diesem Aufbau muss sich der Hauptteil drehen, während der Sockel bewegungslos bleibt. Aus diesem Grund wurden auf der Unterseite des Sockels Gummiräder eingesetzt, da sie gewährleisten, dass die Reibung zwischen dem Sockel und dem Tisch ausreicht, um den Sockel fest an seiner Stelle zu halten.

Es ist aufschlussreich, den Motor (oder zumindest das 24er-Zahnrad, das am Motor eingreift) manuell zu drehen und die Funktionsweise des gesamten Mechanismus zu beobachten.

Bei einem etwas herkömmlicheren Aufbau hätte ein Motor im Sockel eingesetzt werden können, um ein Zahnrad zu drehen, das am Hauptteil befestigt ist. Dies hätte jedoch zu einem Verkabelungsproblem geführt. Die meisten Motoren und Sensoren müssen Bestandteil des Hauptteils und/oder Auslegers sein, d.h., sie drehen sich in Bezug auf den Sockel. Der RCX muss entweder Bestandteil des Sockels (feststehend) oder des Hauptteils sein (drehend). Würde sich ein Motor im Sockel befinden, müsste vom RCX aus mindestens ein Kabel vom sich drehenden Teil zum feststehenden Teil führen. Um ein Verdrillen des Kabels zu verhindern, müsste die Software sicherstellen, dass der Ausleger niemals zu viele Umdrehungen durchführt, bevor die Drehrichtung umgekehrt wird. Da diese Forderung eine ziemlich unangenehme Einschränkung für den Betrieb des Auslegers darstellen würde, wurde der Aufbau statt dessen so gewählt, dass sich alle Motoren im drehenden Teil befinden.

Wir können jetzt den Ausleger am Hauptteil anbringen. Die Schritte 10, 11 und 12 zeigen, wie der Ausleger an einem einfachen Rahmen befestigt wird. Ein Paar 8er-Zahnräder greift in die 40er-Zahnräder des Auslegers (Untersetzung von 5:1).

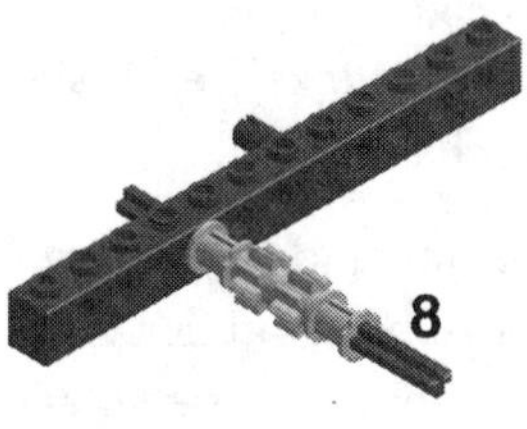

Abbildung 19.35 Roboarm-Hauptteil Schritt 10

Abbildung 19.36 Roboarm-Hauptteil Schritt 11

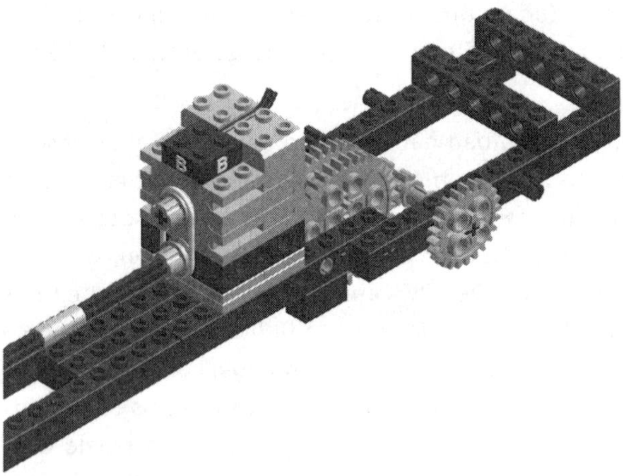

Abbildung 19.37 Roboarm-Hauptteil Schritt 12

Der Rahmen wird anschließend am Hauptteil angebracht (Schritt 13) und mit zwei 1x6-Trägern befestigt, die als vertikale Verstrebung eingesetzt werden. Das Schneckenrad im Sockel greift nun in ein 24er-Zahnrad (Untersetzung von 24:1), was zusammen mit der Untersetzung von 5:1 zu einer Gesamtuntersetzung von 120:1 zwischen Motor und Ausleger führt. Dieses Drehmoment reicht völlig aus, um den Ausleger ruckfrei zu heben und zu senken. Wieder einmal zeigt sich die Einseitigkeit eines Schneckenrads. In diesem Fall bedeutet dies, dass der Winkel des Auslegers auch dann erhalten bleibt, wenn der Hebemotor ausgeschaltet wird.

Über dem Hebemotor werden weiterhin ein Berührungssensor und Kabel angebracht. Mithilfe des Sensors wird festgestellt, wann sich der Ausleger in der Waagerechten befindet. Der Halbzapfen und der 1x2-Stein, die zuvor am Ausleger angebracht wurden, gewährleisten, dass der Sensor immer aktiviert bleibt, wenn der Ausleger angehoben wurde. Nur wenn sich der Ausleger fast in der Horizontalen befindet, wird der Berührungssensor deaktiviert.

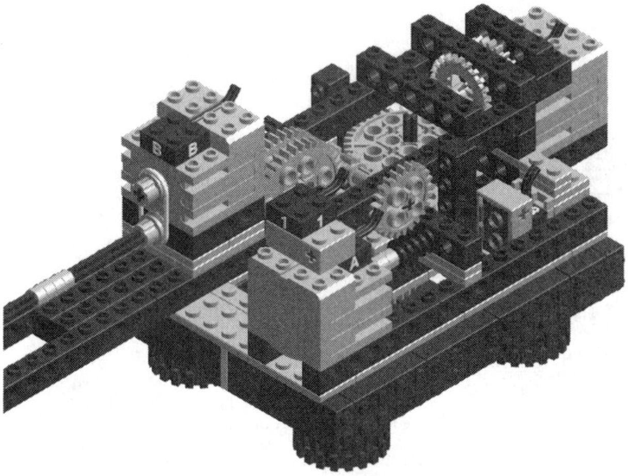

Abbildung 19.38 Roboarm-Hauptteil Schritt 13

Schließlich werden der RCX und die Kabel befestigt. Positionieren Sie den RCX so, dass er genau über der Mitte der 1x6- und 1x4-Träger in der Nähe der Rückseite des Hauptteils liegt. Das Kabel am Lichtsensor ist nicht lang genug, um den RCX zu erreichen, und muss mithilfe eines langen Kabels verlängert werden.

Achten Sie genau auf die Polung der Motorkabel. Am RCX werden alle Motorkabel so angeschlossen, dass das Kabel zur Vorderseite des RCX zeigt (in Richtung LCD-Anzeige). Die Polung spielt bei den Sensorkabeln keine Rolle. Die Sensor- und Motorzuordnung sieht folgendermaßen aus:

Eingang	Sensor	Kabel
1	Berührungssensor für Hebevorgang	kurzes Kabel
2	Lichtsensor	Verlängerung mit langem Kabel
3	Rotationssensor für Drehung	kurzes Kabel

Ausgang	Motor	Kabel
A	Hebemotor	kurzes Kabel
B	Greifermotor	langes Kabel
C	Drehmotor	kurzes Kabel

Damit sich die langen Kabel während des Betriebs des Auslegers nicht verheddern, sollten Sie die überschüssige Kabellänge aufwickeln und mit einem Gummiband sichern. Der Aufbau von Roboarm ist abgeschlossen.

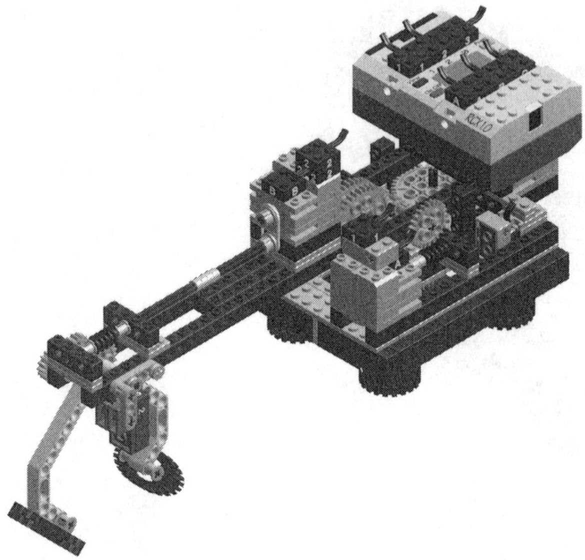

Abbildung 19.39 Roboarm-Hauptteil Schritt 14

19.4 Grundlegende Funktionsweise

Genauso, wie Roboarm aus mehreren einfachen Baugruppen aufgebaut ist, bestehen die dazugehörigen Programme aus mehreren Grundfunktionen oder Programmierbausteinen. Jede Funktion führt eine bestimmte Aktion durch, z. B. das Schließen der Greifer oder das Heben des Auslegers. Insgesamt gibt es fünf Funktionen: `Grundstellung`, `nach_oben`, `nach_unten`, `greifen` und `loslassen`. `Grundstellung` dreht den Ausleger, bis der Berührungssensor anzeigt, dass er sich in der Grundstellung befindet. `Nach_oben` hebt den Ausleger ein bestimmtes Stück, indem der Hebemotor für einen kurzen Zeitraum läuft. `Nach_unten` senkt den Ausleger, indem der Hebemotor so lange gedreht wird, bis der andere Berührungssensor anzeigt, dass sich der Ausleger ungefähr in der Waagerechten befindet. `Greifen` und `loslassen` schließen und öffnen die Greifer, indem ein Motor einen festen Zeitraum aktiviert wird. Die Zeit für den Greifvorgang ist geringfügig länger als für das Loslassen, damit die Greifer immer fest schließen. Die RCX-Code-Stapel für diese Funktionen sind unten gezeigt:

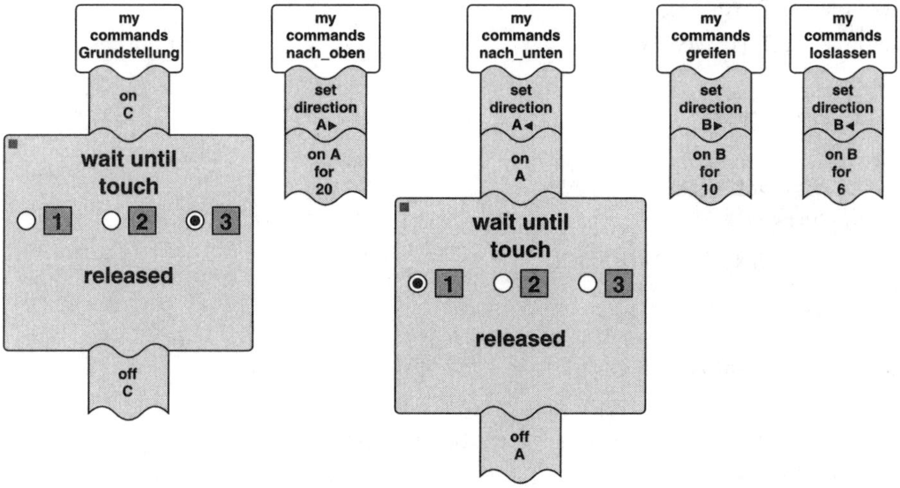

Abbildung 19.40 Grundlegende Funktionen in RCX-Code

Bei NQC werden diese Grundfunktionen in einer eigenen Datei gespeichert (mit dem Namen »roboarm.nqh«), die später in die eigentlichen Programme über eine include-Anweisung eingeschlossen wird. Wenn häufig verwendete Funktionen in eigenen Dateien gespeichert werden, können Sie von mehreren Programmen genutzt werden, ohne die gleiche Funktion wiederholt zu schreiben. Seit jeher verwenden C-Programme die Erweiterung ».h« für eingeschlossene Dateien (im Gegensatz zu ».c« für die eigentlichen Programmdateien). Wir halten uns an diese Tradition, indem wir die Erweiterung ».nqh« für eingeschlossene Dateien verwenden (anstelle von ».nqc« für Programme).

```
// roboarm.nqh
//  grundlegende Funktionen für Roboarm

// Motoren und Sensoren
#define HEBER         OUT_A
#define GREIFER       OUT_B
#define DREHER        OUT_C
#define WAAGE         SENSOR_1
#define AUGE          SENSOR_2
#define GRUNDSTELLUNG SENSOR_3

// Verschiedene Zeitparameter
#define ZEIT_NACH_OBEN            200
#define VERZOEGERUNG_NACH_UNTEN   10
```

```
#define ZEIT_GREIFEN    100
#define ZEIT_LOSLASSEN  60

void nach_oben()
{
   // Ausleger heben
   Fwd(HEBER);
   OnFor(HEBER,ZEIT_NACH_OBEN);
}

void nach_unten()
{
   // Ausleger senken, bis Waagerechte erreicht
   OnRev(HEBER);
   until(WAAGE==0);
   Wait(VERZOEGERUNG_NACH_UNTEN);
   Off(HEBER);
}

void greifen()
{
   // Greifer schließen
   Fwd(GREIFER);
   OnFor(GREIFER, ZEIT_GREIFEN);
}

void loslassen()
{
   // Greifer öffnen
   Rev(GREIFER);
   OnFor(GREIFER, ZEIT_LOSLASSEN);
}

void Grundstellung()
{
   // Drehen, bis Grundstellung erreicht
   On(DREHER);
   until(GRUNDSTELLUNG==0);
   Off(DREHER);
}
```

Der RCX-Code und die NQC-Versionen der Befehle sind ähnlich. Der einzige Unterschied besteht darin, dass die NQC-Version von nach_unten den Motor für eine kurze Zeit laufen lässt (VERZOEGERUNG_NACH_UNTEN), nachdem die Sensorbedingung erfüllt wurde. Der Grund dafür ist, dass der Berührungssensor ausgelöst wird, kurz bevor sich der Ausleger in der Waagerechten befindet, und das NQC-Programm ein wenig schneller reagiert als die RCX-Code-Version. Diese zusätzliche Verzögerung bringt den Ausleger näher in die Waage.

Wenn sich der Ausleger hebt, aber niemals nach unten bewegt, fehlt möglicherweise der 1x2-Stein oder der Halbzapfen, die in Schritt 4 des Auslegeraufbaus gezeigt sind (Abbildung 19.15).

19.5 Startposition

Die Programmierung des Auslegers wird erleichtert, wenn er sich bereits in einer bekannten Anfangsposition befindet. Am besten befindet sich der Ausleger in der Waagerechten und mit geöffneten Greifern in der Grundstellung. Roboarm kann manuell justiert werden, indem die Schneckenräder gedreht werden. Es ist jedoch viel interessanter, ein Programm zu schreiben, das dies erledigt. Zunächst betrachten wir die Höhe des Auslegers. Wird der Berührungssensor für die Höhe des Auslegers aktiviert, kann der Ausleger auf einfache Weise mit der Funktion nach_unten gesenkt werden. Ist der Berührungssensor jedoch nicht aktiviert, ist der Ausleger eventuell nicht hoch genug. In diesem Fall muss der Ausleger zunächst angehoben und dann in die Waagerechte gesenkt werden. Im Hinblick auf die Greifer sorgt die Ausführung der Funktionen greifen und loslassen dafür, dass sie unabhängig von ihrer Anfangsposition weit genug geöffnet sind. Die Drehung des Auslegers in seine Grundstellung lässt sich am einfachsten mit der Funktion Grundstellung erreichen. Das folgende NQC-Programm ordnet die einzelnen Funktionen in richtiger Reihenfolge an. Beachten Sie, wie mit der #include-Anweisung die in roboarm.nqh definierten Programmteile im Programm bereitgestellt werden.

```
// roboarm1.nqc
// Programm bringt Roboarm in "Startposition"

// grundlegende Funktionen integrieren
#include "roboarm.nqh"

task main()
{
   // Sensoren konfigurieren
   SetSensor(WAAGE, SENSOR_TOUCH);
   SetSensor(AUGE, SENSOR_LIGHT);
   SetSensor(GRUNDSTELLUNG, SENSOR_TOUCH);
```

```
   // Auslegerhöhe justieren
   if (WAAGE==0)
      nach_oben();
      nach_unten();

   // Greifer schließen und öffnen
   greifen();
   loslassen();

   // drehen, falls nicht in Grundstellung...
   Grundstellung();
}
```

In RCX-Code kann ein vergleichbares Programm erstellt werden; allerdings müssen die Einschränkungen der Stapel berücksichtigt werden. Insbesondere gibt es keine praktische Lösung, den Bedingungstest vor dem Aufruf von nach_oben zu realisieren. Eine Möglichkeit wäre die Nutzung von **Check and choose** für diesen Zweck. Die restlichen Aktionen müssten dann aber sowohl im Stapel **true** als auch im Stapel **false** enthalten sein. Statt dessen wird ein neuer **My Command** mit der Bezeichnung **hoch_testen** erstellt, um den Test durchzuführen und den Ausleger ggf. zu heben. Beachten Sie, dass **hoch_testen** nicht **nach_oben** aufrufen kann; daher muss die Funktionalität von **nach_oben** Block für Block wiederholt werden. Das Programm selbst ist unten gezeigt. Beachten Sie, dass die im vorherigen Abschnitt definierten Befehle **nach_unten**, **greifen**, **loslassen**, und **Grundstellung** benötigt werden. Bei RCX-Code 1.5 kann der benutzerdefinierte Befehl **hoch_testen** direkt aufgerufen werden, sodass seine Funktionalität nicht Block für Block wiederholt werden muss.

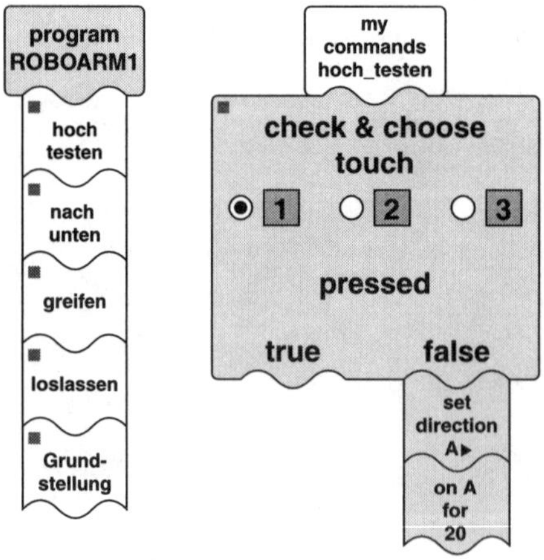

Abbildung 19.41 Startposition in RCX-Code

Bei der Entwicklung komplexerer Programme führen Fehler oft dazu, dass Roboarm in einer ungewöhnlichen Position stehen bleibt. In diesen Fällen stellt das Programm ROBOARM1 ein nützliches Dienstprogramm dar. Sie brauchen es nur auszuführen, um die Startposition von Roboarm wiederherzustellen.

19.6 Die Testmatte

Bei Roboarm handelt es sich um einen vielseitigen Roboterausleger, der eine Vielzahl unterschiedlicher Objekte greifen kann. Aus Konsistenzgründen wird im Rest dieses Kapitels davon ausgegangen, dass Roboarm die weißen Kettennaben aufhebt. Obwohl nicht unbedingt erforderlich, kann eine Testmatte für Roboarm von Nutzen sein. Die unten dargestellte Testmatte zeigt die Position für Roboarm, den Kreis, der vom Ausleger in der abgesenkten Lage zurückgelegt wird, sowie den Kreispunkt, der der Grundstellung entspricht. Die Matte sollte in dunkler Farbe gehalten sein, damit der Lichtsensor die weißen Naben zuverlässig erkennen kann. Ein schwarzer oder dunkelgrüner Plakatkarton der Größe 55 x 62,5 cm eignet sich hervorragend. Die tatsächliche Grundstellung muss empirisch festgestellt werden. Setzen Sie Roboarm in das Feld, sodass die Aussparung im Sockel in die obere Feldrichtung zeigt. Führen Sie jetzt das Programm ROBOARM1 aus und merken Sie sich die Endposition des Auslegers (die Grundstellung).

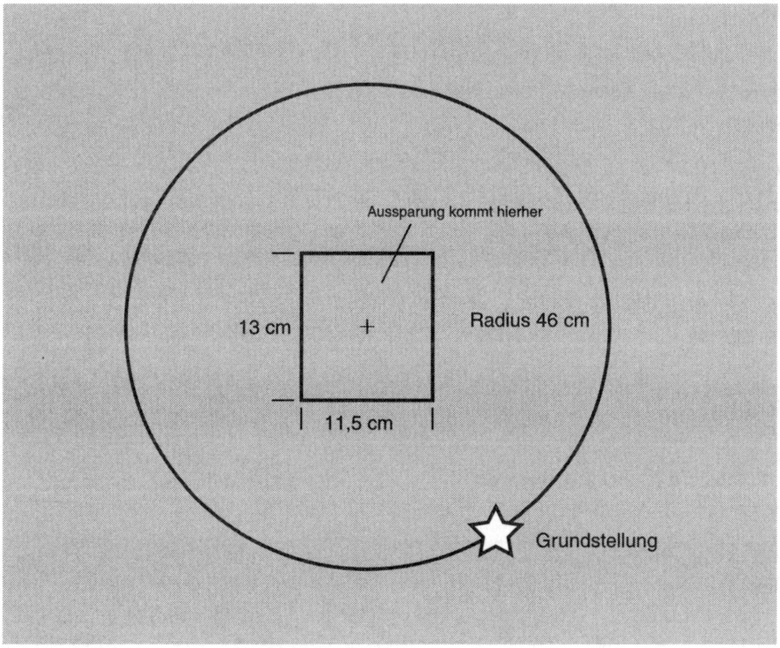

Abbildung 19.42 Roboarm-Testmatte

19.7 Aufräumen

Die erste Aufgabe von Roboarm wird es sein, sein Umfeld aufzuräumen. Die vier weißen Naben werden entlang des Kreises auf vier verschiedene Stellen verteilt. An der Grundstellung wird ein kleiner Behälter aufgestellt. Roboarm muss dann alle vier Naben aufheben und im Behälter ablegen.

Für jede Nabe muss Roboarm die folgenden Aktionen ausführen: Nabe suchen, aufheben und in den Behälter fallen lassen. Eine Möglichkeit, die Naben zu suchen, besteht darin, Roboarm drehen zu lassen, bis der Lichtsensor ein weißes Objekt erkennt. Mithilfe der vorhandenen Funktionen `greifen` und `nach_oben` kann die Nabe dann aufgehoben werden. Da sich der Behälter an der Grundstellung befindet, kann mit den Funktionen `Grundstellung` und `loslassen` der Ausleger über den Behälter bewegt und die Nabe fallen gelassen werden. Danach muss der Ausleger gesenkt werden (vorzugsweise unmittelbar hinter dem Behälter), um mit der nächsten Nabe weitermachen zu können. Die NQC-Version dieses Programms finden Sie auf der nächsten Seite.

```
// roboarm2.nqc
// Programm, um 4 Naben wegzulegen

// grundlegende Funktionen integrieren
#include "roboarm.nqh"

// Schwellenwert zum Erkennen einer Nabe
#define SCHWELLE   38

// erforderliche Drehung von "Grundstellung" aus
#define VERZOEGERUNG_DREHEN 50

// Anzahl der Naben, die weggelegt werden sollen
#define ZAEHLER 4

void erkennen()
{
   // drehen, bis Teil erkannt wird
   On(DREHER);
   until(AUGE >= SCHWELLE);
   Off(DREHER);
}

task main()
{
```

```
    // Sensoren konfigurieren
    SetSensor(WAAGE, SENSOR_TOUCH);
    SetSensor(AUGE, SENSOR_LIGHT);
    SetSensor(GRUNDSTELLUNG, SENSOR_TOUCH);

    // für jedes Teil...
    repeat(ZAEHLER)
    {
       erkennen();
       greifen();
       nach_oben();
       Grundstellung();
       loslassen();
       OnFor(DREHER, VERZOEGERUNG_DREHEN);
       nach_unten();
    }

    // fertig!
    PlaySound(SOUND_FAST_UP);
}
```

Abhängig von der Beleuchtungssituation muss der Wert SCHWELLE eventuell verändert werden. Mithilfe der Konstanten VERZOEGERUNG_DREHEN wird dafür gesorgt, dass sich der Ausleger neben den Behälter dreht, bevor er wieder nach unten gesenkt wird, um eine weitere Nabe zu suchen. Abhängig von der Größe des Behälters muss dieser Wert vergrößert oder verkleinert werden.

Die Richtung, in die sich Roboarm während der Suche nach einem Teil dreht, kann nicht willkürlich gewählt werden. Der Lichtsensor ist von der Mitte des Greifers geringfügig versetzt. Daher ermöglicht eine Drehung entgegen dem Uhrzeigersinn es dem Sensor, Objekte zu erkennen, bevor sie sich im Greifbereich von Roboarm befinden. Würde der Ausleger in die andere Richtung gedreht, würde der Sensor Objekte immer ein wenig zu spät erkennen.

Eine Version des Programms in RCX-Code wird nachstehend gezeigt. Es nutzt – wie das vorherige Programm – die oben vorgestellten Grundfunktionen (Grundstellung, nach_oben, nach_unten, greifen und loslassen).

Bevor das Programm ausgeführt wird, muss sich der Ausleger mit geöffnetem Greifer in der Waagerechten befinden. Da sich an der Grundstellung ein Behälter befindet, muss der Ausleger ein kleines Stück weiter als die Grundstellung gedreht werden. Eine Möglichkeit sieht so aus: Ausführen des Programms ROBOARM1, um den Ausleger in die Waagerechte zu bringen und den Greifer zu öffnen, anschließend kleine manuelle Drehung entgegen dem Uhrzeigersinn. Die manuelle Ausrichtung von Roboarm ist einfacher, wenn der RCX ausgeschaltet ist. Diese Ausrichtung muss theoretisch nur ein einziges Mal ausgeführt werden, da das Aufräumprogramm den Ausleger nach Abschluss in einer geeigneten Position lässt.

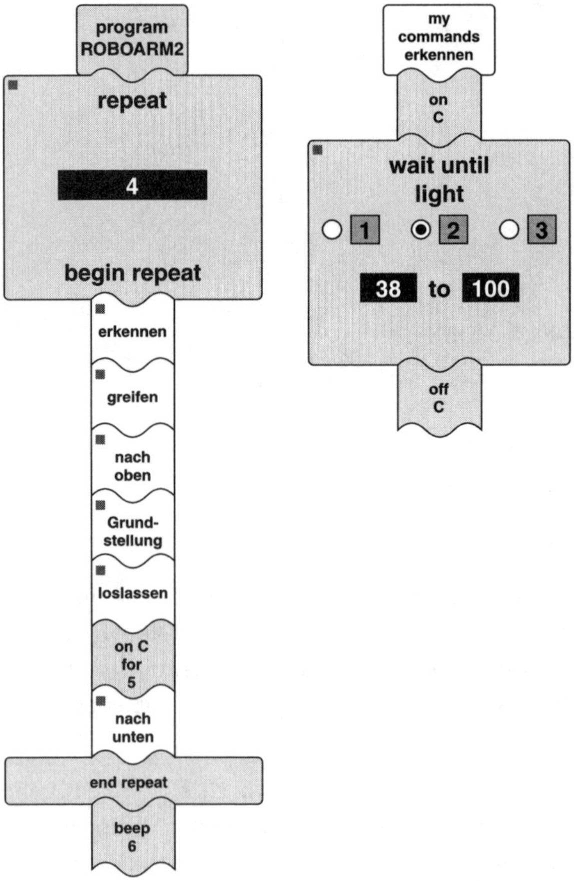

Abbildung 19.43 Aufräumen in RCX-Code

19.8 Aufreihen

Die zweite Aufgabe von Roboarm soll sein, die Naben zu suchen und – anstatt sie in einen Behälter fallen zu lassen – nebeneinander aufzureihen. Anstatt immer eine feste Anzahl von Naben zu suchen, soll Roboarm außerdem automatisch anhalten, wenn keine weiteren Naben mehr vorhanden sind. Diese Aufgabe lässt sich mit RCX-Code nur schwer realisieren, sodass nur eine NQC-Version des Programms vorgestellt wird.

Viele Elemente dieses Programms, z. B. das Greifen und Heben einer Nabe, sind dem vorherigen Programm ähnlich. Es treten jedoch einige neue Komplikationen auf. Das erste Problem besteht darin, festzustellen, wann keine Naben mehr aufgehoben werden können. Eine Strategie dafür ist, davon auszugehen, dass die Aufgabe erledigt wurde, wenn der Ausleger bei einer vollen Umdrehung bis zur Grundstellung keine Nabe mehr erkennt. Das Programm muss daher gleichzeitig zwei Bedingungen überprüfen: »Hat der Lichtsensor eine Nabe erkannt?« und »Hat der Ausleger eine volle Umdrehung zurückgelegt?« Dies lässt sich am besten mit mehreren Tasks realisieren.

```
task aufheben()
{
   while(true)
   {
      until(AUGE >= SCHWELLE);
      // aufheben und Nabe anordnen
   }
}

task fertig()
{
   until(GRUNDSTELLUNG==0);
   stop aufheben;
}
```

Leider muss die Task aufheben unter Umständen über die Grundstellung hinaus drehen, um die Nabe abzulegen. In diesem Fall würde die Task `fertig` die Task aufheben beenden, bevor die Aufgabe erledigt ist. Es muss also zwischen den beiden Tasks eine Kommunikation stattfinden, damit klar wird, wann das Aufheben von Objekten beendet werden kann. Eine solche Kommunikation kann in der Form einer Variablen erfolgen, die entsprechend gesetzt und gelöscht wird.

```
int stopp_ok = 1;

task aufheben()
{
   while(true)
   {
      until(AUGE >= SCHWELLE);
      stopp_ok = 0;
      // aufheben und Nabe anordnen
      stopp_ok = 1;
```

```
    }
}

task fertig()
{
    while(true)
    {
        until(GRUNDSTELLUNG==0);
        if (stopp_ok=1) break;
    }
    stop aufheben;
}
```

Dieses Verfahren ist sicherlich anwendbar, ich fand es jedoch einfacher, nicht mehrere Tasks zu verwenden, sondern in einer einzigen Task eine verschachtelte Bedingung einzusetzen.

```
while(GRUNDSTELLUNG==1)
{
    if (AUGE >= SCHWELLE)
    {
        // erledigen, was mit dem Teil passieren soll
    }
}
```

Sobald eine Nabe erkannt wurde, werden die Funktionen für die Verarbeitung der Nabe bis zum Ende durchgeführt, bevor eine neue Überprüfung der Grundstellung erfolgt.

Das zweite Problem liegt darin, wie die Naben aufgereiht werden. Hierzu eignet sich ein Verfahren, in dem eine Variable protokolliert, wie viele Naben bereits aufgereiht wurden. Die Position für eine neue Nabe wird bestimmt, indem der Ausleger zunächst in seine Grundstellung und dann eine Zeitspanne weiter gedreht wird, die der Anzahl der abgelegten Naben proportional ist. Dadurch werden die Naben entlang des Kreises mit nahezu gleichem Abstand abgelegt.

Zusammengefasst sieht das Programm wie folgt aus:

```
// roboarm3.nqc
// Programm, um Naben abzulegen

// grundlegende Funktionen integrieren
#include "roboarm.nqh"

// Schwellenwert zum Erkennen einer Nabe
```

```
#define SCHWELLE   38

// wie weit sollen die Teile auseinander liegen?
#define ABSTAND 20

task main()
{
   int zaehler = 0;

   // Sensoren konfigurieren
   SetSensor(WAAGE, SENSOR_TOUCH);
   SetSensor(AUGE, SENSOR_LIGHT);
   SetSensor(GRUNDSTELLUNG, SENSOR_TOUCH);

   // Drehung von "Grundstellung" aus
   On(DREHER);
   until(GRUNDSTELLUNG==1);

   while(GRUNDSTELLUNG==1)
   {
      if (AUGE >= SCHWELLE)
      {
         // Teil erkannt-ergreifen
         Off(DREHER);
         greifen();
         nach_oben();
         zaehler++;

         // bis zum nächsten "Punkt" drehen
         OnRev(DREHER);
         until(GRUNDSTELLUNG==0);
         Fwd(DREHER);
         Wait(zaehler * ABSTAND);
         Off(DREHER);

         // Teil ablegen
         nach_unten();
         loslassen();

         // über Teil hinaus drehen
         On(DREHER);
```

```
            Wait(ABSTAND);
        }
    }

    // Arbeit erledigt...
    Off(DREHER);
    PlaySound(SOUND_FAST_UP);
}
```

Der Wert für ABSTAND steuert den Abstand zwischen den aufgereihten Naben. Ein winziges Detail ist, dass zaehler vor der Verwendung in der Wait-Anweisung erhöht wird. Daher wird die erste Nabe nicht an der Grundstellung, sondern geringfügig weiter abgelegt. Dadurch entsteht der positive Nebeneffekt, dass nach dem Aufreihen aller anderen Naben gewährleistet wird, dass die erste Nabe nicht unbeabsichtigt erkannt und aufgehoben wird, bevor Roboarm die Rückkehr zur Grundstellung feststellt (d.h. die Aufgabe erledigt ist).

19.9 Variationen

Bei Roboarm handelt es sich fast um ein Allzweckgerät, das für eine Vielzahl von Aufgaben programmiert werden kann, z.B. das Aufbauen eines kleinen Turms oder das Sortieren von Blöcken anhand ihrer Farbe. Die Erkennung der Grundstellung und der waagerechten Position ist zurzeit noch recht grob. Mithilfe eines Rotationssensors anstelle eines Berührungssensors können beide Messungen verbessert werden. Dies ermöglicht eine genauere Positionierung in Dreh- oder Vertikalrichtung. Eine weitere Möglichkeit wäre, die Greifer für bestimmte Objekte zu optimieren.

Nachwort

Ich hoffe, Ihnen hat das Bauen der in diesem Buch vorgestellten Roboter Spaß gemacht. Wichtiger als die Roboter selbst sind jedoch die zu ihrem Aufbau und ihrer Programmierung verwendeten Techniken. Nun besitzen Sie das nötige Wissen zu Übersetzungsverhältnissen und Rückkopplungssystemen, sodass Ihrer Fantasie keine Grenzen gesetzt sind, und Sie wirklich einmalige Geschöpfe bauen können.

Die nächsten Schritte hängen ganz von Ihren eigenen Vorlieben ab. Für die fortgeschrittene Programmierung können Sie von RCX-Code zu NQC übergehen, oder sogar von NQC zu alternativer Firmware wie legOS. Um Ihren Robotern auch eine bessere Mechanik zu gönnen, sollten Sie in einige LEGO-Technikbaukästen investieren. Außer dass sie eine Fülle neuer Teile enthalten, demonstrieren die Modelle selbst in der Regel einige interessante Aufbautechniken. Zwar sind die größeren Baukästen ziemlich teuer, doch sind einige davon wahre Edelsteine der LEGO-Konstruktion.

Inspirationen finden Sie in der realen Welt. Ich hatte die Idee für den Warenautomaten, als ich eine Geldkarte zum Kauf eines Schokoriegels verwendete. Und Bumpbot wurde von Boxautos in einem Vergnügungspark inspiriert. Selbst die Natur kann Ideen liefern – einige krabbelnde Käfer dienten als Anstoß für Bugbot.

Was für Geschöpfe auch immer Sie bauen möchten: Zögern Sie niemals, zu experimentieren und neue Ideen auszuprobieren. LEGO ist bemerkenswert einfach zusammenzusetzen und zu zerlegen. Nutzen Sie dies aus, indem Sie verschiedene Kombinationen von Teilen oder ungewöhnliche Konstruktionen ausprobieren. Wenn Sie einen Stapel LEGO-Teile anschauen, während Sie versuchen, sich den optimalen Aufbau eines Roboters vorzustellen, bringt das normalerweise nichts. Bauen Sie stattdessen etwas so rasch wie möglich zusammen, und versuchen Sie dann, es zu verfeinern. Alle Roboter in diesem Buch wurden mehrmals überarbeitet, bevor ich das Gefühl hatte, dass sie zur Präsentation reif waren.

Und vergessen Sie nie, dass MINDSTORMS ein Spielzeug ist! Viel Spaß damit.

A MINDSTORMS-Baukästen

Dieser Anhang führt die verschiedenen, von LEGO erhältlichen MINDSTORMS-Baukästen und Zubehörteile für Spielzeughandel und Schule auf. Zwar verwenden die MINDSTORMS-Baukästen einige neue Elemente (wie zum Beispiel den RCX), doch sind sie eigentlich nur Erweiterungen des riesigen LEGO-Universums. Das heißt, dass sich normale LEGO-Kästen, insbesondere die aus der Technik-Reihe, gut zur Erweiterung Ihrer MINDSTORMS-Kästen eignen.

Die MINDSTORMS-Kästen fallen in zwei Kategorien: Spielzeughandel und Schule. Die Kästen des Spielzeughandels sind für den normalen Anwender gedacht und können in der Regel in Spielzeugläden oder direkt bei LEGO über den LEGO Shop at Home-Service (Bestellung per Post in den USA) oder im LEGO World Shop (Online-Bestellung) gekauft werden. Die Schulbaukästen sind für die Verwendung im Klassenzimmer konzipiert und werden von LEGOs Schuldivision, Dacta, vermarktet. In den USA ist LEGO Pitsco Dacta zur Zeit der alleinige Distributor von Dacta-Produkten. Des Weiteren werden diverse »Bundles« angeboten, die alle zur Verwendung von MINDSTORMS im Klassenzimmer benötigten Materialien kombinieren.

LEGO bietet auch MINDSTORMS-Zubehör an, wie z. B. zusätzliche Sensoren und Motoren. Im Allgemeinen sind die Zubehörteile direkt bei LEGO (Shop at Home und LEGO World Shop) oder bei LEGO Pitsco Dacta zu beziehen, nicht jedoch in den Spielzeugläden des Einzelhandels. In einigen Fällen haben die Schulversionen zwar eine andere Teilenummer, doch sind sie alle miteinander kompatibel.

In den Listen weiter unten sind Preise angegeben. Diese sind aber nur grob geschätzt. Unterschiedliche Läden können unterschiedliche Preise haben, und die von LEGO festgesetzten Preise können sich im Laufe der Zeit ändern. Insbesondere gibt es zurzeit Preisunterschiede zwischen den Angeboten für Schule und Spielzeughandel, doch gleichen sich diese möglicherweise im Laufe der Zeit an. Fazit: Sie sollten Preisvergleiche anstellen, bevor Sie kaufen.

Zwar haben wir alles getan, damit diese Liste vollständig ist, doch führt LEGO ständig neue Baukästen und Teile ein. Seien Sie daher nicht überrascht, wenn es in der Zwischenzeit neue Baukästen gibt.

Baukästen für den Spielzeughandel

Nr. 9719 – Robotics Invention System
Nr. 9747 – Robotics Invention System 1.5

Diese Baukästen sind die Grundbestandteile der MINDSTORMS-Familie. Sie enthalten alles, was zum Einstieg in MINDSTORMS erforderlich ist: den RCX, zwei Berührungssensoren, einen Lichtsensor, zwei Motoren und etwa 700 LEGO-Teile. Auch ein Infrarottransmitter mit Kabel ist enthalten, um die Kommunikation zwischen einem Computer und dem RCX zu ermöglichen.

Die im Paket enthaltene CD-ROM enthält Software, die unter Microsoft Windows läuft und das Schreiben von RCX-Programmen in RCX-Code – einem einfachen, von LEGO geschaffenen visuellen Programmiersystem – ermöglicht. Sie enthält auch eine Reihe von Herausforderungen (Challenges), die den Benutzer beim Bau einiger einfacher Roboter begleiten. Eine gedruckte Constructopedia-Broschüre liefert Ideen und Tipps zum Lösen der Fragestellungen.

Beide Baukästen bieten den idealen Einstieg in MINDSTORMS. Die Auswahl der LEGO-Teile ist groß genug, um ziemlich viele interessante Roboter zu bauen. Tatsächlich lassen sich viele der Roboter in diesem Buch vollständig mit dem Inhalt der Nr. 9719 oder Nr. 9747 bauen. Mit einem Listenpreis von 200 €[1] sind die Baukästen auch preisgünstig, wenn man die Kosten des RCX, der Motoren und Sensoren beim Einzelkauf bedenkt.

Verglichen mit dem Originalbaukasten (Nr. 9719) hat sich in Version 1.5 (Nr. 9747) einiges geändert. Am wichtigsten ist, dass Version 1.5 der RCX-Code-Software leistungsfähiger und einfacher zu verwenden ist als das Original. Auch die Zusammenstellung der in den Baukästen enthaltenen Teile hat sich geändert. Im neueren Kasten finden sich weniger Grundbausteine und mehr spezielle Teile.

Besitzer der Nr. 9719 können das Robotics Invention System 1.5 Upgrade Kit von LEGO erwerben. Es besteht aus neuen Versionen der Software, der Handbücher und der Anweisungen sowie einem Satz der neuen Teile in Nr. 9747. Mit einem Preis um die 25 € ist das Upgrade Kit ein »Muss«, wenn Sie regelmäßig in RCX-Code programmieren.

Zur Erweiterung werden ein dritter Motor und ein oder zwei zusätzliche Sensoren (insbesondere ein Rotationssensor) empfohlen.

---

1. Es handelt sich hier um ungefähre Preisangaben. Dollarpreise werden eins zu eins für die Europapreise übernommen.

Nr. 9730 – RoboSports

Dieser Erweiterungsbaukasten enthält 90 LEGO-Teile (einen Motor eingeschlossen), eine CD-ROM mit zusätzlichen Herausforderungen und eine neue Constructopedia. Der Baukasten hat den Sport zum Thema, mit Aufgaben wie dem Werfen eines Balles durch einen Korbballring. Mit einem Listenpreis von 50 € ist dieser Kasten relativ überteuert. Wenn Sie nicht unbedingt die Herausforderungen und Constructopedia studieren möchten, kaufen Sie den Motor besser separat. Und um Zusatzteile zu erwerben, wird der Kauf von LEGO Technic-Baukästen empfohlen.

Nr. 9732 – Extreme Creatures

Dieser Erweiterungskasten enthält 149 LEGO-Teile. Er beinhaltet zwar keine weiteren Motoren oder Sensoren, doch ist in dem Kasten die LEGO-Glasfaser-Optikeinheit enthalten. Dieser Baukasten enthält ebenfalls eine CD-ROM mit weiteren Herausforderungen und eine Constructopedia. Wie der Name schon vermuten lässt, haben die Aufgaben in diesem Kasten mit Leben in der Wildnis zu tun. Die Glasfaser-Optikeinheit wird oft nur zur Dekoration verwendet, lässt sich jedoch mit einem Lichtsensor kombinieren, um einen primitiven Rotationssensor zu bilden. Einige weitere Teile sind nützlich, doch ist der Kasten mit einem Listenpreis von ca. 50 € relativ überteuert.

Neuerscheinungen

Zur MINDSTORMS-Familie stießen kürzlich zwei neue Baukästen: Nr. 9735 Robotics Discovery Set (149 €) und Nr. 9748 Droid Developer Kit (99 €). Keiner dieser Baukästen verwendet den RCX, der zu den meisten anderen MINDSTORMS-Kästen gehört. Das Robotics Discovery Set enthält ein »Command Center«, das wie ein blauer RCX aussieht und mithilfe der Tasten auf seiner Vorderseite programmiert werden kann (kein PC erforderlich). Das Droid Developer Kit enthält einen »Micro Scout«, der ein kleinerer und beschränkterer Typ eines programmierbaren Bausteins ist. Beide Baukästen ermöglichen einen preiswerteren Einstieg in die Robotik, doch werden wegen ihrer unübertroffenen Flexibilität Baukästen auf Basis des RCX (wie z. B. Nr. 9719 oder Nr. 9747) empfohlen.

Baukästen für die Schule

Nr. 9725 – Amusement Park

Dieser Baukasten ist der Einstiegskonstruktionsbaukasten für schulische Zwecke. Er enthält zwei Berührungssensoren, einen Lichtsensor, einen Lichtstein und fast 300 LEGO-Teile. Der Baukasten enthält weder RCX noch Infrarottransmitter oder

Software; diese müssen separat gekauft werden. Eine der Stärken von Amusement Park sind die Anweisungen für vier Modelle – alle im Zusammenhang mit dem Vergnügungsparkthema –, die als Vorlage zur Einführung von MINDSTORMS in einer Schulklasse geeignet sind. Mit einem Listenpreis von 100 € liegt dieser Kasten im Mittelfeld.

Nr. 9780 – ROBOLAB Starter Set

Dies ist ein größerer Schulbaukasten mit über 1600 Teilen. Der Baukasten enthält weder RCX noch Infrarottransmitter oder Software; diese Bestandteile müssen separat gekauft werden. Er ermöglicht die Verwendung vier separater Einzelkästen, von denen jeder seine eigenen Herausforderungen bietet. Im Lieferumfang sind auch viele Grundbausteine enthalten. Die folgenden Spezialteile sind ebenfalls Bestandteil dieses Sets: 3 Motoren, 1 Mikromotor, 3 Lichtsensoren, 4 Berührungssensoren und 4 Lichtsteine. Mit einem Listenpreis von 307 € liegt dieser Kasten im Mittelfeld.

Nr. 9713 – Infrarottransmitter- und Kabelpack

Dies ist der Infrarottransmitter, der einem Computer die Kommunikation mit dem RCX ermöglicht. Er ist absolut notwendig zur Verwendung des RCX; Sie brauchen jedoch nur einen pro Computer. Listenpreis: 25 €.

Nr. 9833 – Netzadapter

Dieser Netzadapter ermöglicht es, den RCX mit Netzspannung statt mit Batterien zu betreiben. Der Netzadapter ist eine gute Sache, wenn Ihre Geschöpfe still stehen, für mobile Roboter sind jedoch Batterien besser geeignet (vorzugsweise wieder aufladbare). Dieser Adapter kann nicht zusammen mit dem in Baukasten Nr. 9747 enthaltenen RCX verwendet werden.

ROBOLAB Software

ROBOLAB ist die zum Programmieren des RCX in schulischen Umgebungen verwendete Software. Sie läuft auf dem Macintosh sowie unter Windows und ist in mancher Hinsicht leistungsfähiger als die im Robotics Invention System (Nr. 9719, Nr. 9747) enthaltene RCX-Code-Umgebung. Die Preise hängen vom Umfang ab (nur CD, CD plus Benutzerhandbuch oder Standortlizenz). Eine Kurzbeschreibung der ROBOLAB-Software finden Sie in Anhang C.

Zubehör

Nr. 9709 RCX (Programmierbarer Baustein)

Dies ist das Gehirn jedes MINDSTORMS-Geschöpfs. Ein RCX ist in den Kästen Nr. 9719 und Nr. 9747 enthalten, muss jedoch für die Schulbaukästen Nr. 9725 oder 9780 separat gekauft werden. Mit Preisen zwischen 120 und 130 € ist dieser ein unglaublich teures, gleichzeitig aber auch das coolste LEGO-Teil. Wenn Sie mehr als einen RCX besitzen, eröffnet dieser Baustein völlig neue Möglichkeiten mit MINDSTORMS.

Nr. 9757 – Berührungssensor

Alle Grundbaukästen (Nr. 9719, 9725 und 9780) enthalten bereits mindestens zwei Berührungssensoren. Der Preis liegt bei ca. 10 €. Der Satz besteht aus einem Berührungssensor und Verbindungskabel. Ein ähnliches Zubehörteil (Nr. 9911) ist ausschließlich bei Dacta erhältlich.

Nr. 9758 – Lichtsensor

Alle Grundbaukästen (Nr. 9719, 9725 und 9780) enthalten bereits mindestens einen Lichtsensor. Zusätzliche Sensoren kosten ca. 20 €. Die Dacta-Version dieses Sensors (Nr. 9890) hat ein längeres Kabel und kostet ca. 30 €.

Nr. 9756 – Rotationssensor

Der Rotationssensor wird wie der Lichtsensor mit einem integrierten Kabel geliefert. Er ist ein äußerst vielseitiger Sensor, den ich sehr empfehle. Im Spielzeugladen kostet er ca. 15 €. Die Dacta-Nummer für diesen Sensor lautet 9891.

Nr. 9755 – Temperatursensor

Auch der Temperatursensor enthält ein integriertes Kabel. Er ist für einen speziellen Einsatzzweck gedacht und kostet ca. 25 €. Wenn Sie ein spezielles Projekt planen, für das ein Temperatursensor erforderlich ist, sollten Sie auf jeden Fall einen solchen Sensor kaufen. Andernfalls verwenden Sie lieber universellere Teile. Die Dacta-Nummer für diesen Sensor lautet 9889.

Nr. 9738 – Fernsteuerung

Dieses Gerät funktioniert ähnlich wie eine Fernsteuerung für den Fernseher. Es ermöglicht die direkte Steuerung des RCX, ohne dass ein Wechseln der Kanäle erforderlich ist. Es gibt Tasten, um jeden einzelnen Motor zu steuern (in beide Richtungen) und Programme zu starten oder zu stoppen. Außerdem kann die Fernsteuerung drei unterschiedliche »Nachrichten« an den RCX senden (ähnlich wie das Senden einer Nachricht von einem RCX zu einem anderen). Die Fernsteuerung kostet ca. 20 €.

Nr. 5225 – 9 V-Motor

Dies ist derselbe Motor wie der in den verschiedenen MINDSTORMS-Baukästen enthaltene. Wenn Sie mit dem Robotics Invention System (Nr. 9719, Nr. 9747) oder Amusement Park (Nr. 9725) begonnen haben, ist ein dritter Motor sehr empfehlenswert. Und mit weniger als 20 € ist dies auch günstiger als der Kauf eines RoboSports (Nr. 9730).

B Ergänzende Teile

Viele der im Buch beschriebenen Projekte können vollständig mithilfe des MINDSTORMS Robotics Invention Systems (Nr. 9719 oder 9747) gebaut werden. In fünf Kapiteln des Buches werden jedoch Projekte vorgestellt, für die zusätzliche Teile erforderlich sind. Des Weiteren ist ohne die Verwendung weiterer Teile die Fertigstellung von Projekten zweier weiterführender Kapitel nicht möglich.

Es gibt grundsätzlich zwei Möglichkeiten, zusätzliche Teile zu erhalten: Sie kaufen entweder komplette LEGO-Bausätze oder kleine **Servicepakete** mit speziellen Teilen. Auf längere Sicht erhalten Sie durch den Kauf kompletter Bausätze mehr Teile für Ihr Geld, während Sie mit den Servicepaketen entsprechend dem jeweiligen Bedarf kaufen. Außerdem sind bestimmte Teile (wie z. B. Sensoren) nur als Servicepakete erhältlich. In den USA gibt es Servicepakete bei LEGO Shop at Home (1-800-453-4652). Einige Teile (wie z. B. Motoren und Sensoren) gibt es auch einzeln beim LEGO World Shop (www.legoworldshop.com).

Die in den jeweiligen Kapiteln beschriebenen zusätzlichen Teile sind auf der nächsten Seite zusammengefasst. Auch die erforderlichen Servicepakete sind aufgeführt. Die Bausätze Nr. 9719 und 9747 enthalten unterschiedliche Teile, die in den zwei Tabellen separat aufgelistet sind. Die Preise für die Servicepakete sind nur Richtwerte.

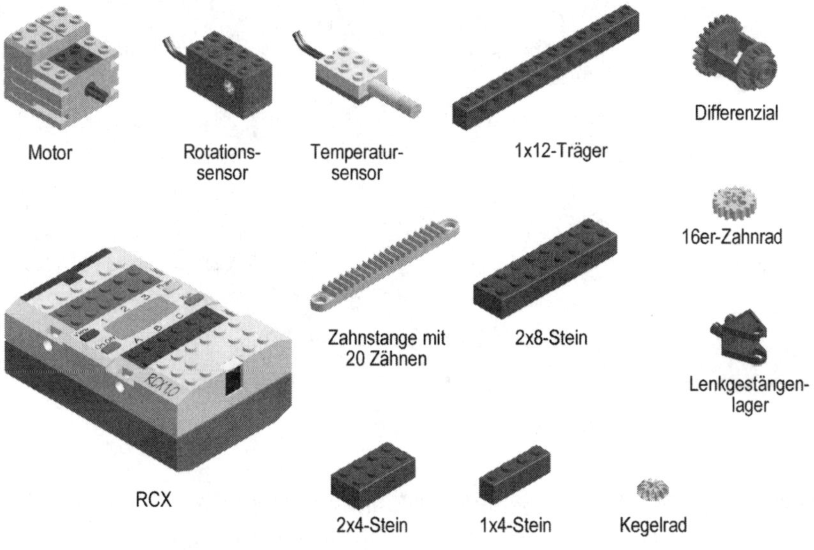

Abbildung 2.1 Zusätzliche Teile

Kapitel	Erforderliche Teile (Anzahl)	Servicepaket (Preis)
9 Dumpbot	Motor (1)	Nr. 5225 (18 €)
10 Scanbot	Motor (1) Rotationssensor (1)	Nr. 5225 (18 €), Nr. 9756 (15 – 17 €)
13 Steerbot	Lenkgestängenlager (2) Zahnstange mit 20 Zähnen (1)	Nr. 5295 (4 €)
14 Diffbot	16er-Zahnrad (2) Differenzial (1)	Nr. 5229 (5 €)
17 Kommunikation*	1x12-Träger (3) Motor (2), RCX (1)	siehe unten
18 Verwenden des Datenprotokolls*	Temperatursensor (1)	Nr. 9755 (25 €)
19 Roboarm	Motor (1)	Nr. 5225 (25 €)

* Diese Kapitel können ohne zusätzliche Teile teilweise durchgearbeitet werden.

Tabelle 2.1 Zusätzliche Teile für Nr. 9719 nach Kapitel

Kapitel	Erforderliche Teile (Anzahl)	Servicepaket (Preis)
9 Dumpbot	Motor (1)	Nr. 5225 (18 €)
10 Scanbot	Motor (1) Rotationssensor (1)	Nr. 5225 (18 €), Nr. 9756 (15 – 17 €)
13 Steerbot	Lenkgestängenlager (2) Zahnstange mit 20 Zähnen (1)	Nr. 5295 (4 €)
14 Diffbot	16er-Zahnrad (2) Differenzial (1), Kegelradgetriebe (1)	Nr. 5229 (5 €)
17 Kommunikation*	1x12-Träger (3) Motor (2), RCX (1), 2x4-Stein (1)	siehe unten
18 Verwenden des Datenprotokolls	Temperatursensor (1)	Nr. 9755 (25 €)
19 Roboarm	Motor (1), 2x4-Stein (14), 2x8-Stein (1), 1x4-Stein (4)	Nr. 5225 (25 €)

Tabelle 2.2 Zusätzliche Teile für Nr. 9747 nach Kapitel

Der RCX-zu-RCX-Abschnitt von Kapitel 17 ist für Besitzer von zwei MINDSTORMS Robotics Invention System-Kästen gedacht. Natürlich ist es möglich, die entsprechenden Servicepakete zu kaufen, doch ist dies nicht gerade billig: Nr. 5235 x 2 (9 €), Nr. 5225 x 2 (36 €) und Nr. 9709 (129 €). Angesichts des Gesamtbetrags von 174 € kaufen Sie besser ein zweites Robotics Invention System (Nr. 9719 oder

9747). Damit erhalten Sie für einen Aufpreis von ungefähr 30 € einen weiteren Lichtsensor, zwei Berührungssensoren und etwa 700 andere Teile. Falls Sie keinen zweiten RCX haben (oder nicht erwerben möchten), lässt sich Kapitel 17 immer noch ohne zusätzliche Teile teilweise durcharbeiten. Und auch Kapitel 18 kann ohne einen Temperatursensor teilweise durchgearbeitet werden.

Wenn Sie Robotics Invention System 1.5 (Nr. 9747) besitzen und Kapitel 19 durcharbeiten möchten, brauchen Sie neben einem zusätzlichen Motor sieben normale LEGO-Steine. Diese Steine finden sich in nahezu jedem LEGO-Bausatz, da sie sehr häufig Verwendung finden. Sie können sogar Steine anderer Größe verwenden, wenn Sie nicht über die gleiche Kombination verfügen. Sie können ein Servicepaket mit diesen Steinen kaufen (Nr. 5114), doch bekommen Sie viel mehr LEGO für Ihr Geld, wenn Sie einen »Eimer« LEGO in einem normalen Spielzeugladen kaufen.

Meine persönliche Empfehlung ist, Motor, Rotationssensor, Lenkungsteile und zusätzliche Zahnräder zu kaufen. Das ergibt vier Servicepakete: Nr. 5225, Nr. 9756, Nr. 5295 und Nr. 5229. Zusammen kosten diese weniger als 45 €. Der Rotationssensor und der zusätzliche Motor sind nahezu unabdingbare Erweiterungen des Robotics Invention System-Bausatzes, und die zusätzlichen Zahnräder und Lenkvorrichtungen sind nützliche Reserveteile. Wenn Ihnen das zu teuer erscheint, können Sie eventuell Nr. 5295 und/oder Nr. 5229 weglassen. Sie sollten jedoch nach Möglichkeit den Motor und den Rotationssensor kaufen.

Wegen eines zweiten RCX sollten Sie sich erst Gedanken machen, wenn finanzielle Erwägungen zweitrangig sind. Denn der RCX ist nur der Einstieg. Sobald Sie zwei RCX haben, brauchen Sie auch doppelt so viele Sensoren, Motoren, Getriebe usw. In diesem Fall ist es wohl am besten, einfach ein weiteres komplettes Robotics Invention System zu kaufen. Doch werden Sie sehen, dass Sie auch mit einem einzigen Robotics Invention System eine Menge Spaß haben werden. Denken Sie daher erst an einen zweiten, wenn Sie die Möglichkeiten eines einzelnen RCX voll ausgeschöpft haben.

Der Temperatursensor ist ein wenig teuer und hat einen speziellen Verwendungszweck. Wenn Sie vorhaben, damit viele Experimente durchzuführen, oder wenn Sie planen, einen interessanten temperaturgesteuerten Roboter zu bauen, sollten Sie auf jeden Fall einen kaufen. Andernfalls lesen Sie einfach Kapitel 18 durch, ohne das Temperaturexperiment durchzuführen. In diesem Kapitel gibt es noch zwei andere Datenprotokollbeispiele, für die keine zusätzlichen Teile benötigt werden.

C Programmiertools

Es gibt eine Reihe unterschiedlicher Tools, die sich zum Programmieren des RCX verwenden lassen. Die Auswahl des richtigen Tools ist zu großen Teilen eine Frage des persönlichen Geschmacks. Während manche Anwender eine grafische Programmiermethode bevorzugen, möchten andere lieber eine traditionellere textbasierte Methode verwenden. Die verschiedenen Tools unterscheiden sich auch hinsichtlich des Umfangs, in dem sie den RCX steuern können; die Wahl des Tools bestimmt daher auch die Leistungsfähigkeit Ihrer Programme. Auch das verwendete Betriebssystem ist zu berücksichtigen. Die Standard-MINDSTORMS-Software läuft nur unter Windows. Einige der anderen Programmiertools laufen auch unter anderen Betriebssystemen wie MacOS und Linux.

RCX-Code

RCX-Code auf einen Blick:

Vorteile: kostenlos; im Robotics Invention System enthalten, einfach anzuwenden

Nachteile: nicht leistungsfähig genug, Benutzeroberfläche für erfahrene Programmierer eventuell zu umständlich

Das MINDSTORMS Robotics Invention System enthält Software, die es Benutzern ermöglicht, RCX-Programme mithilfe eines grafischen Programmiersystems namens RCX-Code zu entwickeln. Diese Software läuft unter Microsoft Windows. Ihr grafischer Ansatz und die einfache blockbasierte Programmierung machen sie zu einer guten Wahl für alle, die noch nie Computer programmiert haben. Leider kann diese Einfachheit erfahrenen Benutzern lästig werden.

Denn sie bringt erhebliche Einschränkungen mit sich. Zwar arbeitet RCX-Code mit derselben Firmware wie einige der anderen Programmiertools, doch steht dem RCX-Code-Programmierer nur ein Bruchteil der Firmware-Funktionen zur Verfügung. Zu den Einschränkungen gehören:

- Es kann nur eine Variable verwendet werden.
- Die einzigen auf der Variablen erlaubten Operationen sind "clear", "add 1" und "test".
- Es kann nur ein Timer verwendet werden.
- Das Datenprotokoll wird nicht unterstützt.

Die ursprüngliche Version von RCX-Code ließ das Verschachteln von Steuerungsstrukturen (die **Stack Controller**) nicht zu. Diese Einschränkung gibt es in RCX-Code 1.5 nicht mehr.

Da RCX-Code im MINDSTORMS Robotics Invention System enthalten ist, ist es das zum Programmieren des RCX verwendete Standard-Tool. Viele Beispiele in diesem Buch werden in RCX-Code programmiert. Natürlich lassen sich einige der komplexeren Beispiele nicht in RCX-Code realisieren; in diesen Fällen finden Sie daher keine RCX-Code-Programme. Wenn Sie gerade erst ins Programmieren eingestiegen sind, reicht RCX-Code für Ihre Zwecke vermutlich aus, und Sie finden eine Fülle von weiterführendem Material in diesem Buch.

NQC

> NQC auf einen Blick:
>
> **Vorteile:** leistungsfähig, schnell, vertraute Syntax für C-Programmierer, kostenlos verfügbar für Windows, MacOS, Linux und andere Plattformen
>
> **Nachteile:** für Nichtprogrammierer schwieriger zu erlernen

NQC steht für »Not Quite C« (Nicht ganz C); es ist eine einfache Sprache, die eine ähnliche Syntax wie die Programmiersprache C hat. NQC wurde unabhängig von LEGO entwickelt, und beide Hersteller sind zwei selbstständige Unternehmen. Die Programmierung mit NQC erfolgt auf traditionellere Art: Ein Programm wird als Textdatei geschrieben, die dann kompiliert und auf den RCX übertragen wird. Zwar ist der Einstieg nicht so einfach wie bei einem grafischen Tool, doch kann selbst für Benutzer, die bisher wenig programmiert haben, eine textbasierte Sprache ein viel effizienteres Entwicklungs-Tool sein.

NQC ist kostenlose und freie Software. »Frei« heißt, dass auch der Quellcode selbst jedem zur Verfügung steht, der ihn verwenden möchte. Offizielle Versionen gibt es für Windows, MacOS und Linux. Da der Quellcode frei verfügbar ist, erfolgten inoffizielle Portierungen auf andere Systeme, wie z. B. NetBSD, Solaris, LinuxPPC und OS/2.

Es gibt für NQC mehrere »Shells«, die eine integrierte Umgebung bereitstellen, in der Programme geschrieben, kompiliert und übertragen werden. Für Windows ist das Rcx Command Center (RcxCC) eine ausgezeichnete Umgebung. MacNQC ist ein ähnliches Programm für MacOS-Benutzer.

Ein weiterer Vorteil von NQC ist seine Geschwindigkeit. Einige Tools sind ziemlich langsam, es sei denn, sie werden auf einem sehr schnellen Computer ausgeführt. NQC läuft sogar gut auf veralteter Hardware und kann Programme schneller als RCX-Code oder Robolab kompilieren und übertragen.

Für alle im Buch vorgestellten Beispiele ist NQC-Code angegeben.

ROBOLAB

> Robolab auf einen Blick:
>
> **Vorteile:** leicht zu bedienende grafische Oberfläche, sehr leistungsfähig, läuft unter MacOS und Windows
>
> **Nachteile:** muss zusätzlich zum MINDSTORMS Robotics Invention System gekauft werden

Robolab ist ein weiteres LEGO-Programmier-Tool und stammt aus dem Hause Dacta (der Schuldivision von LEGO). Es ist eher für den Einsatz im Klassenzimmer als für den Privatgebrauch gedacht. Robolab hat eine intuitive grafische Oberfläche und läuft unter Windows und MacOS. Die Robolab-Umgebung basiert auf Lab View von National Instruments. Sie hat eine ganz andere Programmierphilosophie als RCX-Code.

Robolab stellt eigentlich zwei unterschiedliche Programmierumgebungen zur Verfügung: eine ist lediglich zur Einführung gedacht, die andere für weiterführende Aufgaben. Beide Umgebungen haben mehrere Stufen, die einen graduellen Lernprozess erleichtern, indem sie neue Konzepte in kleinen Schritten einführen. Auf der höchsten Stufe bietet Robolab vollen Zugriff auf die Funktionen der RCX-Standardfirmware. Robolab enthält auch eine umfassende Sammlung von Tools zum Erfassen und Analysieren des Datenprotokolls. Damit eignet es sich hervorragend für Experimentalzwecke.

Robolab muss zusätzlich zum MINDSTORMS Robotics Invention System gekauft werden. Aus diesem Grund sind im Buch keine Robolab-Beispiele enthalten, obwohl alle Programme leicht für die Ausführung unter Robolab angepasst werden können.

Spirit.OCX

Spirit.OCX selbst ist kein Entwicklungs-Tool. Es handelt sich um ein Active X-Steuerelement, das es anderen Programmen, wie z. B. Microsoft Visual Basic, ermöglicht, RCX-Programme zu erstellen und zu übertragen und/oder den RCX direkt zu steuern. Spirit.OCX gehört zur MINDSTORMS Robotics Invention System-Software und läuft nur unter Windows. Die Dokumentation für Spirit.OCX gibt es bei LEGO in Form eines Software Development Kits (SDK) für MINDSTORMS.

Das Programmieren des RCX in Visual Basic klingt ziemlich interessant, doch erfüllt Spirit.OCX die Erwartungen nicht ganz. Spirit.OCX ermöglicht es einem Visual Basic-Programm, das auf einem Hostcomputer ausgeführt wird, einen RCX abzufragen und zu steuern. Es ermöglicht einem Visual Basic-Programm auch, ein RCX-Programm zu erstellen und zu übertragen. Das so erstellte RCX-Programm ist jedoch auf die Funktionen von Spirit.OCX beschränkt. Keine der bekannten Funktionen und Features von Visual Basic stehen dem RCX-Programm zur Verfügung. Insgesamt gesehen bietet Spirit.OCX einige interessante Funktionen, ist jedoch nicht ganz so leistungsfähig, wie es auf den ersten Blick scheint.

Es gibt auch zahlreiche Public Domain- und Sharewaretools, die als Frontend für Spirit.OCX dienen. Diese Tools sind zu unterschiedlich, um in diesem Buch angemessen behandelt zu werden.

Spezielle Firmware

Einige Programmierer haben unabhängig von LEGO spezielle Firmware entwikkelt, um die Fähigkeiten des RCX zu erweitern. Ein solcher Firmwareersatz, legOS, ermöglicht das Programmieren des RCX mit systemeigenem Hitachi H8-Maschinencode unter Verwendung herkömmlicher Tools wie Assembler oder C-Compiler. Ein anderer Firmwareersatz, pbFORTH, unterstützt die Programmierung des RCX mit FORTH.

Auf spezieller Firmware basierte Lösungen sind sicher die leistungsfähigsten und flexibelsten Programmier-Tools, die es gibt. Die Wachstumsgeschwindigkeit auf diesem Gebiet zeugt auch von der Begeisterung, die der RCX innerhalb der Robotics-Gemeinschaft hervorgerufen hat. Eine ausführliche Diskussion dieser alternativen Programmier-Tools würde jedoch den Rahmen dieses Buches sprengen. Weitere Informationen finden Sie bei einigen der in Anhang E aufgelisteten Quellen.

D NQC-Kurzreferenz

Diese Seiten sind zum raschen Nachschlagen der am häufigsten verwendeten NQC-Elemente gedacht. Eine ausführlichere Beschreibung dieser Elemente finden Sie (zusammen mit hier nicht vorgestellten Elementen) im **NQC-Programmierhandbuch**.

Anweisungen

Anweisung	Beschreibung
while (Bed) Hauptteil	Führt **Hauptteil** gar nicht oder mehrmals aus, solange die Bedingung wahr ist
do Hauptteil while (Bed)	Führt **Hauptteil** einmal oder mehrmals aus, solange die Bedingung wahr ist
until (Bed) Hauptteil	Führt **Hauptteil** gar nicht oder mehrmals aus, bis die Bedingung wahr ist
break	Verlässt den Hauptteil von while/do/until
continue	Macht mit dem nächsten Durchlauf eines while/do/until-Hauptteils weiter
repeat (Ausdruck) Hauptteil	Wiederholt **Hauptteil** so oft, wie angegeben
if (Bed) Anw1 if (Bed) Anw1 else Anw2	Führt **Anw1** aus, wenn die Bedingung wahr ist Führt **Anw2** (falls vorhanden) aus, wenn die Bedingung falsch ist
start Taskname	Startet die angegebene Task
stop Taskname	Hält die angegebene Task an
function(Argumente)	Ruft eine Funktion mit den angegebenen Argumenten auf
Var = Ausdruck	Wertet **Ausdruck** aus und weist ihn der Variablen zu
Var += Ausdruck	Wertet **Ausdruck** aus und addiert ihn zur Variablen
Var -= Ausdruck	Wertet **Ausdruck** aus und subtrahiert ihn von der Variablen
Var *= Ausdruck	Wertet **Ausdruck** aus und multipliziert ihn in die Variable
Var /= Ausdruck	Wertet **Ausdruck** aus und dividiert ihn in die Variable
Var |= Ausdruck	Wertet **Ausdruck** aus und führt ein bitweises ODER in die Variable durch
Var &= Ausdruck	Wertet **Ausdruck** aus und führt ein bitweises UND in die Variable durch
return	Kehrt von einer Funktion zur aufrufenden Anweisung zurück
Ausdruck	Wertet **Ausdruck** aus

Bedingungen

Bedingungen werden innerhalb von Steuerungsanweisungen verwendet, um Entscheidungen zu treffen. In den meisten Fällen gehört zur Bedingung ein Vergleich zwischen Ausdrücken.

Bedingung	Bedeutung
true	Immer wahr
false	Immer falsch
Ausdr1 == Ausdr2	Wahr, wenn Ausdrücke gleich sind
Ausdr1 != Ausdr2	Wahr, wenn Ausdrücke nicht gleich sind
Ausdr1 < Ausdr2	Wahr, wenn Ausdr1 kleiner als Ausdr2 ist
Ausdr1 <= Ausdr2	Wahr, wenn Ausdr1 kleiner als oder gleich Ausdr2 ist
Ausdr1 > Ausdr2	Wahr, wenn Ausdr1 größer als Ausdr2 ist
Ausdr1 >= Ausdr2	Wahr, wenn Ausdr1 größer als oder gleich Ausdr2 ist
! Bedingung	Logische Negation einer Bedingung
Bed1 && Bed2	Logisches UND zweier Bedingungen (nur wahr, wenn beide Bedingungen wahr sind)
Bed1 || Bed2	Logisches ODER zweier Bedingungen (nur wahr, wenn mindestens eine der Bedingungen wahr ist)

Ausdrücke

Es gibt eine Reihe verschiedener Werte, die in Ausdrücken verwendet werden können. Dazu gehören Konstanten, Variablen und Sensorwerte. Beachten Sie, dass SENSOR_1, SENSOR_2 und SENSOR_3 Makros sind, die auf SensorValue(0), SensorValue(1) bzw. SensorValue(2) erweitert werden.

Wert	Beschreibung
Zahl	konstanter Wert (z. B. 123)
Variable	benannte Variable (z. B. x)
Timer(n)	Wert des Timers **n**, wobei **n** zwischen 0 und 3 liegt
Random(n)	Zufallszahl zwischen 0 und **n**
SensorValue(n)	aktueller Wert des Sensors **n**, wobei **n** zwischen 0 und 2 liegt
Watch()	Wert der Systemuhr
Message()	Wert der zuletzt erhaltenen IR-Nachricht

Werte lassen sich mithilfe von Operatoren kombinieren. Einige Operatoren dürfen nur zur Auswertung konstanter Ausdrücke verwendet werden, was bedeutet, dass ihre Operanden Konstanten oder Ausdrücke sein müssen, die ausschließlich Konstanten beinhalten. Die Operatoren sind in der folgenden Tabelle in ihrer Ausführungsreihenfolge aufgelistet (höchste bis niedrigste).

Operator	Beschreibung	Assoziativität	Einschränkung	Beispiel
abs()	Absoluter Wert	entfällt	keine	abs (x)
sign()	Vorzeichen des Operanden	entfällt	keine	sign (x)
++	Inkrement	links	nur Variablen	x++ oder ++x
--	Dekrement	links	nur Variablen	x-- oder --x
-	Unäres Minus	rechts	keine	-x
~	Bitwise Negation	rechts	nur Konstanten	~123 (unär)
*	Multiplikation	links	keine	x * y
/	Division	links	keine	x / y
%	Modulo	links	nur Konstanten	123 % 4
+	Addition	links	keine	x + y
-	Subtraktion	links	keine	x - y
<<	Links verschieben	links	nur Konstanten	123 << 4
>>	Rechts verschieben	links	nur Konstanten	123 >> 4
&	Bitweises UND	links	keine	x & y
^	Bitweises XOR	links	nur Konstanten	123 ^ 4
|	Bitweises ODER	links	keine	x | y
&&	Logisches UND	links	nur Konstanten	123 && 4
||	Logisches ODER	links	nur Konstanten	123 || 4

RCX-Funktionen

Die meisten dieser Funktionen erfordern, dass alle Argumente konstante Ausdrücke sind (Zahlen oder Operationen, die andere konstante Ausdrücke beinhalten). Ausnahmen sind Funktionen, die einen Sensor als Argument verwenden, und Funktionen, die einen beliebigen Ausdruck verwenden können. Im Falle der Sensoren muss das Argument ein Sensorname sein: SENSOR_1, SENSOR_2 oder SENSOR_3. Für einige Sensoren gibt es auch vordefinierte Konstanten (z.B. SENSOR_TOUCH).

Funktion	Beschreibung	Beispiel
SetSensor(**Sensor, Konfiguration**)	Konfiguriert einen Sensor	SetSensor(SENSOR_1, SENSOR_TOUCH)
SetSensorMode(**Sensor, Modus**)	Setzt den Sensormodus	SetSensorMode (SENSOR_2, SENSOR_MODE_PERCENT)
SetSensorType(**Sensor, Typ**)	Setzt den Sensortyp	SetSensorType (SENSOR_2, SENSOR_TYPE_LIGHT)
ClearSensor(**Sensor**)	Löscht den Wert eines Sensors	ClearSensor(SENSOR_3)
On(**Ausgänge**)	Schaltet einen oder mehrere Ausgänge ein	On(OUT_A + OUT_B)
Off(**Ausgänge**)	Schaltet einen oder mehrere Ausgänge aus	Off(OUT_C)
Float(**Ausgänge**)	Versetzt die Ausgänge in einen Leerlaufzustand	Float(OUT_B)
Fwd(**Ausgänge**)	Setzt Ausgänge auf Vorwärtsrichtung	Fwd(OUT_A)
Rev(**Ausgänge**)	Setzt Ausgänge auf Rückwärtsrichtung	Rev(OUT_B)
Toggle(**Ausgänge**)	Kehrt die Richtung der Ausgänge um	Toggle(OUT_C)
OnFwd(**Ausgänge**)	Schaltet in Vorwärtsrichtung ein	OnFwd(OUT_A)
OnRev(**Ausgänge**)	Schaltet in Rückwärtsrichtung ein	OnRev(OUT_B)
OnFor(**Ausgänge, Zeit**)	Schaltet für die angegebene Anzahl 1/100-Sekunden ein. **Zeit** kann ein Ausdruck sein.	OnFor(OUT_A, x)
SetOutput(**Ausgänge, Modus**)	Setzt den Ausgabemodus	SetOutput(OUT_A,OUT_ON)
SetDirection (**Ausgänge, Richtung**)	Setzt die Ausgaberichtung	SetDirection (OUT_A,OUT_FWD)
SetPower(**Ausgänge, Leistung**)	Setzt die Ausgabeleistungsstufe (0-7). **Leistung** kann ein Ausdruck sein.	SetPower(OUT_A, x)
Wait(**Zeit**)	Wartet die angegebene Anzahl 1/100-Sekunden. **Zeit** kann ein Ausdruck sein.	Wait(x)
PlaySound(**Klang**)	Spielt den angegebenen Klang (0-5).	PlaySound(SOUND_CLICK)
PlayTone(**Frequenz, Dauer**)	Spielt einen Ton der angegebenen Frequenz während der angegebenen Zeitdauer (in 1/10- Sekunden).	PlayTone(440, 5)

ClearTimer(**Timer**)	Setzt den Timer (0-3) auf Null zurück.	ClearTimer(0)
StopAllTasks()	Hält alle zur Zeit laufenden Tasks an.	StopAllTasks()
SelectDisplay(**Modus**)	Wählt einen von 7 Anzeigemodi aus: 0: Systemuhr, 1-3: Sensorwert, 4-6: Ausgangseinstellung. **Modus** kann ein Ausdruck sein.	SelectDisplay(1)
SendMessage(**Nachricht**)	Sendet eine Infrarot-Nachricht (1-255). **Nachricht** kann ein Ausdruck sein.	SendMessage(x)
ClearMessage()	Löscht den Infrarot-Nachrichtenpuffer.	ClearMessage()
CreateDatalog(**Größe**)	Erstellt ein neues Datenprotokoll mit der angegebenen Größe.	CreateDatalog(100)
AddToDatalog(**Wert**)	Fügt dem Datenprotokoll einen Wert hinzu. **Wert** kann ein Ausdruck sein.	AddToDatalog(Timer(0))
SetWatch(**Stunden, Minuten**)	Stellt die Systemuhr ein.	SetWatch(1,30)
SetTxPower (**hoch_niedrig**)	Setzt die Infrarottransmitter-Leistungsstufe auf niedrig oder hoch.	SetTxPower(TX_POWER_LO)

RCX-Konstanten

Viele der Argumente für RCX-Funktionen haben benannte Konstanten, die den Code besser lesbar machen. Verwenden Sie möglichst benannte Konstanten statt lediglich Zahlen.

Sensorkonfigurationen für SetSensor()	SENSOR_TOUCH, SENSOR_LIGHT, SENSOR_ROTATION, SENSOR_CELSIUS, SENSOR_FAHRENHEIT, SENSOR_PULSE, SENSOR_EDGE
Modi für SetSensorMode()	SENSOR_MODE_RAW, SENSOR_MODE_BOOL, SENSOR_MODE_EDGE, SENSOR_MODE_PULSE, SENSOR_MODE_PERCENT, SENSOR_MODE_CELSIUS, SENSOR_MODE_FAHRENHEIT, SENSOR_MODE_ROTATION
Typen für SetSensorType()	SENSOR_TYPE_TOUCH, SENSOR_TYPE_TEMPERATURE, SENSOR_TYPE_LIGHT, SENSOR_TYPE_ROTATION
Ausgänge für On(), Off() usw.	OUT_A, OUT_B, OUT_C
Modi für SetOutput()	OUT_ON, OUT_OFF, OUT_FLOAT
Richtungen für SetDirection()	OUT_FWD, OUT_REV, OUT_TOGGLE
Ausgangsleistung für SetPower()	OUT_LOW, OUT_HALF, OUT_FULL

Klänge für PlaySound()	SOUND_CLICK, SOUND_DOUBLE_BEEP, SOUND_DOWN, SOUND_UP, SOUND_LOW_BEEP, SOUND_FAST_UP
Modi für SelectDisplay()	DISPLAY_WATCH, DISPLAY_SENSOR_1, DISPLAY_SENSOR_2, DISPLAY_SENSOR_3, DISPLAY_OUT_A, DISPLAY_OUT_B, DISPLAY_OUT_C
Transmitter-Leistungsstufe für SetTxPower()	TX_POWER_LO, TX_POWER_HI

Schlüsselwörter

Schlüsselwörter sind Wörter, die vom NQC-Compiler für die Sprache selbst reserviert sind. Der Compiler meldet einen Fehler, wenn sie für Namen von Funktionen, Tasks oder Variablen verwendet werden.

```
_sensor     else      sign
abs         false     start
asm         if        stop
break       inline    sub
const       int       task
continue    repeat    true
do          return    void
                      while
```

E Online-Quellen

Es gibt eine Fülle von Online-Quellen für LEGO MINDSTORMS. Eine Liste mit entsprechenden Websites ist unten aufgeführt. Da sich eine gedruckte Seite etwas langsamer ändert als Veröffentlichungen im Internet, mögen einige der Links inzwischen geändert worden sein.

Der erste Anlaufpunkt sollte die eigene Website dieses Buches sein:

www.apress.com/mindstorms
Hier finden Sie zusätzliche Informationen über die Themen und Roboter in diesem Buch, einschließlich Links zu anderen Sites.

Allgemeine Informationen

www.legomindstorms.com
Die offizielle MINDSTORMS-Site. Hier finden Sie Tipps der besten LEGO-Konstrukteure, Produktankündigungen, Kreationen anderer MINDSTORMS-Benutzer und mehrere Diskussionsgruppen. Um unbeschränkten Zugang zu erlangen, müssen Sie sich auf der Site mit einem speziellen Code registrieren, der im MINDSTORMS Robotics Invention System enthalten ist.

www.lugnet.com
LUGNET ist eine feste Größe in der LEGO-Online-Gemeinschaft. Hier finden Sie ausführliches Referenzmaterial sowie Diskussionsgruppen zu einer Vielzahl von LEGO-bezogenen Themen. Die Robotik-Diskussionsgruppe (und ihre Untergruppen) sind für MINDSTORMS-Benutzer besonders interessant.

Shopping

www.legoworldshop.com
Der LEGO World Shop ist ein Online-Laden, in dem Sie Baukästen direkt von LEGO kaufen können. Der Laden führt die vollständige Palette von MINDSTORMS-Baukästen, einschließlich Zubehör wie Sensoren und Motoren.

www.pitsco-legodacta.com
Pitsco LEGO Dacta ist der Distributor von Dacta-Produkten innerhalb der USA. Sie führen die MINDSTORMS-Baukästen zum Schulgebrauch und ROBOLAB Software.

Programmiertools und Themen für Fortgeschrittene

www.enteract.com/~dbaum/nqc
Die Homepage für NQC (Not Quite C). Hier finden Sie Updates von NQC, Links zu NQC-basierten Robotern und andere Informationen zu NQC.

www.cs.uu.nl/people/markov/lego
Die Homepage für RcxCC, eine einfach zu bedienende, auf NQC basierende Entwicklungsumgebung.

www.lego.com/dacta/robolab
Die offizielle Site für ROBOLAB, der Schulversion der MINDSTORMS-Software.

www.crynwr.com/lego-robotics
Eine Sammlung von Informationen und Links über die interne Operation des RCX. Hier finden Sie Informationen über alternative Entwicklungs-Tools, den Bau spezieller Sensoren und viele weiterführende Themen.

www.noga.de/legOS
Die Homepage für legOS, ein alternatives Betriebssystem für den RCX, das die Programmierung in Assemblersprache, C oder anderen Sprachen ermöglicht.

www.hempeldesigngroup.com/lego/pbFORTH
Die Homepage für pbFORTH, einer Implementation von FORTH für den RCX.

Index

Symbols

Nummerics

A

B

C

Q

R

S

MyGalileo

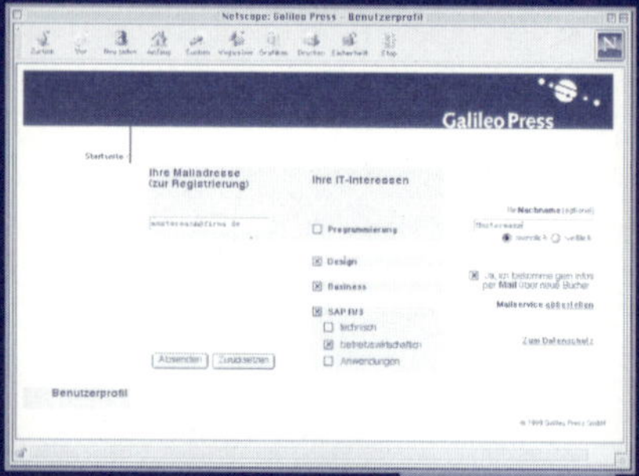

Registrierung

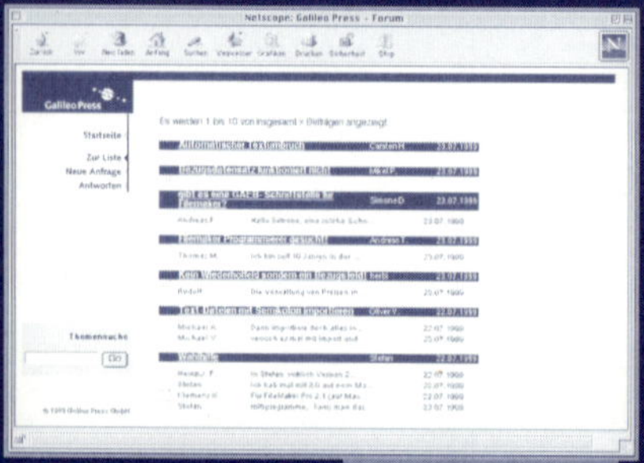

Diskussionsforum

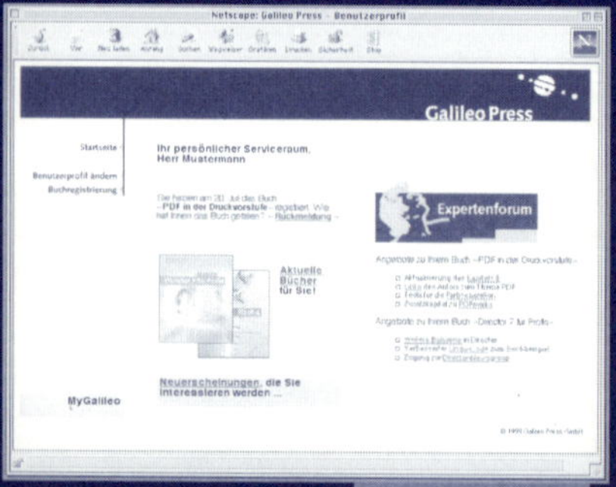

Ihr Serviceraum

Als moderner IT-Verlag präsentiert Galileo Press einen völlig neuartigen Service in der deutschen Verlagslandschaft: MyGalileo. MyGalileo ist ein **Informationsdienst im Internet** mit kostenlosen zusätzlichen Informationsangeboten zum Themengebiet dieses Buches.

Mit der unten stehenden **Registriernummer** erhalten Sie exklusiven Zugang zu MyGalileo. Sie registrieren sich als Galileo-Kunde, ähnlich wie Sie es von Software her kennen – doch viel einfacher und diskreter.

Und schon gelangen Sie in Ihren persönlichen **Serviceraum**: Hier können Sie sich von Fall zu Fall weitergehende Fachinformationen besorgen oder Aktualisierungen Ihres Buches; Sie können sich zusätzliche Beispiele und Tools herunterladen, oder Sie können sich in einem **Forum** Rat von einem Experten holen und direkt mit dem Autor kommunizieren.

Sie erreichen MyGalileo unter:
www.galileo-press.de

Ihre persönliche Registriernummer

00GP3911245